U0378091

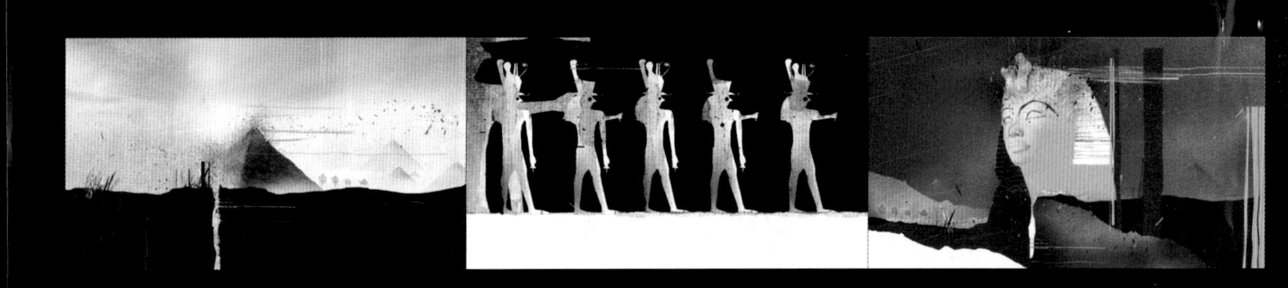

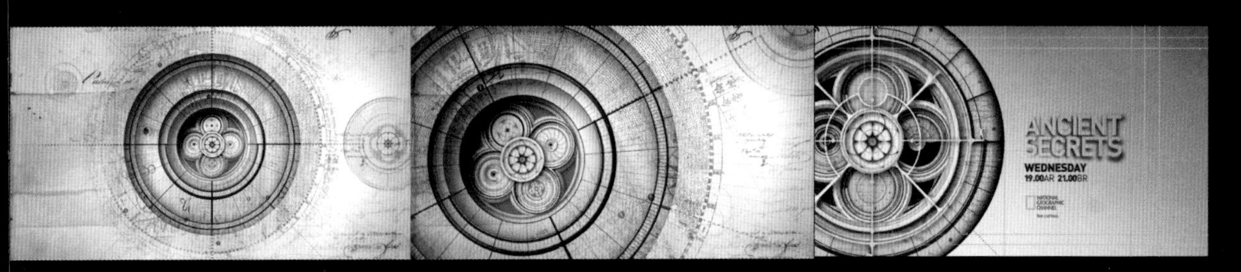

Ancient secrets
Form National Geographic Channels

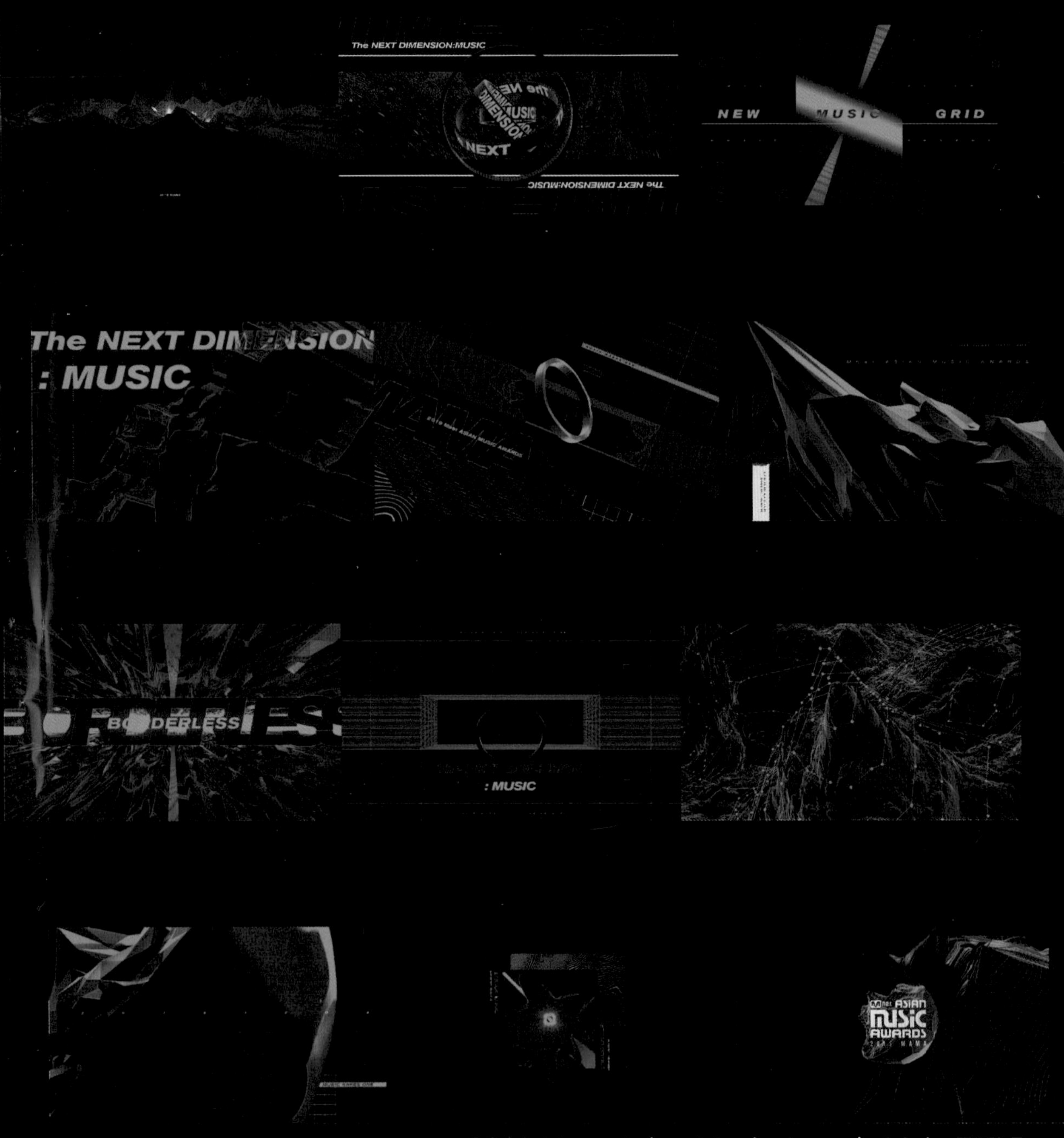

2019 Mnet Asian Music Awards Main TITLE
From lee ssem

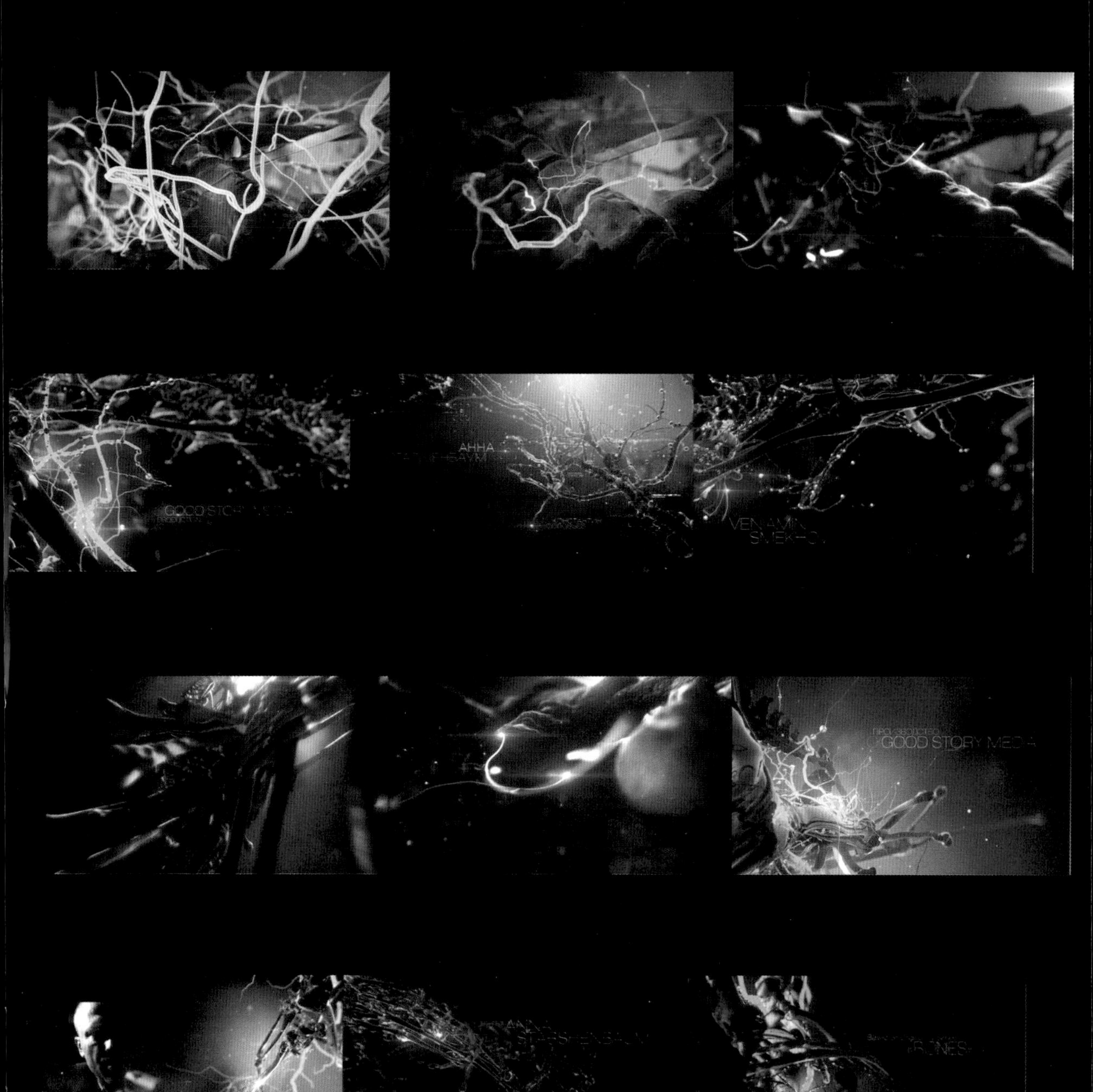

Bones
Form N3

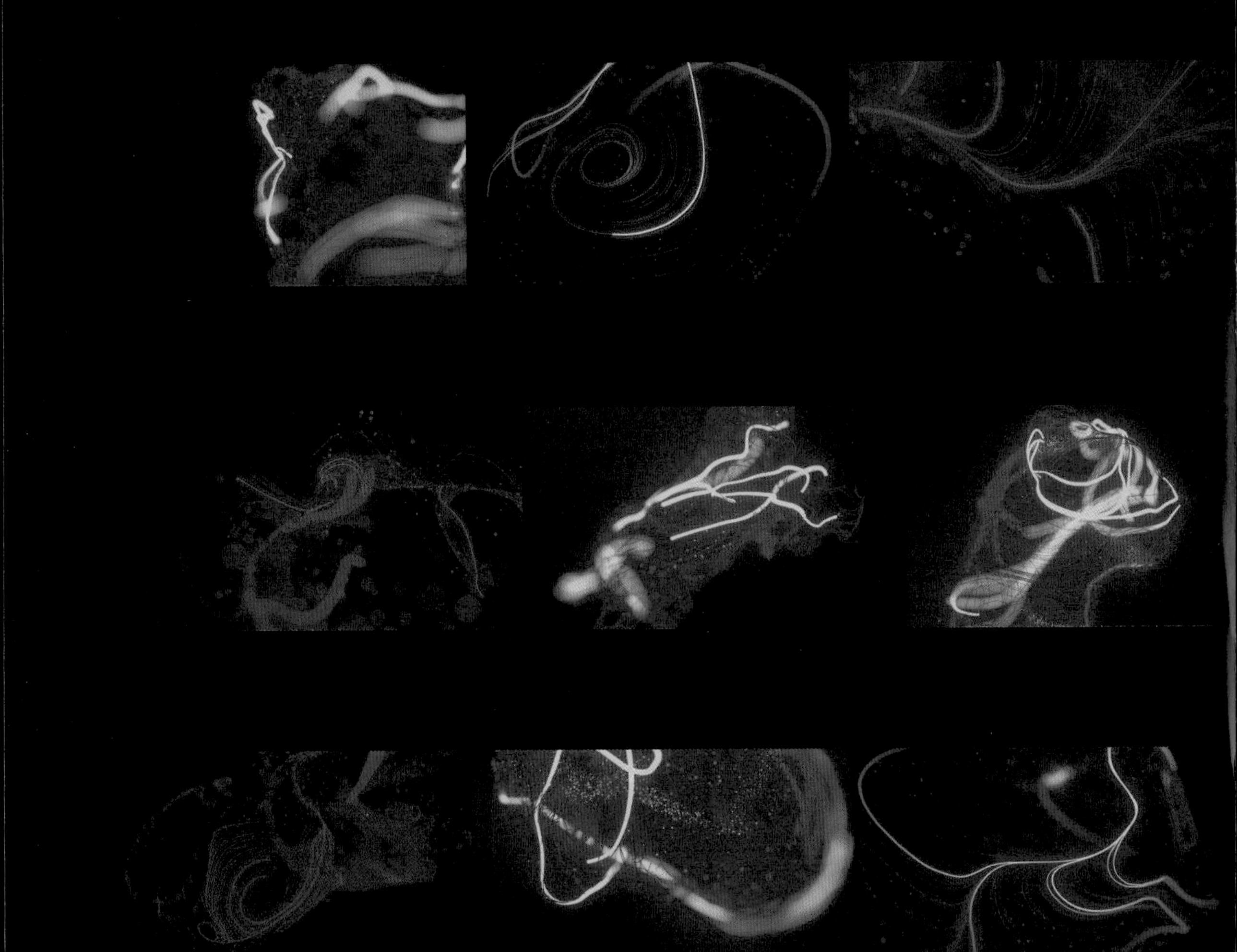

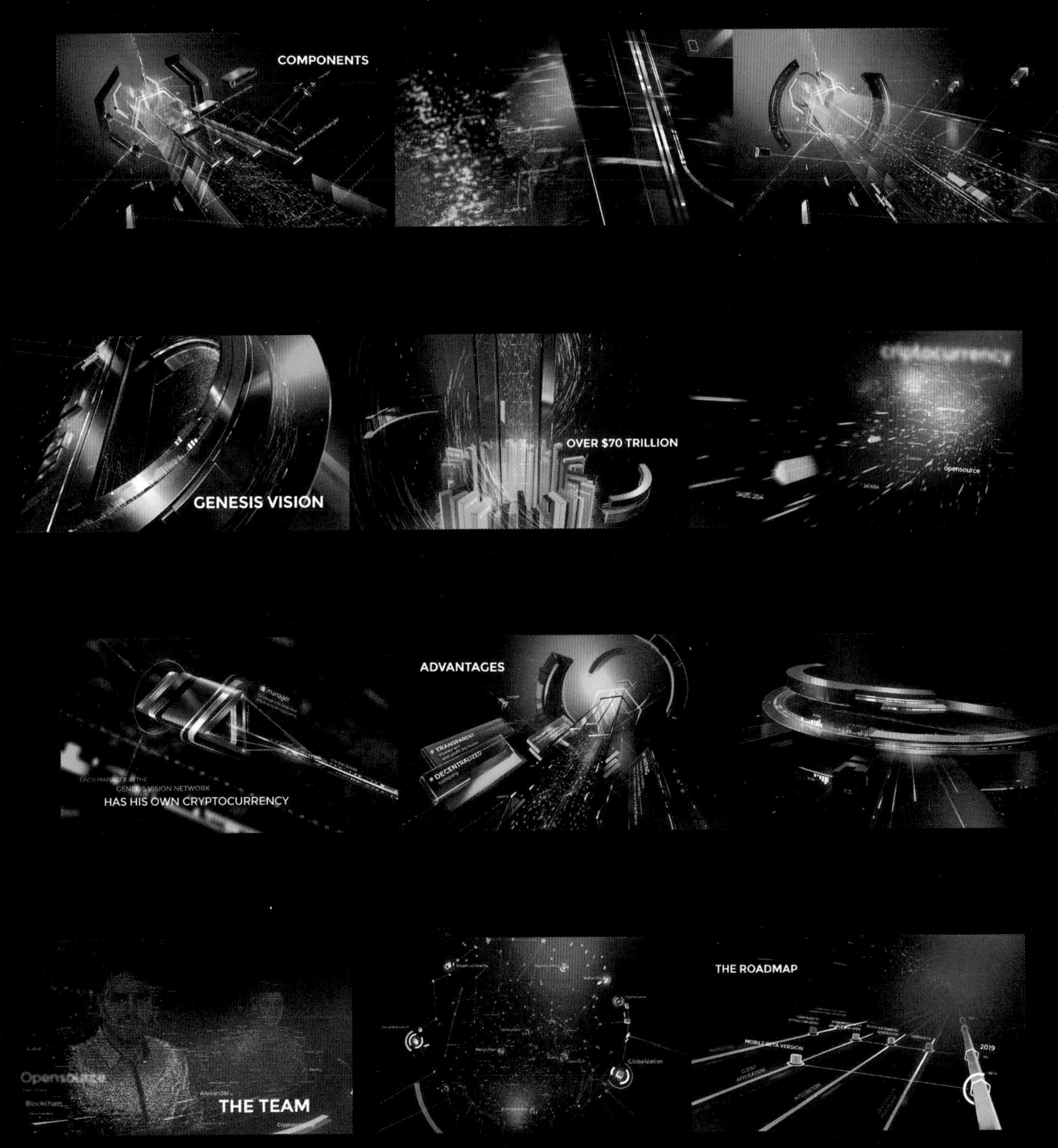

Genesis Vision
Form N3

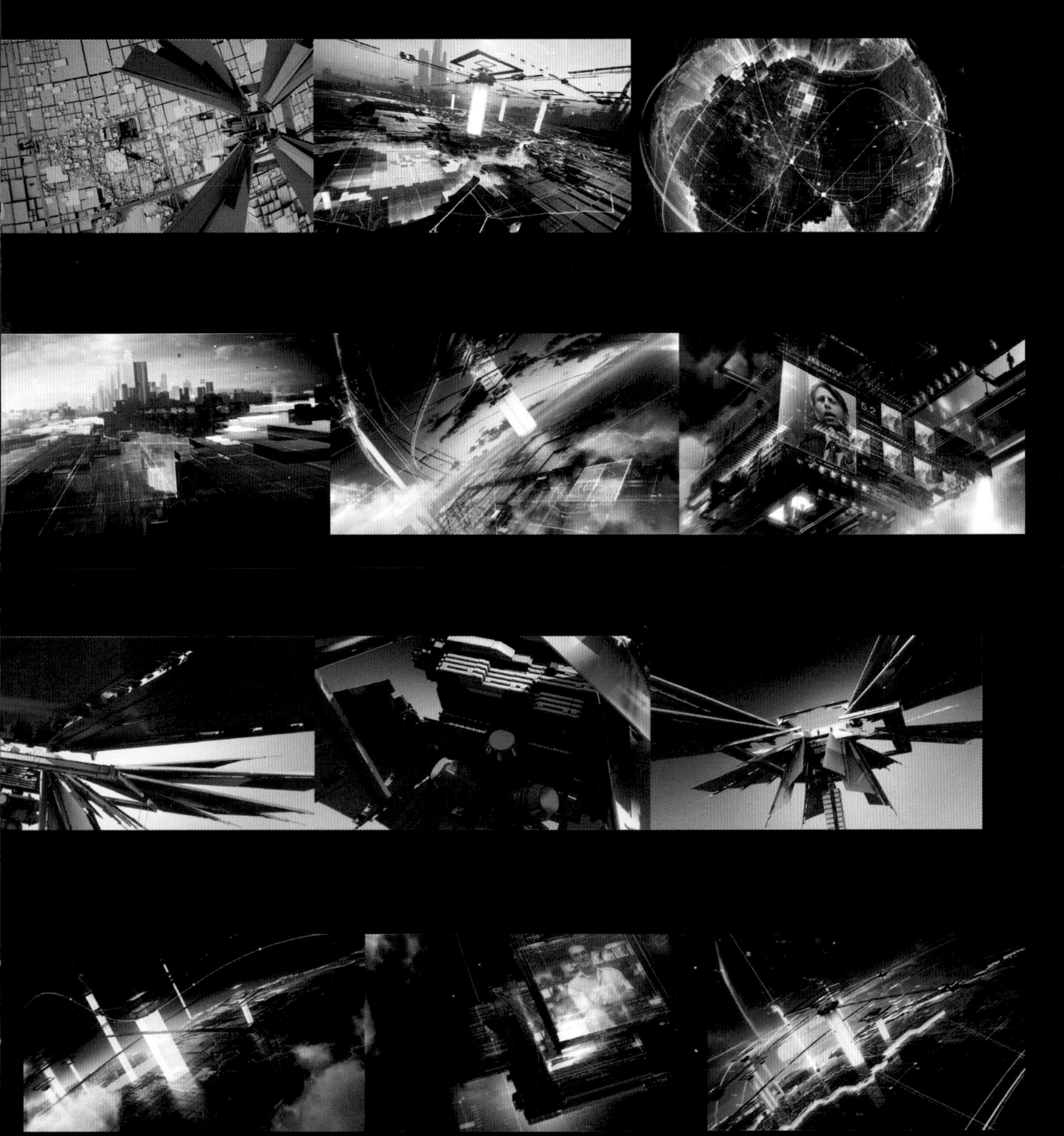

Novini`14

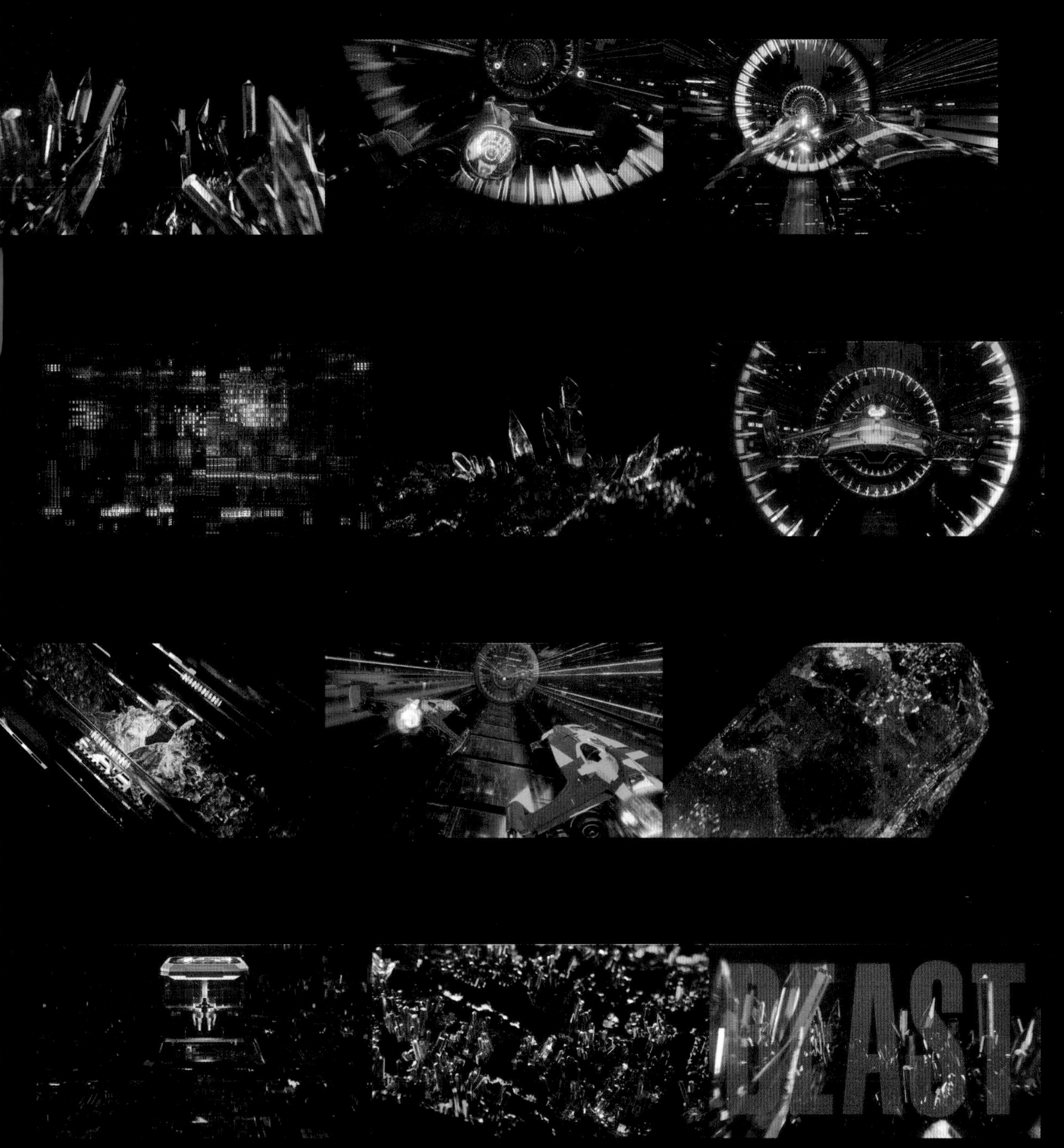

VIZIO PX/P9

Trade X
Form Automotive trading global platform brand CGI

Underwater
Form Kenneth Kegley

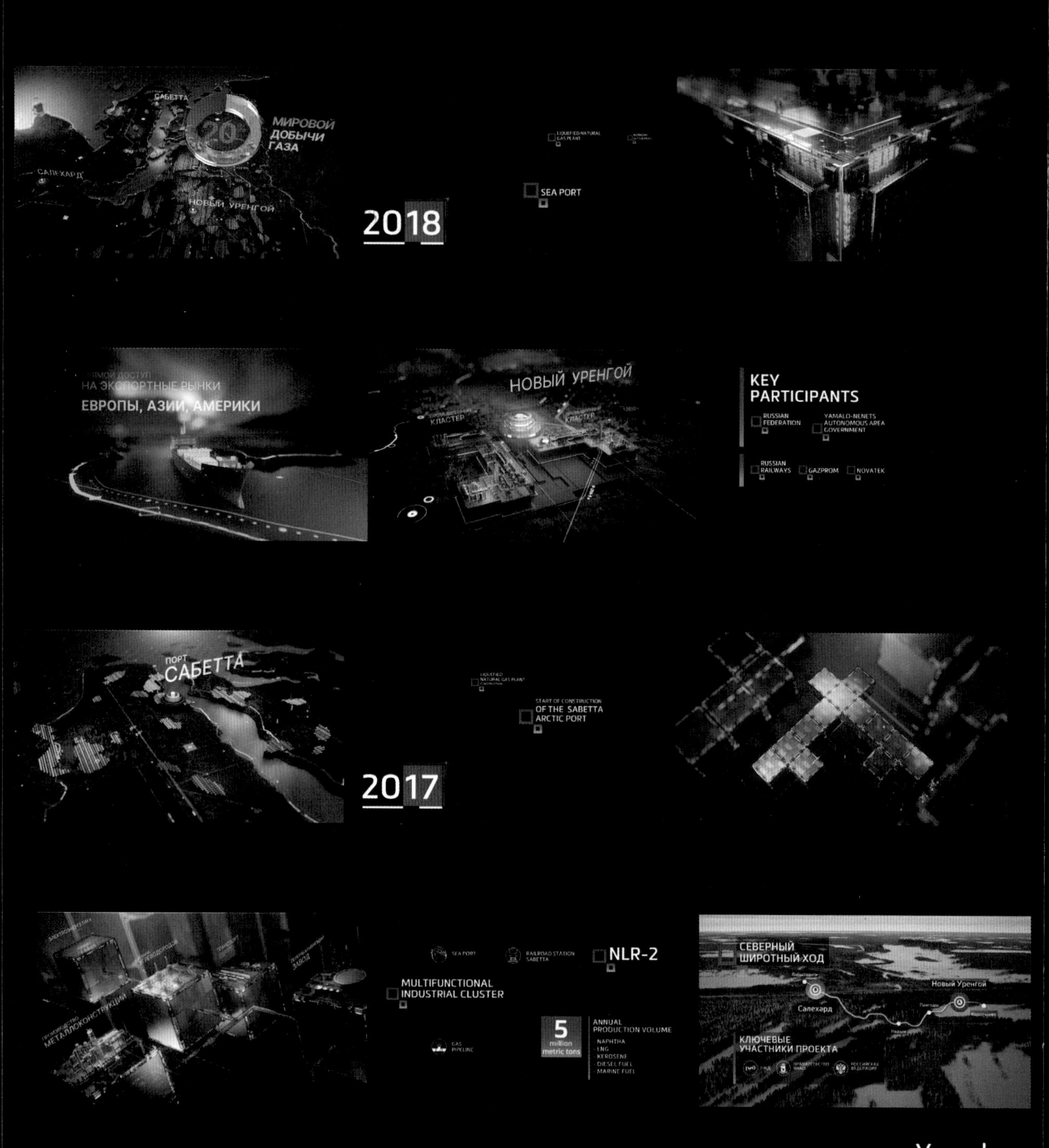

Yamal
Form Arctic Transport Projects

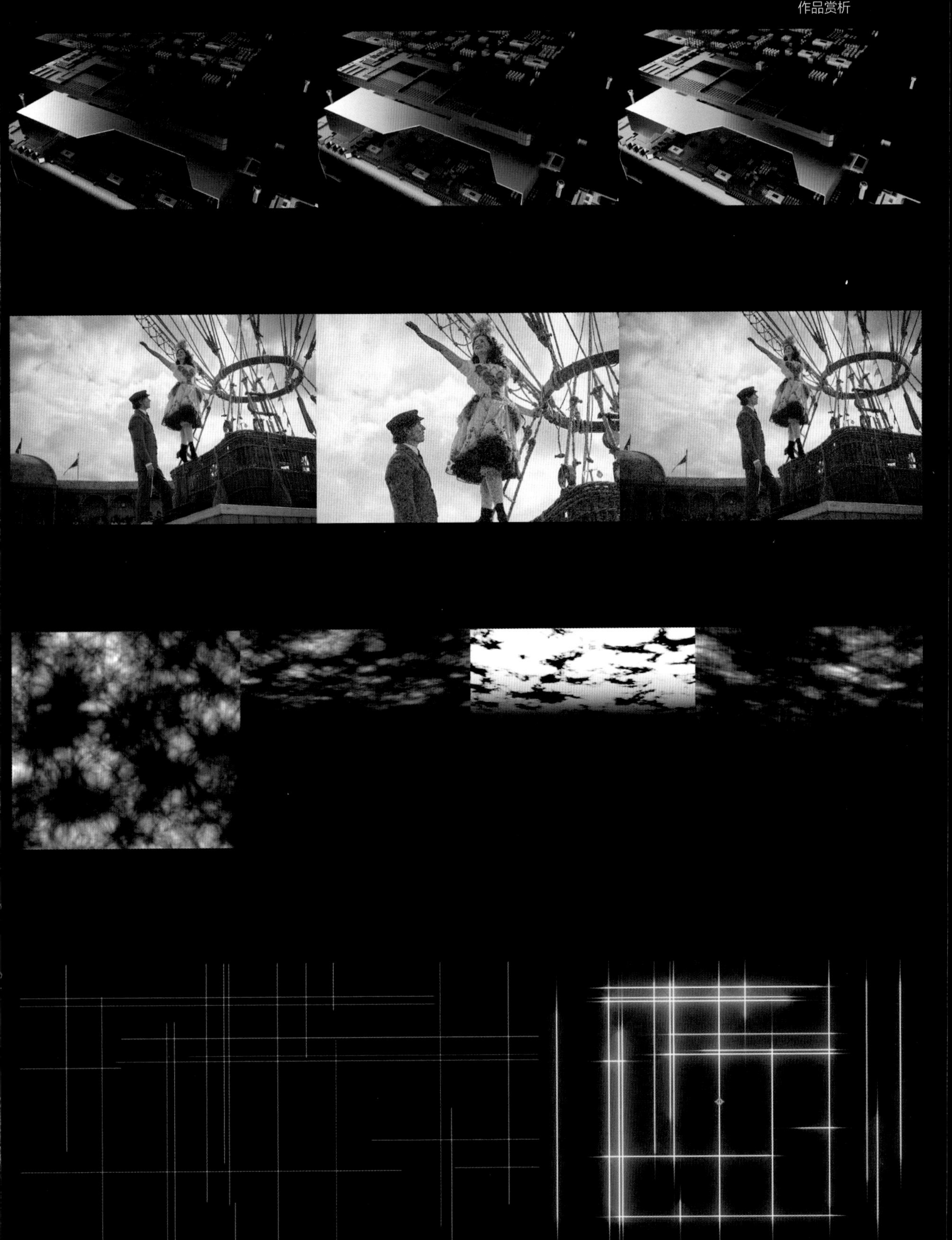

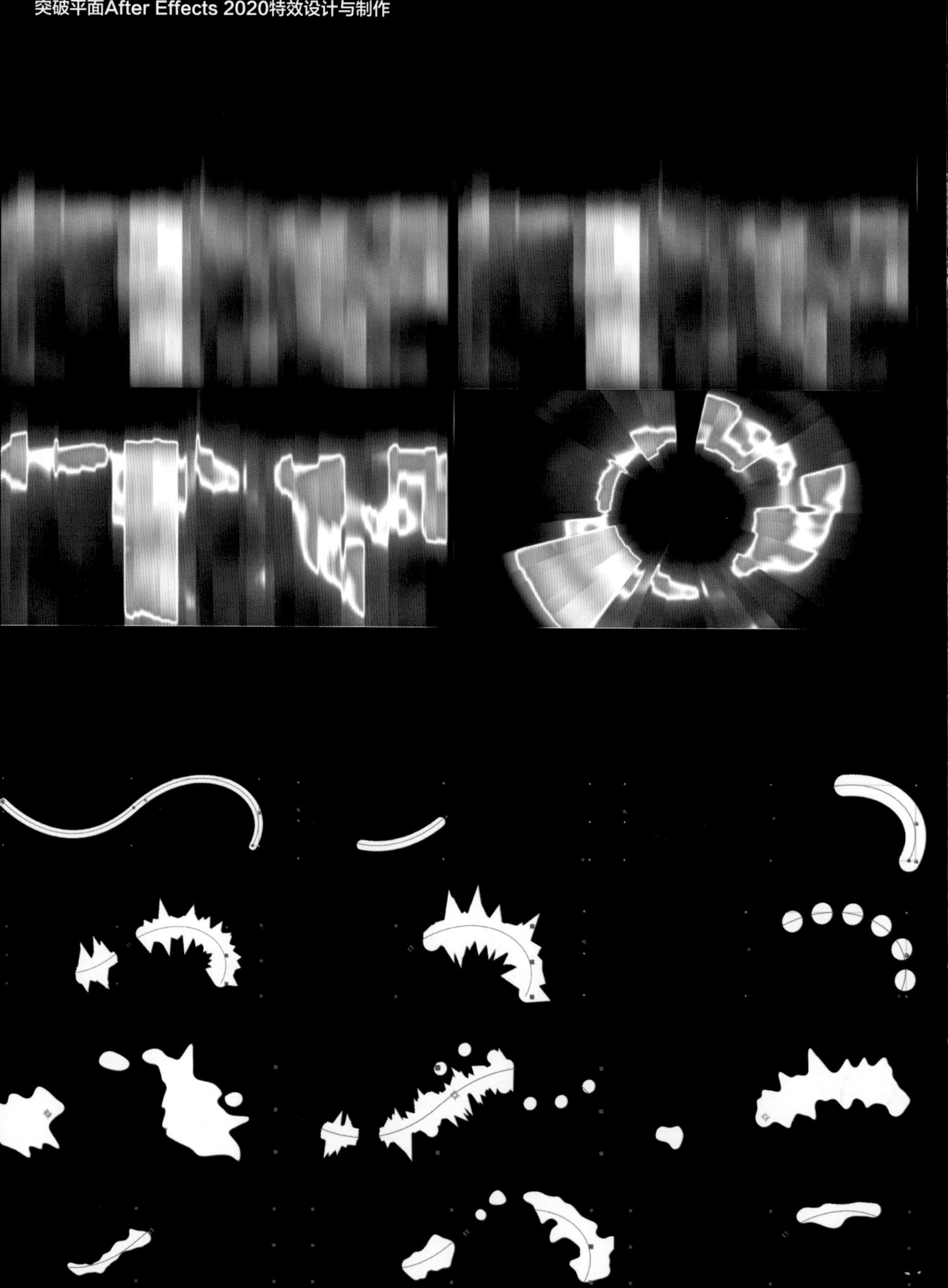

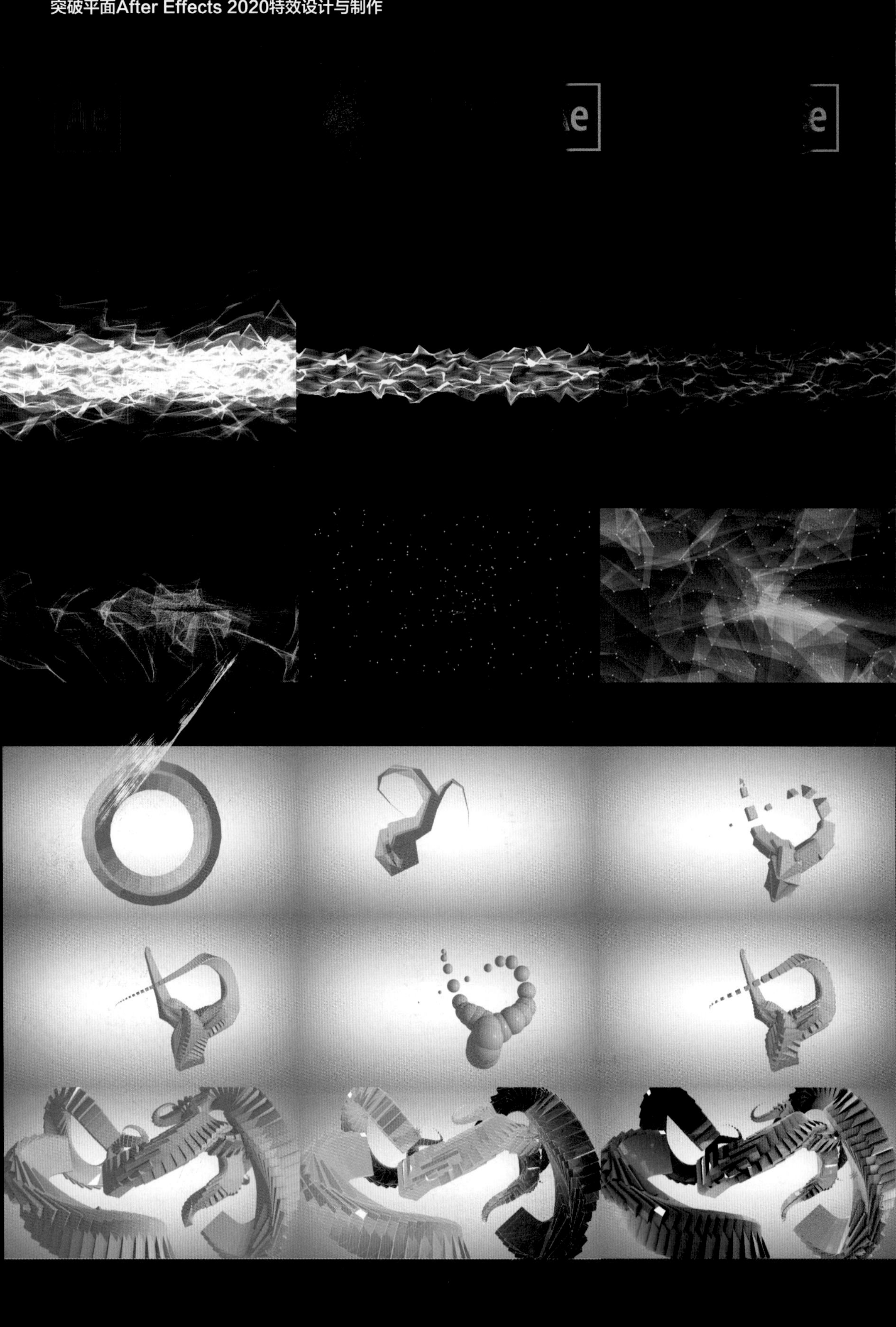

平面设计与制作

突破平面

特效设计与制作

沈洁 铁钟 / 编著

清华大学出版社
北京

内容简介

本书全面地讲解了After Effects 2020软件的主要功能和应用技巧，涵盖了After Effects的界面与基础、动画的制作、图层与蒙版、三维的应用、效果与预设、渲染与输出以及应用与拓展等，并且在实例中穿插介绍了Trapcode效果插件的功能。实例部分由易到难，由浅入深，步骤清晰、简明、通俗易懂，适用于不同层次的制作者。

本书适合从事影视制作、特效设计、新媒体、视频编辑的广大初、中级从业人员作为自学用书，也适合相关院校师生作为教材和辅导用书。

本书封面贴有清华大学出版社防伪标签，无标签者不得销售。

版权所有，侵权必究。举报：010-62782989，beiqinquan@tup.tsinghua.edu.cn。

图书在版编目（CIP）数据

突破平面After Effects 2020特效设计与制作 / 沈洁，铁钟编著. —北京：清华大学出版社，2020.12
（平面设计与制作）
ISBN 978-7-302-56792-9

Ⅰ. ①突… Ⅱ. ①沈… ②铁… Ⅲ. ①图像处理软件 Ⅳ. ① TP391.413

中国版本图书馆CIP数据核字(2020)第217568号

责任编辑：陈绿春
封面设计：潘国文
责任校对：徐俊伟
责任印制：沈　露

出版发行：清华大学出版社
网　　址：http://www.tup.com.cn，http://www.wqbook.com
地　　址：北京清华大学学研大厦A座　　**邮　　编：**100084
社 总 机：010-62770175　　**邮　　购：**010-83470235
投稿与读者服务：010-62776969，c-service@tup.tsinghua.edu.cn
质 量 反 馈：010-62772015，zhiliang@tup.tsinghua.edu.cn
印 装 者：三河市龙大印装有限公司
经　　销：全国新华书店
开　　本：188mm×260mm　　**印　张：**14　　**插　页：**8　　**字　数：**381千字
版　　次：2020年12月第1版　　**印　次：**2020年12月第1次印刷
定　　价：69.00元

产品编号：089001-01

前　言

随着数字技术全面进入影视制作的过程，After Effects以其操作的便捷和功能的强大占据后期软件市场的主力地位。After Effects 2020版本的推出使软件的整体性能又有所提高。本书结合作者多年从事特效合成的实践经验，通过典型的案例详细讲解了After Effects 2020在视频后期制作中的方法与技巧。随书附赠视频教学资源，包含了教学视频、素材文件和AEP文件，可以帮助读者掌握软件的操作与应用。本书适合从事短视频制作、自媒体栏目包装、电视广告编辑与合成的广大初、中级从业人员作为自学用书，也适合作为相关院校非线性编辑、媒体创作和视频合成专业的教材。通过学习本书，读者能够学习到专业应用案例的制作方法和流程。

全书共分为7个章，内容概括如下：

第1章：讲解After Effects界面与基础。

第2章：讲解After Effects动画制作的相关知识。

第3章：讲解After Effects 的图层与蒙版的功能。

第4章：讲解After Effects三维的应用，包括三维空间、灯光和跟踪等。

第5章：讲解如何熟练掌握After Effects中各种效果与预设的应用。

第6章：讲解After Effects中的渲染与输出的应用。

第7章：讲解使用After Effects制作的实例。通过实例介绍制作流程，同时还总结了其他一些特效应用的综合实例，并且在实例中穿插介绍了Trapcode效果插件的功能。

本书每一章都是一个技术专题，从基础入手，逐步进阶到灵活应用。基础讲解与操作紧密结合，方法全面，技巧丰富，通过本书读者不但能学习到专业的制作方法与技巧，还能提高实际应用的能力。

本书由沈洁、铁钟编著，并得到上海工程技术大学研究生教材建设项目20XJC001的支持。鉴于编者水平有限，书中难免有不当之处，希望读者不吝赐教。

本书的工程文件、视频素材和视频教学文件请扫描下面的二维码进行下载。如果在下载过程中碰到问题。请联系陈老师，联系邮箱为chenlch@tup.tsinghua.edu.cn。如果有技术性的问题。请扫描下面的技术支持二维码，联系相关技术人员进行处理。

工程文件

视频素材

视频教学

技术支持

作者

2020年8月

目　录

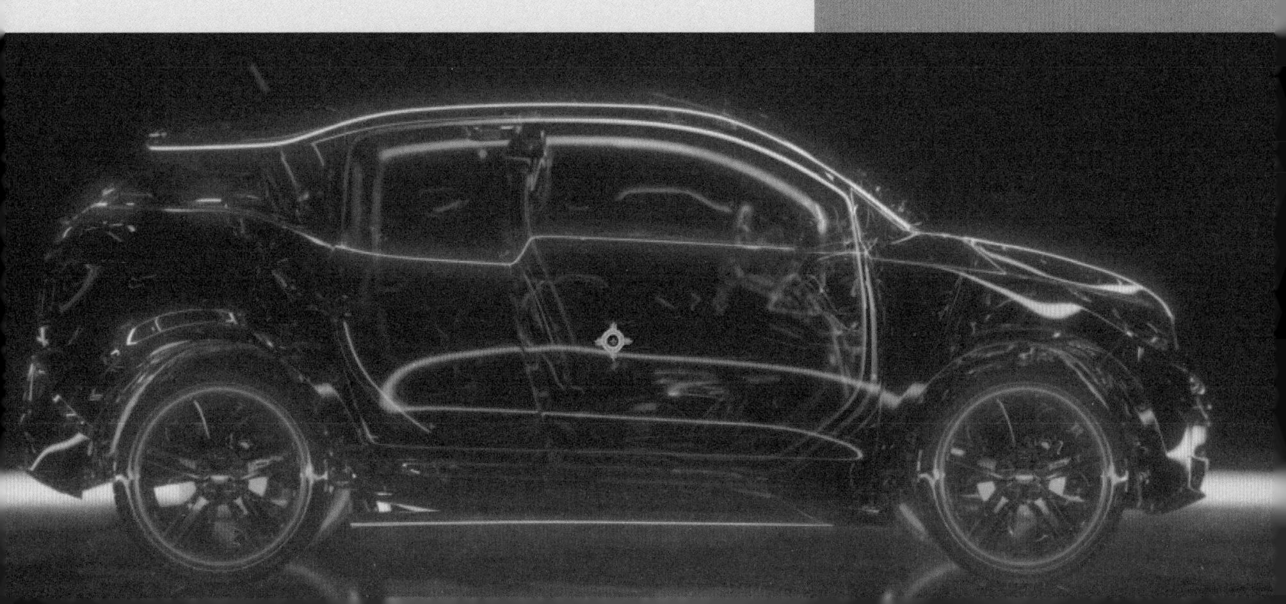

TRYING
SCANNERS

YEAR

SPORTIA

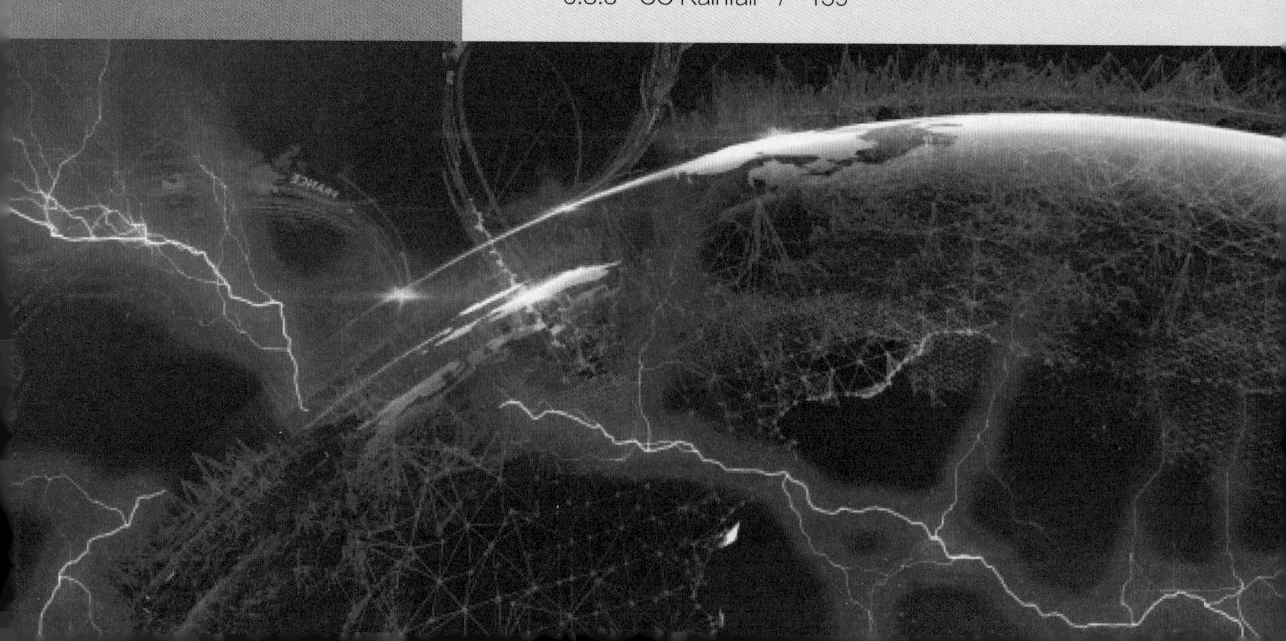

China
exported
$2.4 trillion
worth of goods in 2017

第1章

界面与基础

2013年6月，Adobe公司正式发布Adobe Creative Cloud APP，在所有Creative套件后都加上了“CC”后缀，如Photoshop CC、Illustrator CC等。CC的出现并不是仅仅在CS6之后的一次升级，而是Adobe公司软件销售模式上的变革，用户不需要再购买实体光盘安装软件，而软件本身也不会再像CS5到CS6那样升级，而是通过云计算的方式下载，微量更新，这样的模式有利于用户反馈，更新也更为快捷。以Photoshop为例，用户需每月支付300元左右人民币才能使用该软件，而不是一次性支付软件的费用就永久使用。After Effects 2020是这个软件的第17个版本，其界面如图1.1所示。

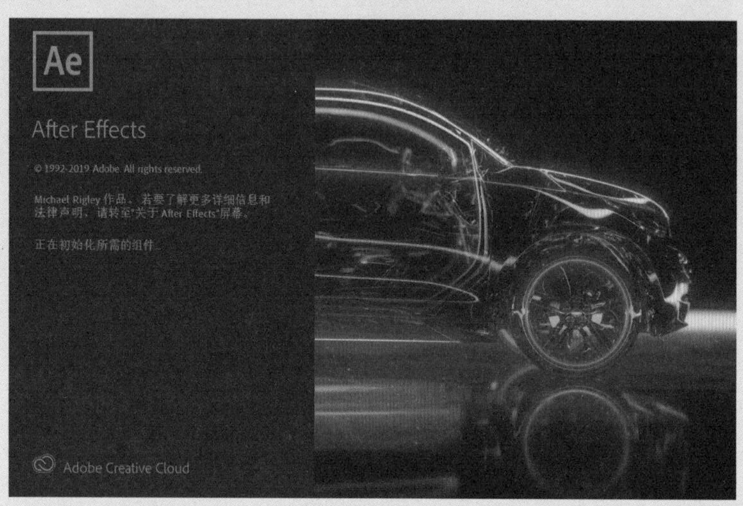

图1.1

现在后期合成软件主流的操作模式分为两种，分别是基于节点模式和基于图层模式。两种操作模式都分别有着自己的优点和缺点，其中图层模式的操作比较传统，是通过图层的叠加与嵌套对画面进行控制，易于上手，很多软件都是采用这种工作方式的，比如大家所熟知的Photoshop、Premiere等软件，也包括了我们的After Effects。而节点模式的操作方式是通过各个节点去传递功能属性，这要求使用者在工作时，必须保持非常清晰的思路，否则会越用越乱。After Effects可以在 Premiere中创建合成，可以使用 Dynamic Link 消除各应用程序之间的中间渲染，可以从 Photoshop、Illustrator、Character Animator、Adobe XD 和 Animate 中导入，如图1.2所示为可以跟After Effects合作使用的各种软件图标。

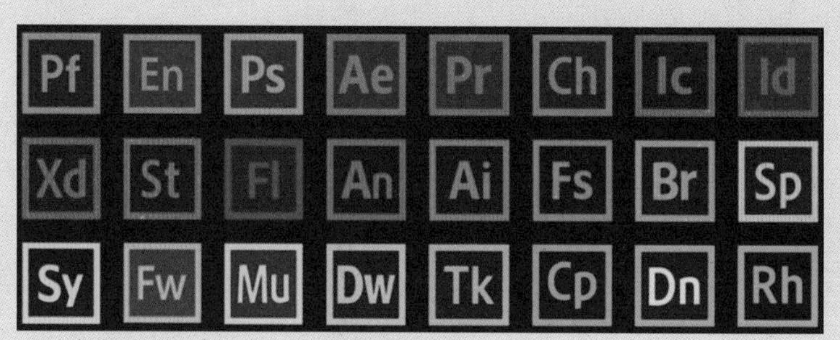

图1.2

After Effects 2020是一款非线性编辑软件。非线性编辑的概念是针对线性编辑而言的。线性编辑（Linear Editing）是一种传统的视频编辑模式，通常由一台或多台放像机和录像机组成，编辑人员通过放像机选择一段合适的素材，然后把它记录到录像机中的磁带上，再寻找下一个镜头，接着进行记录工作，如此反复操作，直至把所有合适的素材按照节目要求全部顺序记录下来。由于磁带记录画面是顺序的，无法在已有的画面之间插入一个镜头，也无法删除一个镜头，除非把这之后的画面全部重新录制一遍，所以这种编辑方式称为线性编辑（Linear Editing），这样的工作效率是非常低的。

非线性编辑（Non-Linear Editing）的工作流程一般分为三个部分，第一部分：采集与输入，即利用软件将模拟视频、音频信号转换成数字信号存储到计算机中，或者将外部的数字视频存储到计算机中，成为可以处理的素材；第二部分：编辑与处理，即利用软件剪辑素材并添加特效，包括转场、特效、合成叠加，After Effects正是帮助用户完成这一至关重要的部分，影片最终效果的好坏决定与此；第三部分：输出与生成，即制作编辑完成后，就可以输出成各种播出格式，使用哪种格式取决于播放媒介，如图1.3所示。

图1.3

After Effects在众多后期合成软件中是独树一帜的，功能强大，操作便捷。随着三维技术的发展，后期合成软件的很多功能都是为前期的三维制作添加效果和弥补不足。在前期拍摄中由于安全和费用等因素，同时也为了达到更好的画面效果，在拍摄的过程中使用了绿屏特技。影片拍摄完成之后，素材导入计算机，使用After Effects把绿色的背景部分做抠像处理，把背景素材叠加到拍摄素材之后，为了使画面更加真实，在玻璃上添加细节效果，并对画面校色。整个制作过程涉及一个概念：层。这也是大部分非线性编辑软件在制作影片时必须使用的。层是计算机图形应用软件中经常涉及的一个概念，用户在After Effects中可以很好地应用这一工具，这些不同透明度的层是相对独立的，如图1.4所示，且可以自由编辑，这也是非线性编辑软件的优势所在。

图1.4

1.1 软件界面

1.1.1 工作界面介绍

在本小节中，我们将一起系统地认识After Effects软件的工作界面，如图1.1.1所示，熟悉不同模块的工作流程与工作方式。使用过Photoshop等软件的用户对于该流程将不会陌生，而对于刚接触这类软件的用户，将会发现After Effects的流程十分易学易理解。通过初步的了解，使读者对After Effects有一个宏观上的认识，为以后的深入学习打下基础。

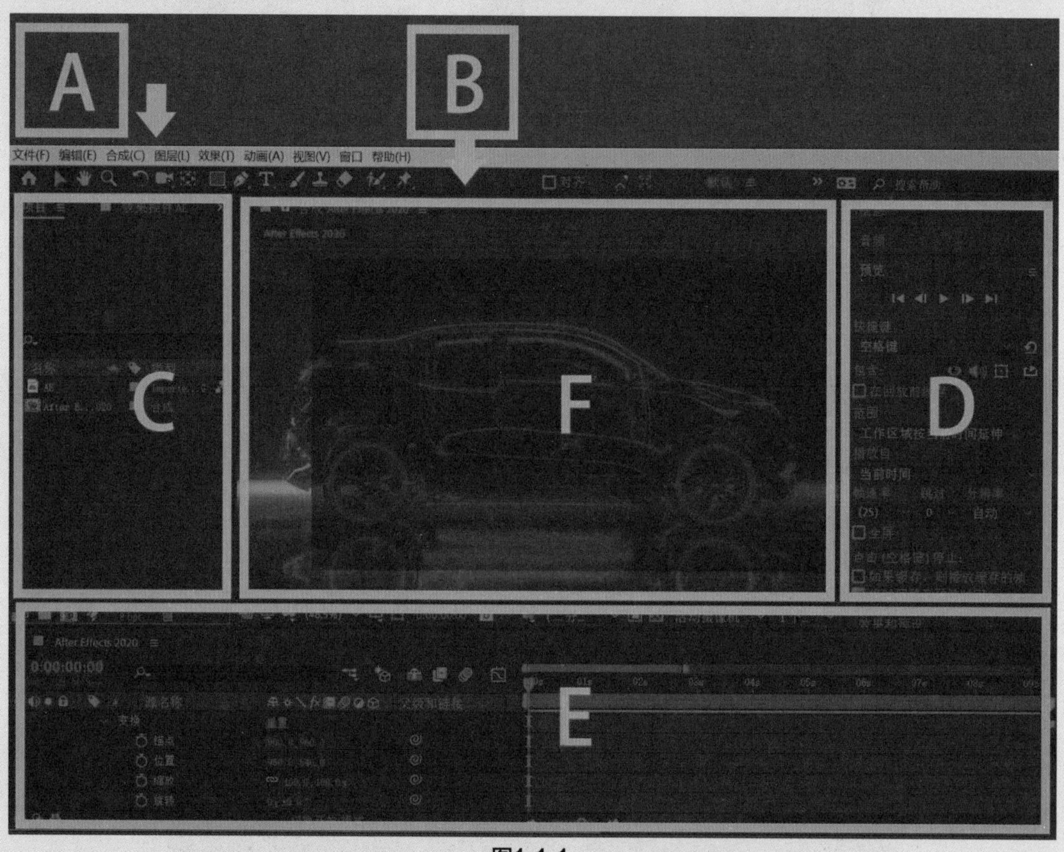

图1.1.1

- A——菜单栏：大多数命令都在这里，我们将在后面的章节详细讲解。
- B——工具栏：同Photoshop的工具箱一样，其中大多数工具的使用方法也都一样。
- C——项目：所有导入的素材都在这里管理。
- D——其他功能面板：After Effects有众多控制面板，用于不同的功能。随着工作环境的变化，这里的面板也可以进行调整（如果用户不小心关闭了这些面板，可以在执行菜单【窗口】中找到需要的面板）。
- E——时间轴：After Effects主要的工作区域，动画的制作主要在此区域完成。
- F——视图观察区域：包括多个面板，最经常使用的是【合成】面板，在上方可以切换为【图层】视图模式，这里主要用于观察编辑最终所呈现的画面效果。

After Effects 中的窗口按照用途不同分别包含在不同的框架内，框架与框架间用分隔条分开。如果一个框架同时包含多个面板，将在其顶部显示各个面板的选项卡，但只有处于前端的选项卡所在面板的内容是可见的。单击选项卡，可以将对应面板显示到最前端。下面我们将以After Effects默认的【标准】工作区为例，对After Effects各个界面元素进行详细介绍，用户可以单击软件右上角的三角图标，展开工作区菜单，单击【标准】，切换到【标准】工作区模式，如图1.1.2所示。

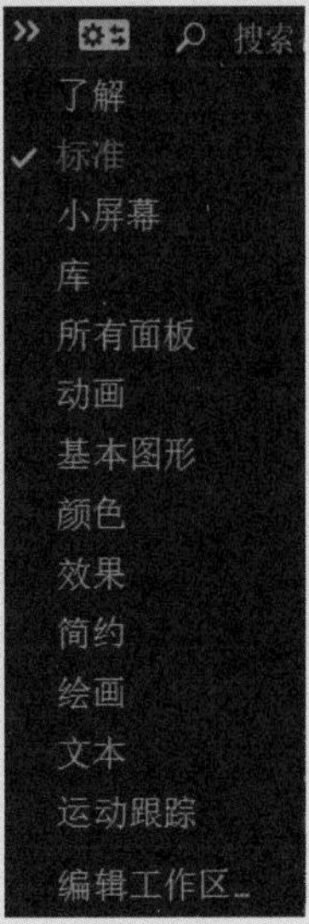

搜索
了解
✓ 标准
小屏幕
库
所有面板
动画
基本图形
颜色
效果
简约
绘画
文本
运动跟踪
编辑工作区...

图1.1.2

1.1.2 项目面板介绍

在After Effects中，【项目】面板提供给用户一个管理素材的工作区，用户可以很方便地把不同的素材导入，并对它们进行替换、删除、注解、整合等操作。After Effects这种项目管理方式与其他软件不同。例如，用户使用Photoshop将文件导入后，生成的是Photoshop文档格式。而After Effects则是利用项目来保存导入素材所在硬盘的位置，这样使得After Effects的文件非常小。当用户改变导入素材所在硬盘的保存位置时，After Effects将要求用户重新确认素材的位置。建议用户使用英文命名来保存素材的文件夹和素材文件名，以避免After Effects识别中文路径和文件名时产生错误，如图1.1.3所示。

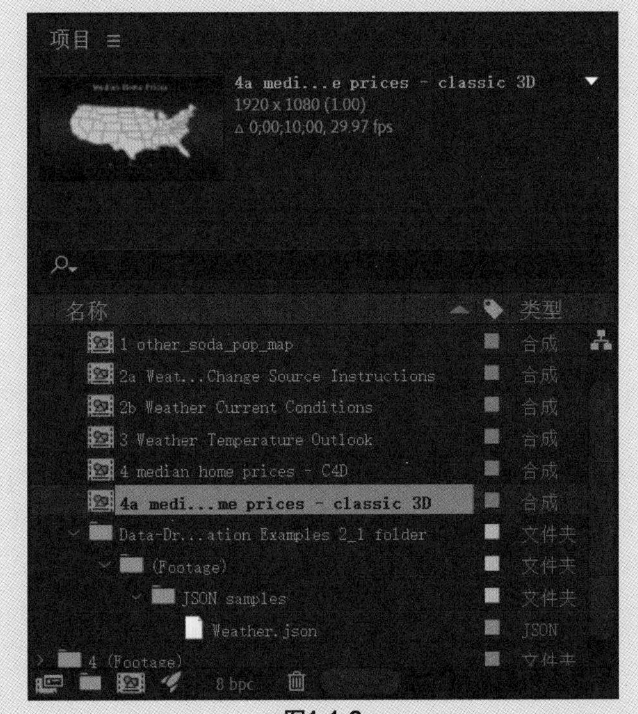

图1.1.3

在【项目】面板中选择一个素材，在素材的名称处右击，就会弹出素材的设置菜单，如图1.1.4所示。

右击【项目】面板中素材名称后面的小色块，会弹出用于选择颜色的菜单栏。每种类型的素材都有特定的默认颜色，主要用来区分不同类型的素材，如图1.1.5所示。

在【项目】面板的空白处右击，会弹出关于包含【新建合成】和【导入】的菜单栏，如图1.1.6所示。用户也可像使用Photoshop一样，在空白处双击鼠标左键，直接导入素材。

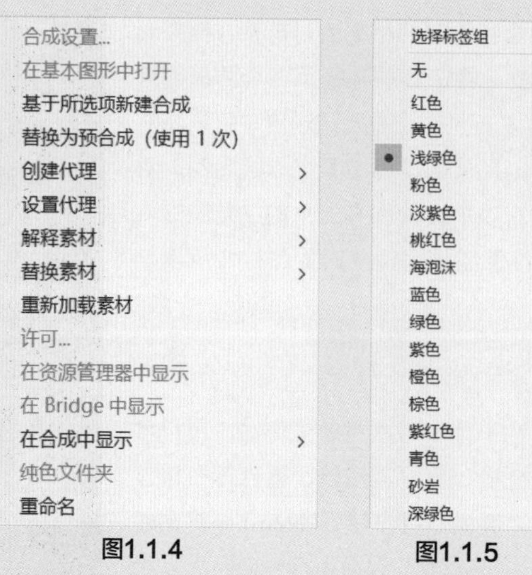

图1.1.4　　图1.1.5

新建合成...
新建文件夹
新建 Adobe Photoshop 文件...
新建 MAXON CINEMA 4D 文件...
导入
导入最近的素材

图1.1.6

右击【项目】面板空白处弹出的菜单命令介绍如下：

- 新建合成：创建新的合成项目。
- 新建文件夹：创建新的文件夹，用来分类装载素材。
- 新建Adobe Photoshop文件：创建一个新的保存为Photoshop格式的文件。
- 新建MAXON CINEMA 4D文件：创建C4D文件。
- 导入：导入新的素材。
- 导入最近的素材：导入最近使用过的素材。

【项目】面板中的主要图标介绍如下。

- 【查找】图标：用于查找项目面板中的素材，在素材比较复杂的情况下，能够比较方便快捷地找到自己需要的文件。
- 【解释素材】图标：用于打开【解释素材】面板，在面板中可以调整素材的相关参数，如帧速率、通道和场等。
- 【新建文件夹】图标：用于打开【新建文件夹】面板，位于【项目】面板左下角的第二个，它的功能是建立一个新的文件夹，用于管理【项目】面板中的素材，用户可以把同一类型的素材放入一个文件夹中。管理素材与制作是同样重要的工作，在制作大型项目时，会同时面对大量视频素材、音频素材和图片。合理分配素材将有效提高工作效率，增强团队协作能力。
- 【新建合成】图标：用于打开【新建合成】面板，建立一个新的【合成】，单击该图标会弹出【合成设置】面板。也可以直接将素材拖动到这个图标上创建一个新的合成。
- 【删除】图标：用于打开【删除】面板，删除【项目】面板中所选定的素材或项目。

1.1.3　工具介绍

After Effects的工具箱类似于Photoshop的工具栏，通过使用这些工具，可以对画面进行修改、缩放、擦除等操作。这些工具都在【合成】面板中完成操作。按照功能不同可分为六大类：操作工具、视图工具、遮罩工具、绘画工具、文本工具和坐标轴模式工具。使用工具时单击【工具】面板中的工具图标即可，有些工具必须选中素材所在的层，工具才能被激活。单击工具右下角的小三角图标可以展开“隐藏”工具，将鼠标放在该工具上方不动，系统会显示该工具的名称和对应的快捷键。如果用户不小心关掉了工具箱，可以执行菜单【窗口】→【工作区】命令，选择相应的工作区模式恢复所有的面板，如图1.1.7所示。

图1.1.7

前3个工具：【选取工具】【手型工具】和【缩放工具】是最常用的工具，选择和移动图层或者形状都需要使用【选取工具】。

【选取工具】

【选取工具】主要用在【合成】面板中选择、移动和调节素材的层、Mask、控制点等。【选取工具】每次只能选取或控制一个素材，按住Ctrl键的同时单击其他素材，可以同时选择多个素材。如果需要选择连续排列的多个素材，可以先单击最开头的素材，然后按住Shift键，再单击最末尾的素材，这样中间连续的多个素材就同时被选上了。如果要取消某个层的选取状态，也可以通过按住Ctrl键单击该层来完成。

提示

【选取工具】可以在操作时切换为其他工具，使用【选取工具】时，按住Ctrl键不放可以将其改变为【画笔工具】，松开Ctrl键又回到【选取工具】状态。

【手形工具】

【手形工具】主要用于调整面板的位置。与移动工具不同，【手形工具】不移动物体本身的位置，面板放大后，图像在面板中显示不完全，为了方便用户观察，可以通过使用【手形工具】对面板显示区域进行移动，而对素材本身位置不会有任何影响。

提示

在实际使用时一般不直接选择【手形工具】，在使用其他任何工具时，只要按住空格键不放，就能够快速切换为【手形工具】。

【缩放工具】

【缩放工具】主要用于放大或者缩小画面的显示比例，对素材本身不会有任何影响。选择【缩放工具】，然后在【合成】面板中按住Shift键，再单击鼠标，在素材需要放大的部分划出一个灰色区域，松开鼠标，该区域将被放大。如果需要缩小画面比例，按住Alt键再单击鼠标。【缩放工具】的图标由带"+"号的放大镜变成带"-"号的放大镜。也可以通过修改【合成】面板中的弹出菜单 100% ，来改变图像显示的大小。

提示

【缩放工具】的组合使用方式非常多，熟练掌握会提高操作效率。按住Ctrl键不放，系统会切换为【缩放工具】，放开Ctrl键又切换回【缩放工具】。与Alt键结合使用，可以在【缩放工具】的缩小与放大功能之间切换。使用Alt+<或者Alt+→键，可以快速放大或缩小图像的显示比例，双击工具面板内的缩放工具，可以使素材恢复到100%的大小，这些操作在实际制作中都使用得非常频繁。

其他工具都是针对于部分功能的工具，我们会在对应的章节加以讲解。

1.1.4 合成面板介绍

【合成】面板主要用于对视频进行可视化编辑，对影片进行的所有修改都将在这个窗口显示。【合成】面板显示的内容是最终渲染效果最主要的参考。【合成】面板不仅可以用于预览源素材，在编辑素材的过程中也是不可或缺的。【合成】面板不仅用于显示效果，同时也是最重要的工作区域。用户可以直接在【合成】面板中使用【工具】面板中的工具在素材上进行修改，并实时显示修改的效果。用户还可以建立快照方便对比观察影片。【合成】面板主要用来显示各个层的效果，而且可以对层做出直观的调整，包括移动、旋转和缩放等，对层使用的滤镜也可以在这个面板中显示出来，如图1.1.8所示。

合成 合成
合成
50%
0:00:00:00
完整
活动摄像机
1个...

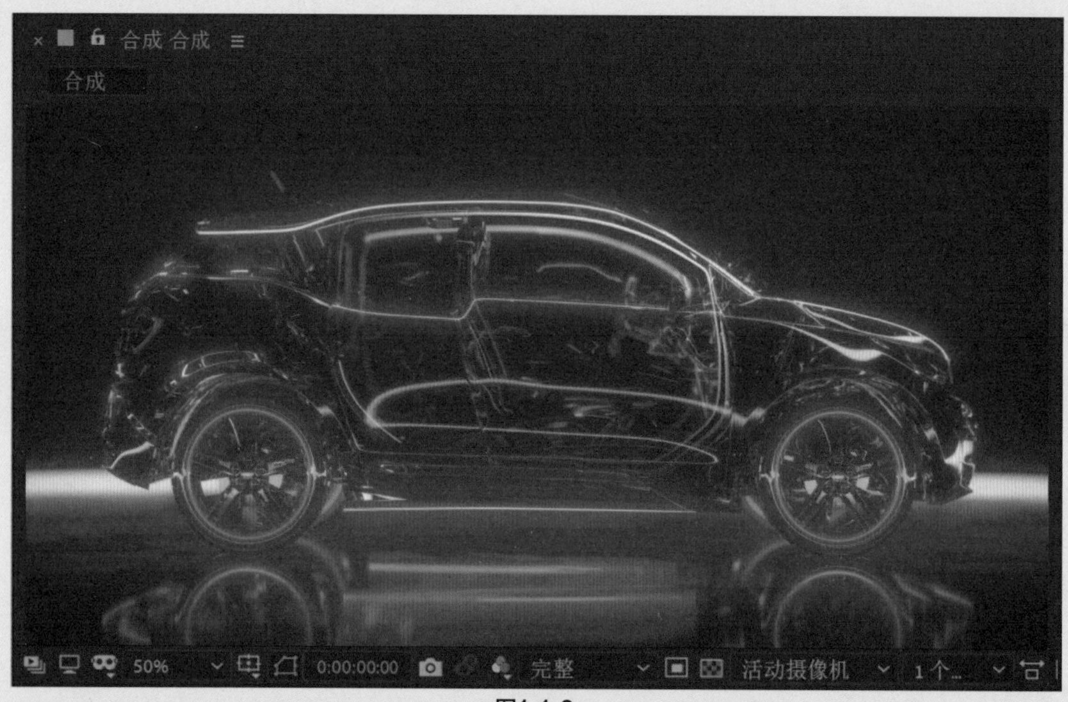

图1.1.8

【合成】面板上方可以对【合成】面板、【固态层】面板、【素材】面板和【流程图】面板进行来回的切换，【合成】面板为默认面板，如图1.1.9所示，双击【时间轴】中的素材，会自动切换到素材面板中去。

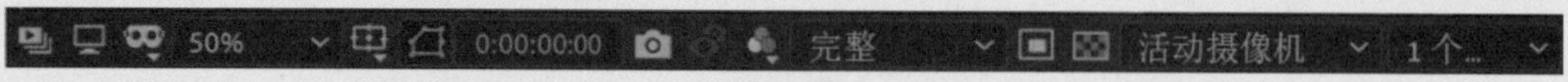

50%
0:00:00:00
完整
活动摄像机
1个...

图1.1.9

下面为【合成】面板的主要功能图标。

- 【缩放比例】图标 (65.3%)：用于打开【缩放比例】面板，控制合成的缩放比例，单击这个图标会弹出一个下拉菜单，可以从中选择需要的比例大小，如图1.1.10所示。
- 【安全区域】图标：用于打开【安全区域】面板，因为在电脑上所做的影片在电视上播出时会将边缘切除一部分，这样就需要有安全区域，只要图像中的元素在安全区域中，就不会被剪掉。这个图标可以用于显示或隐藏网格、参考线、标尺线等，如图1.1.11所示。

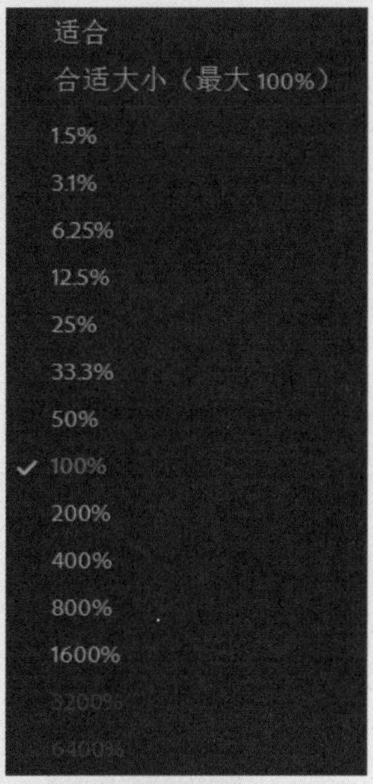

图1.1.10 　　图1.1.11

■ 【显示状态】图标：用于显示或隐藏【显示状态】面板，如图1.1.12和图1.1.13所示。

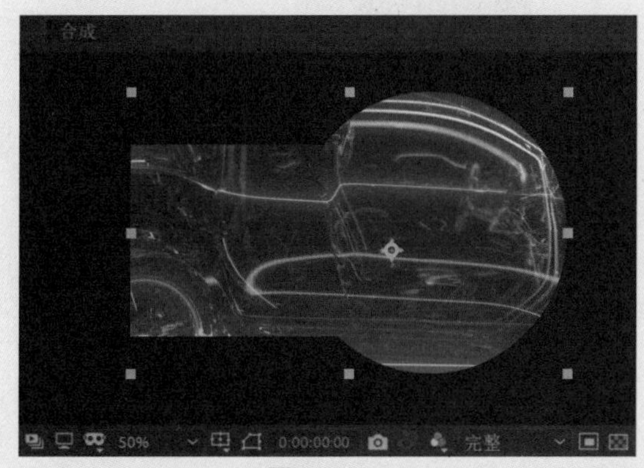

图1.1.12

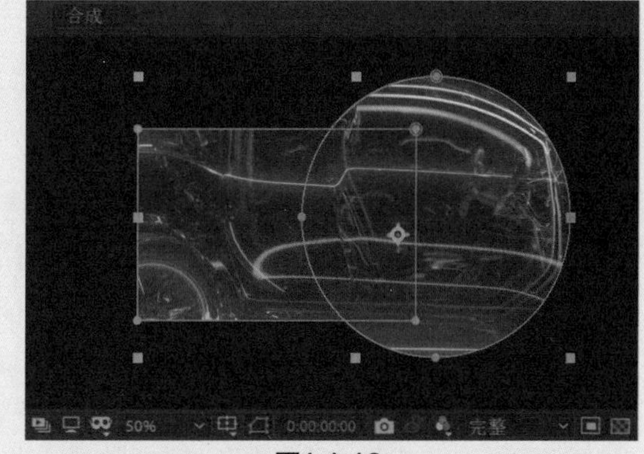

图1.1.13

■ 【时间】图标 0:00:00:29：用于显示合成的当前时间。如果单击该图标，就会弹出【转到时间】面板，在这里可以输入精确的时间，如图1.1.14所示。

图1.1.14

■ 【拍摄快照】图标：用于打开【拍摄快照】面板，可以暂时保存当前时间的图像，以便在更改后进行对比。暂时保存的图像只会存在内存中，并且一次只能暂存一张。

■ 【显示快照】图标：用于打开【显示快照】面板，不管在哪个时间位置，只要按住这个图标不放，就可以显示最后一次快照的图像。

提示

如果想要拍摄多个快照，可以按住Shift键不放，然后在需要快照的地方按F5、F6、F7、F8键，就可以进行多次快照，要显示快照可以只按F5、F6、F7、F8键就可以了。

- 【通道色彩】图标：用于打开【通道色彩】面板，可以显示通道及色彩管理设置。如果单击该图标会弹出下拉菜单，如图1.1.15所示，选择不同的通道模式，显示区就会显示出这种通道的效果，方便检查图像的各种通道信息。
- 【显示】图标（完整）：用于打开【显示】面板，可以选择以何种分辨率来显示图像。通过降低分辨率，能提高电脑运行效率，如图1.1.16所示。

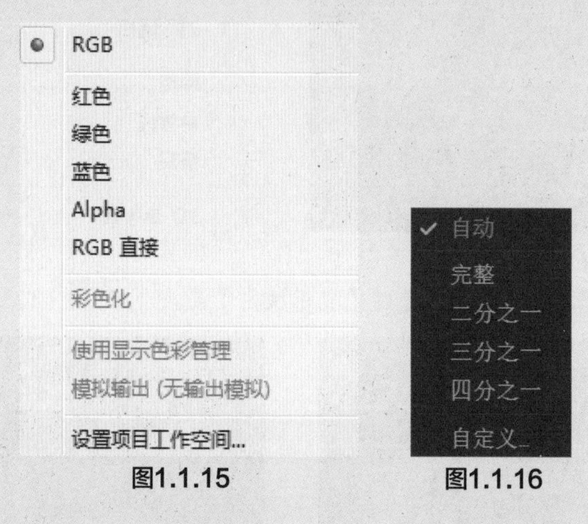

图1.1.15　　图1.1.16

提示

执行菜单【合成】→【分辨率】命令也可以设置分辨率。分辨率的大小会影响到最后影像渲染输出的质量，也可以在【合成】面板随时修改分辨率。如果整个项目很大，建议使用较低的分辨率，这样可以加快预览速度，在输出影片时再调整为【完整】类型分辨率。【合成】的4种分辨率图像质量依次递减，用户也可以选择【自定义】项自定义分辨率。

- 【矩形】图标：用于打开【矩形】面板，可以在显示区中自定义一个矩形区域，只有矩形区域中的图像才能显示出来。它可以加速影片的预览速度，只显示需要看到的区域，如图1.1.17所示。

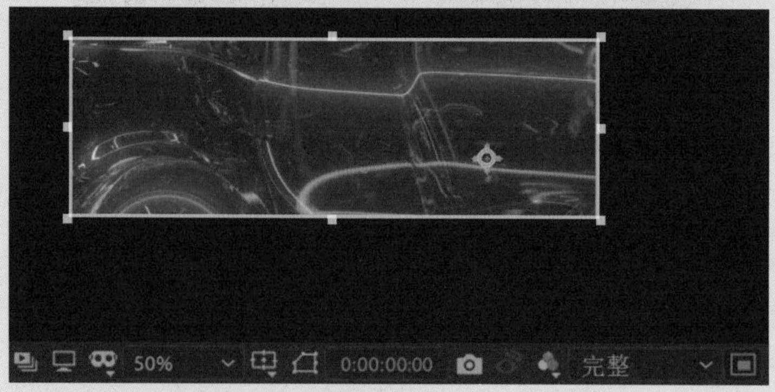

图1.1.17

■ 【透明背景】图标 ：用于打开【透明背景】面板，在默认的情况下，背景为黑色（这并不影响最终素材的输出），单击该图标可以显示透明的部分，如图1.1.18所示。

■ 【活动摄像机】图标 ：用于打开【活动摄像机】面板，在建立了摄像机并打开了3D图层时，可以通过该图标进入不同的摄像机视图，它的下拉菜单如图1.1.19所示。

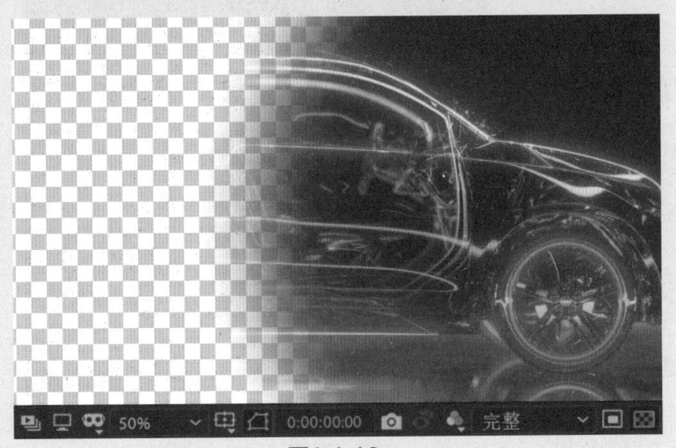

图1.1.18

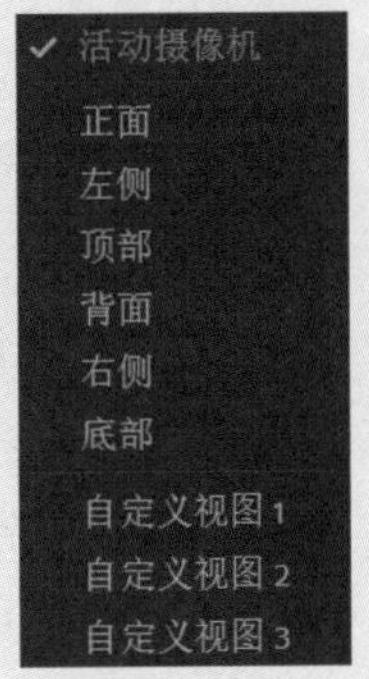

图1.1.19

■ 【1个视图】图标 ：用于打开【1个视图】面板，单击该图标右侧小三角图标，弹出下拉菜单，选择相应命令，可以使【合成】面板中显示多个视图，如图1.1.20所示。

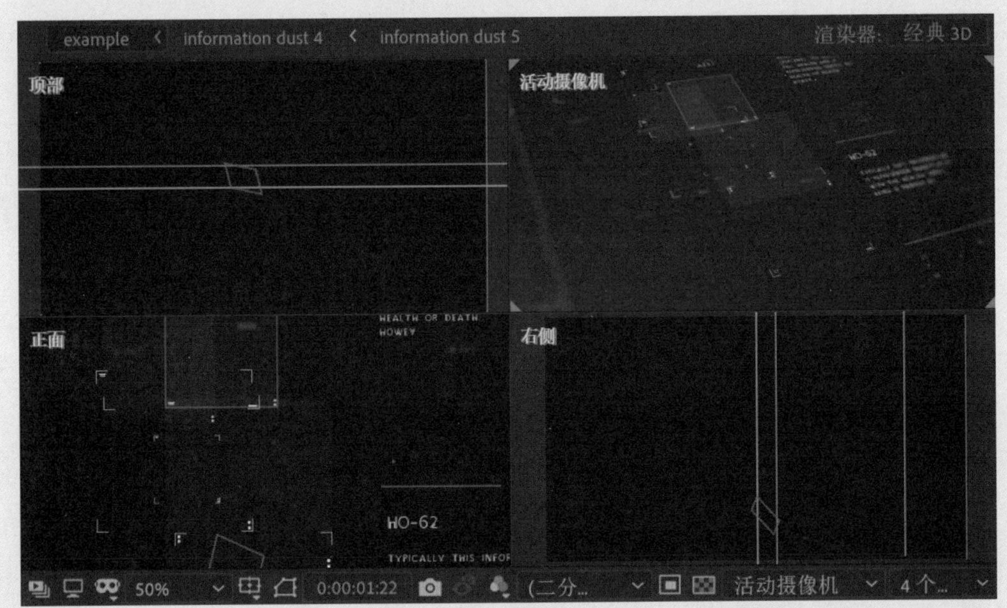

图1.1.20

在【合成】面板的空白处右击，可以弹出一个下拉菜单，如图1.1.21所示。其命令介绍如下。

■ 新建：用于新建一个【合成】【固态层】【灯光】【摄像机层】等。

■ 合成设置：用于打开【合成设置】窗口。

■ 在项目中显示合成：可以把合成层显示在【项目】面板中。

■ 预览：用于预览动画。

■ 切换3D视图：用于切换到不同的视图角度。

■ 重命名：用于重命名。

- 在基本图形中打开：用于打开【基本图形】面板，创建自定义控件。
- 合成流程图：用于打开节点式合成显示模式。
- 合成微型流程图：用于打开详细节点合成显示模式，如图1.1.22所示。

图1.1.21

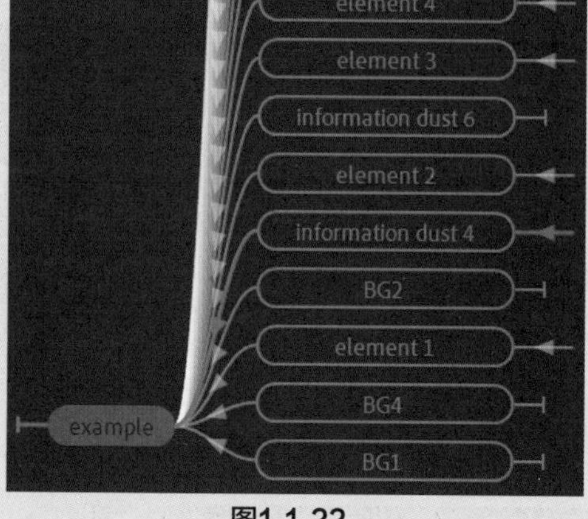

图1.1.22

同时显示在【合成】面板的还有【素材】面板。【素材】面板可以对素材进行编辑，比较常用的是切入与切出时间的编辑。导入【项目】面板的素材，双击该素材可以在【素材】面板中打开，如图1.1.23所示。

图1.1.23

1.1.5 时间轴面板介绍

【时间轴】面板（见图1.1.24）是用来编辑素材最基本的面板，主要功能包括管理层的顺序、设置关键帧等。大部分关键帧特效都在这里完成。素材的时间长短、在整个影片中的位置等都在该面板中显示。特效应用的效果也会在这个面板中得以控制。所以，【时间轴】面板是After Effects 中用于组织各个合成图像或场景的元素最重要的工作面板。

图1.1.24

其中左下角几个图标能展开或折叠【时间轴】相关属性。

- 【图层开关】图标：用于打开【图层开关】面板，如图1.1.25所示，可以展开或折叠【图层开关】面板。

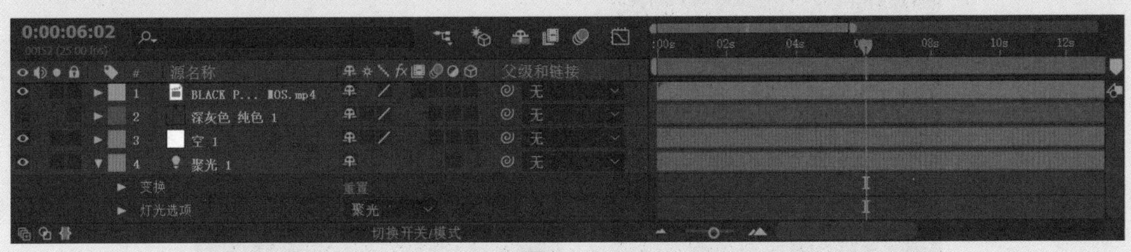

图1.1.25

- 【转换控制】图标：用于打开【转换控制】面板，如图1.1.26所示，可以展开或折叠【转换控制】面板。需要注意的是，这两个界面是可以用快捷键切换，快捷键为F4键，反复按下F4键，可以在两个面板间进行切换。

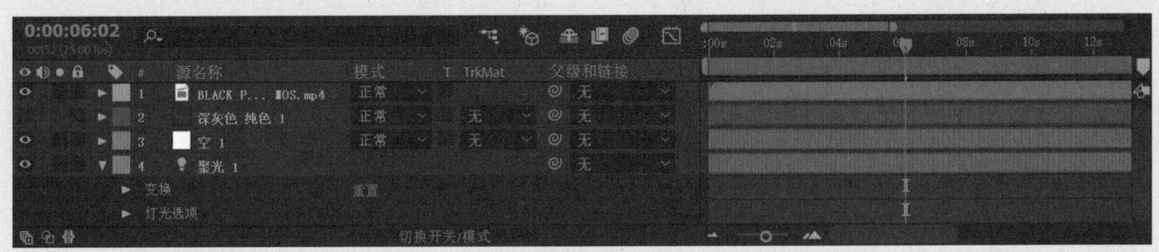

图1.1.26

- 【时间伸缩】图标：用于打开【时间伸缩】面板，如图1.1.27所示，可以展开或折叠【出点/入点/持续时间/伸缩】面板。在这里可以直接调整素材的播放速度。

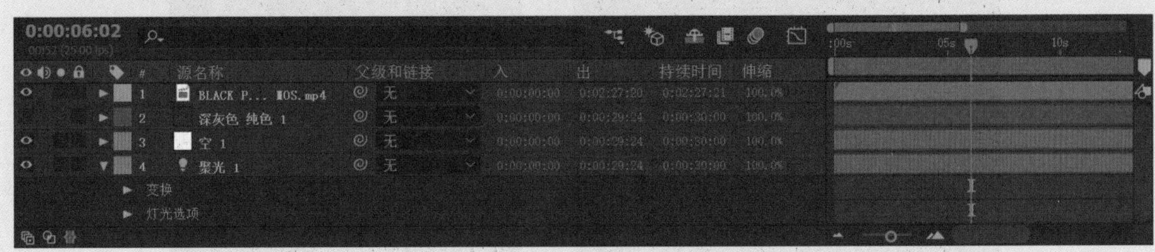

图1.1.27

1.1.6 其他功能面板介绍

After Effects界面的右侧，折叠了多个功能面板，这些功能面板都可以在【窗口】菜单栏下显示或者隐藏，根据不同的项目，自由选择调换相关功能面板。下面介绍一些常用的功能面板。

- 【预览】面板：该面板（见图1.1.28）的主要功能是控制播放素材的方式，用户可以RAM方式预览，使画面变得更加流畅，但一定要保证有很大的内存作为支持。
- 【信息】面板：该面板（见图1.1.29）会显示鼠标指针所在位置图像的颜色和坐标信息，默认状态下的【信息】面板为空白，只有鼠标在【合成】面板和【图层】面板中时才会显示。

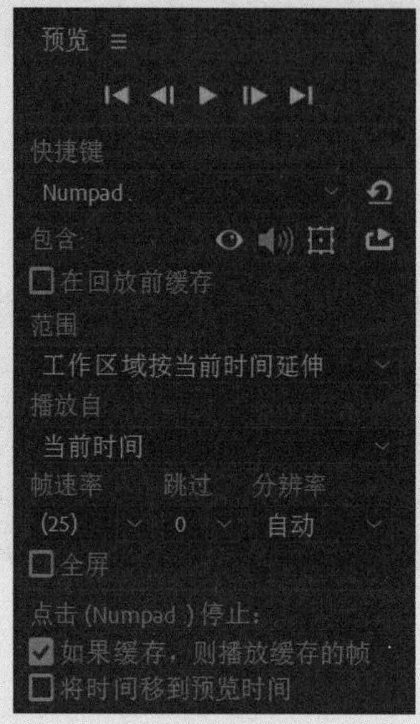

图1.1.28

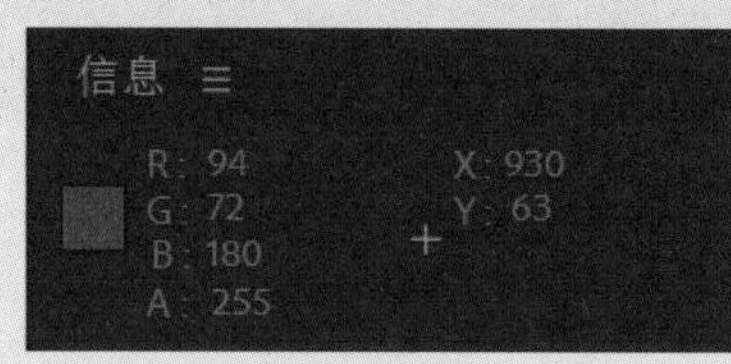

图1.1.29

- 【音频】面板：显示音频的各种信息包括对声音的级别控制和级别单位，如图1.1.30所示。
- 【效果和预设】面板：该面板（见图1.1.31）中包括了所有的滤镜效果，如果给某层添加滤镜效果可以直接在这里选择使用，与【效果】菜单的滤镜效果相同。【效果和预设】面板中有【动画预设】选项，是After Effects自带的一些成品动画效果，可以供用户直接使用。【效果和预设】面板提供了上百种滤镜效果，通过滤镜，我们能对原始素材进行各种方式的变幻调整，创造出惊人的视觉效果。

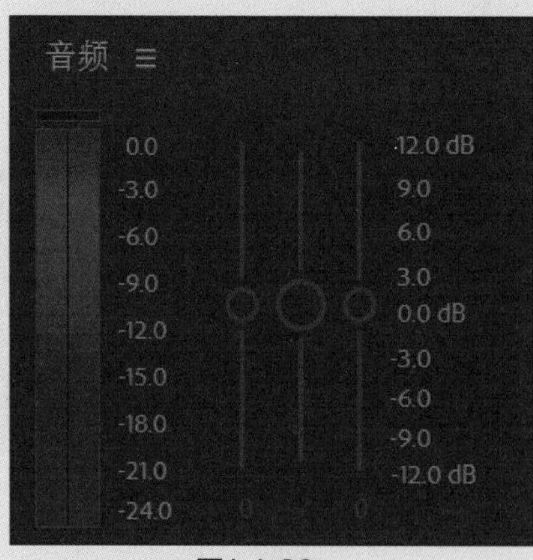

图1.1.30

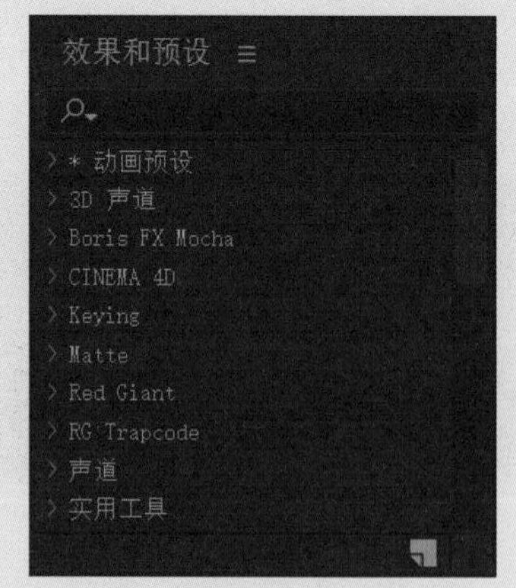

图1.1.31

- 【字符】面板：该面板中包含了文字的相关属性，包括设定文字的大小、字体、行间距、字间距、粗细、上标和下标等，如图1.1.32所示。
- 【对齐】面板：主要功能是按某种方式来排列多个图层，如图1.1.33所示。

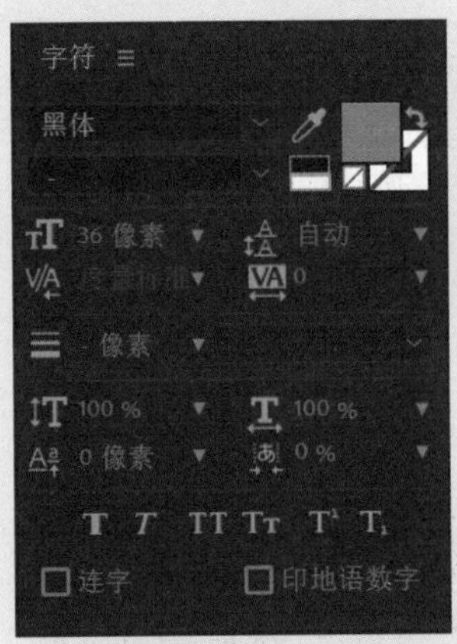

图1.1.32

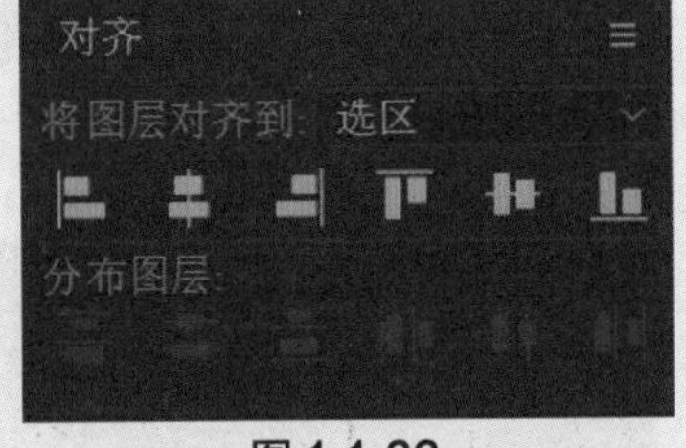

图 1.1.33

【对齐】工具主要针对【合成】内的物体，下面介绍一下【对齐】工具是如何使用的。

01 首先在Photoshop中建立3个图层，分别绘制出3个不同颜色的图形，如图1.1.34所示。

02 将文件存成PSD格式，然后导入After Effects中，【导入种类】选择【合成】，在图层选项中选择【可编辑的图层样式】，如图1.1.35所示。

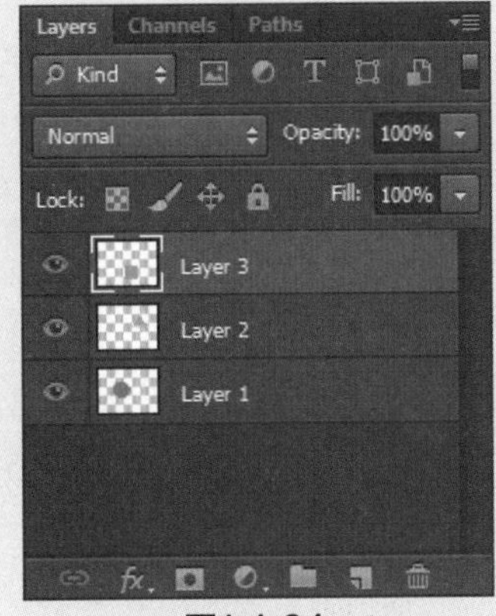

图1.1.34

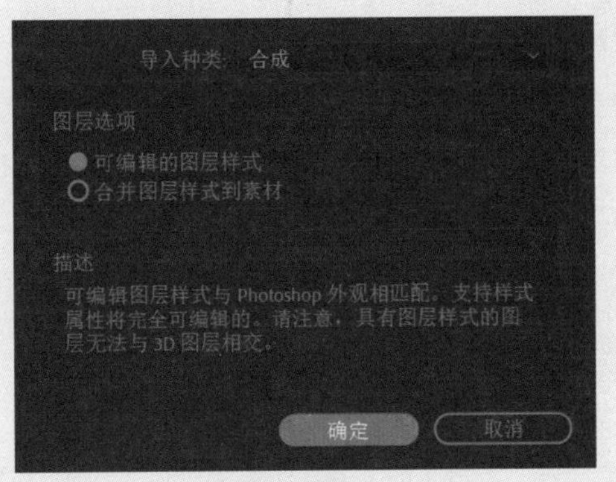

图1.1.35

03 在【项目】面板中双击导入的合成文件，可以在【时间轴】面板看到3个层，在【合成】面板中选中3个图层，然后执行【对齐】面板中的命令按钮即可，如图1.1.36和图1.1.37所示。

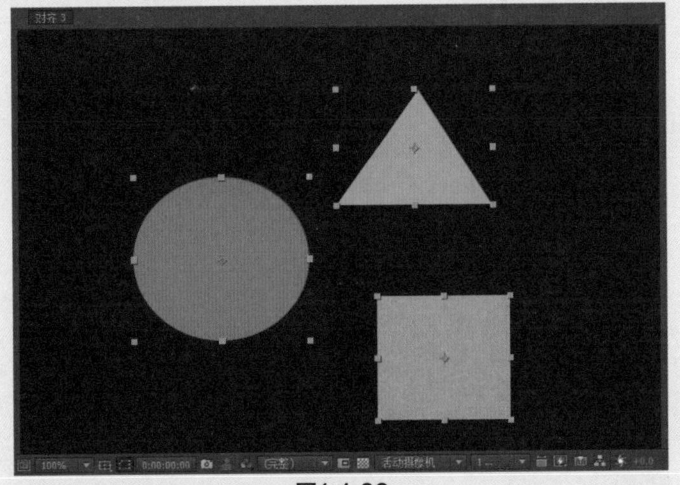

图1.1.36

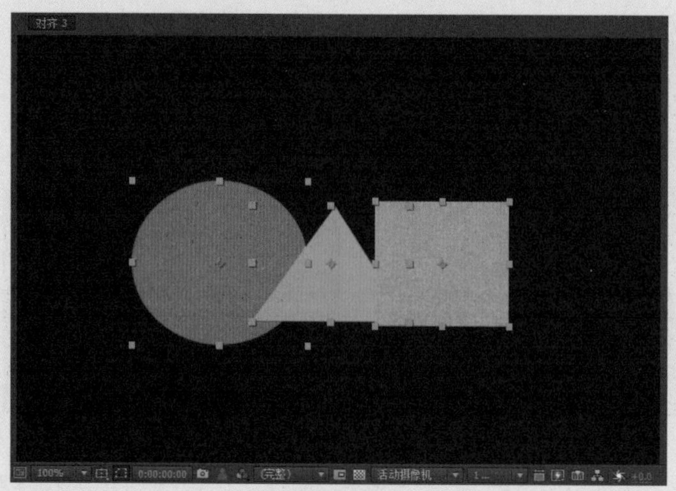

图1.1.37

1.2 工作流程介绍

在本节中，我们将系统地了解After Effects 2020这款软件的基本运用，包括素材导入、合成设置、图层与动画的概念、视频导出以及一些能够优化工作环境的相关步骤。通过本节的学习，大家能够初步熟悉软件的操作，为深入学习后续内容奠定基础。

1.2.1 素材导入

执行菜单【文件】下的【导入】命令主要用于导入素材，二级菜单中有多种不同的导入素材形式，如图1.2.1所示。After Effects并不是真的将源文件复制到项目中，只是在项目与导入文件之间创建一个文件替身。After Effects允许用户导入素材的范围非常宽广，对常见视频、音频和图片等文件格式支持率很高。特别是对Photoshop的PSD文件，After Effects 提供了多层选择导入。我们可以针对PSD文件中的层关系，选择多种导入模式。

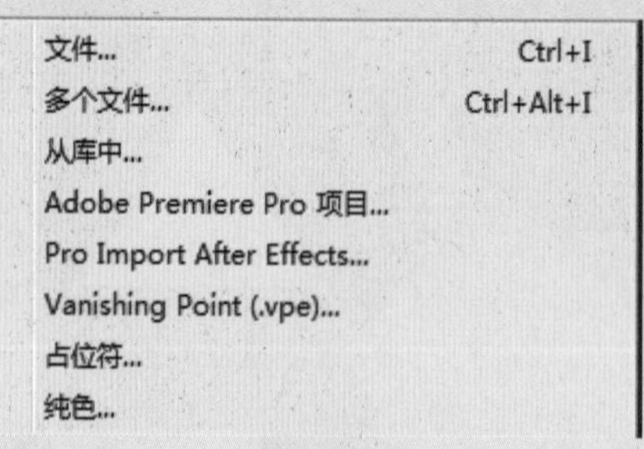

图1.2.1

- 文件：导入一个或多个素材文件。执行【文件】命令，弹出【导入文件】对话框，选中需要导入的文件，单击【导入】按钮，文件将被作为一个素材导入项目，如图1.2.2所示。
- 多个文件：多次导入一个或多个素材文件。单击【导入】按钮，即可完成导入过程，如图1.2.3所示。

图1.2.2

图1.2.3

当用户导入Photoshop的PSD文件、Illustrator的AI文件等，系统会保留图像的所有信息。用户可以将PSD文件以合并层的方式导入到After Effects项目中，也可以单独导入PSD文件中的某个图层。这也是After Effects的优势所在，如图1.2.4所示。

用户也可以将一个文件夹导入项目。单击面板右下角的【导入文件夹】图标，可以导入整个文件夹，如图1.2.5所示。

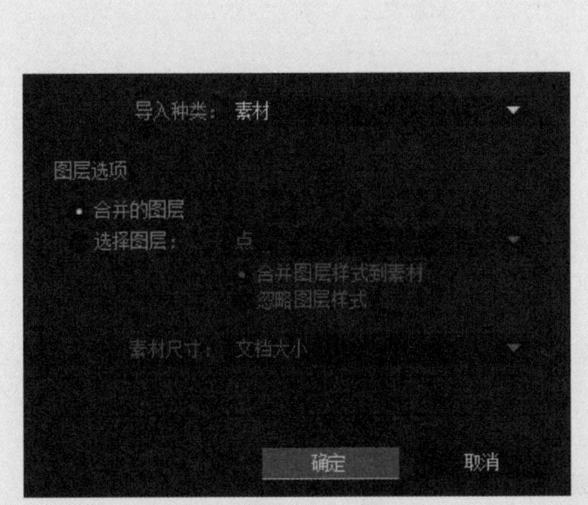

图 1.2.4

图1.2.5

有时素材以图像序列帧的形式存在，这是一种常见的视频素材保存形式。文件由多个单帧图像构成，快速浏览时可以形成流动的画面，这是视频播放的基本原理。图像序列帧的命名是连续的，用户在导入文件时不必选中所有文件，只需要选中首个文件，激活面板左下角的导入序列选项（如【JEPG 序列】【Targa 序列】等），如图1.2.6所示。

图像序列帧的命名是有一定规范的，对于不是非常标准的序列文件来说，用户可以按字母顺序导入序列文件，选中【强制按字母顺序排列】复选框即可，如图1.2.7所示。

图1.2.6

图1.2.7

> **提示**
>
> 在向After Effects 导入序列帧时，请留意导入面板右方的相关【序列选项】是否为选中状态。如果【序列选项】为未选中状态，After Effects 将只导入单张静态图片。如果用户多次导入图片序列都取消相关【序列选项】被选中，After Effects将记住用户这一习惯，保持相关【序列选项】处于未选中状态。【序列选项】下还有一个【强制按字母顺序排列】选项，该选项是强制按字母顺序排序命令。默认状态下为未选中状态，如果选中该选项，After Effects将使用占位文件来填充序列中缺失的所有静态图像。例如，一个序列中的每张图像序列号都是奇数号，执行【强制按字母顺序排列】命令后，偶数号静态图像将被添加为占位文件。

- 占位符...：导入占位符。

当需要编辑的素材还没有制作完成，用户可以建立一个临时素材来替代真实素材进行处理。执行菜单【文件】→【导入】→【占位符】命令，弹出【新占位符】对话框，用户可以设置占位符的名称、大小、帧速率以及持续时间等，如图1.2.8所示。

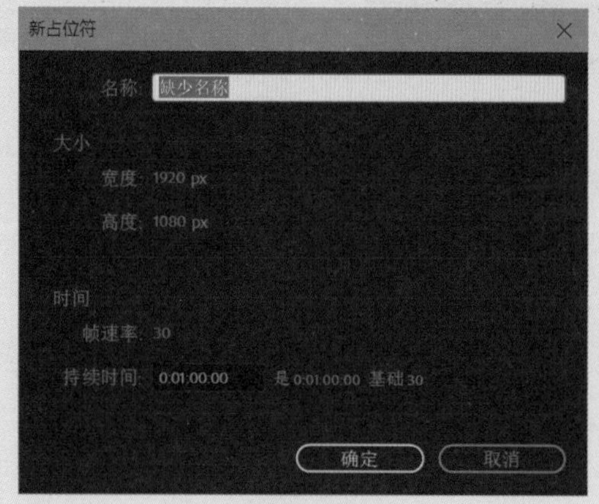

图 1.2.8

当用户打开在After Effects中的一个项目时，如果素材丢失，系统将以占位符的形式来代替素材，占位符以静态的颜色条显示。用户可以对占位符应用遮罩、滤镜效果和几何属性进行各种必要的编辑操作，当用实际的素材替换占位符时，对其进行的所有编辑操作都将转移到该素材上，如图1.2.9所示。

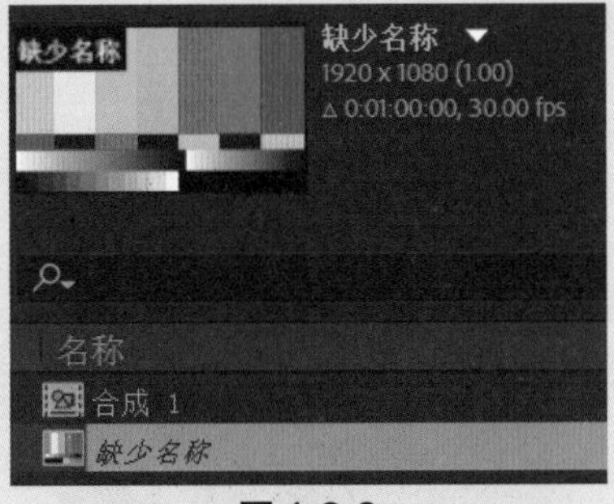

图 1.2.9

在【项目】面板中双击占位符，弹出【替换素材文件】对话框。在该对话框中查找并选择所需的真实素材，然后单击【确定】按钮，在【项目】面板中，占位符被指定的真实素材替代。

1.2.2 合成设置

After Effects的正式编辑工作必须在一个【合成】里进行。【合成】类似于Premiere中的序列，我们需要新建一个【合成】，并且设定一些相关的设置，才能真正开始编辑工作。需要注意的是，当我们打开After Effects时，系统会默认建立一个项目，也就是APE格式的项目文件。一个项目就是一段完整的影片，如果新建一个项目，当前项目就会被关闭。

一个项目下可以创建多个【合成】，一个【合成】内也可以再次创建多个【合成】。【合成】就是带有文件夹属性的影片形式，所有的层都被包含在一个个【合成】中。执行菜单【合成】→【新建合成】命令（快捷键Ctrl+N）即可创建合成，会弹出【合成设置】对话框，如图1.2.10所示。

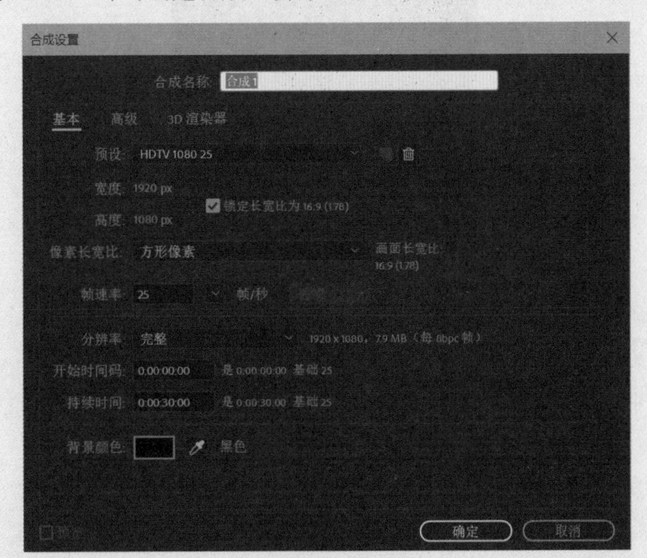

图1.2.10

【合成设置】对话框中的主要参数介绍如下。

- 合成名称：对合成进行命名，以方便后期合成的管理。

- 预设：针对一些特定的平台做了一系列的预先设置，如图1.2.11所示。在这里可以根据自己视频需要投送的平台选择相应的预设，当然也可以不选择预设，自定义合成设置。目前各国的电视制式不尽相同，制式的区分主要在于其帧频（场频）的不同、分辨率的不同、信号带宽以及载频的不同、色彩空间的转换关系不同等。世界上现行的彩色电视制式有3种：NTSC制（National Television System Committee，简称N制）、PAL制（Phase Alternation Line）和SECAM制。

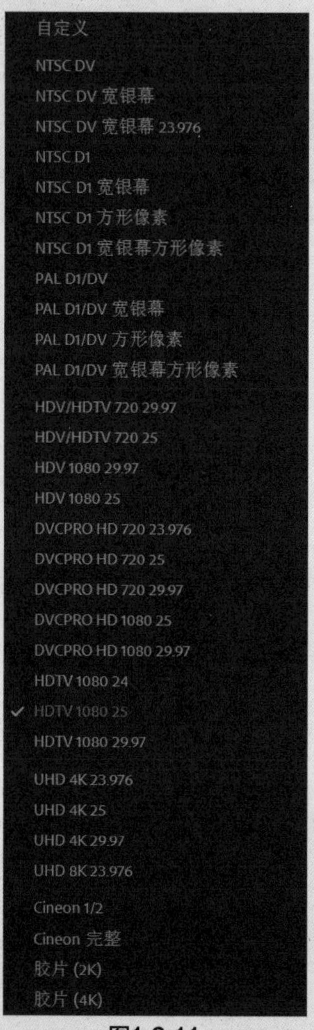

图1.2.11

- 宽度：设置视频的宽度，单位是像素。
- 高度：设置视频的高度，单位是像素。
- 锁定长宽比：选中此复选框后，调整视频的宽度或者高度时，另外一个参数会根据长宽比进行相应的变化。
- 像素长宽比：设置像素的长宽比，电脑默认的像素是方形像素，但是电视等其他平台的像素并不是方形像素而是矩形的，这里要根据自己影片的最终投放平台来选择相应的长宽比。不同制式的像素比是不同的，在电脑显示器上播放像素比是1：1，而在电视上，以PAL制式为例，像素比是1：1.07，这样才能保持良好的画面效果。如果用户在After Effects中导入的素材是由Photoshop等其他软件制作的，一定要保证像素比一致。在建立Photoshop文件时，可以对像素比进行设置，如图1.2.12所示。

- 帧速率：单位时间内视频刷新的画面数。我国使用的电视制式是PAL制，默认帧速率是25帧，欧美地区用的是NTSC制，默认帧速率是29.97帧。我们在三维软件中制作动画时要注意影片的帧速率，After Effects中如果导入素材与项目的帧速率不同，会导致素材的时间长度变化。
- 分辨率：这里指预览的画质，通过降低分辨率，可以提高预览画面的效率，如图1.2.13所示。

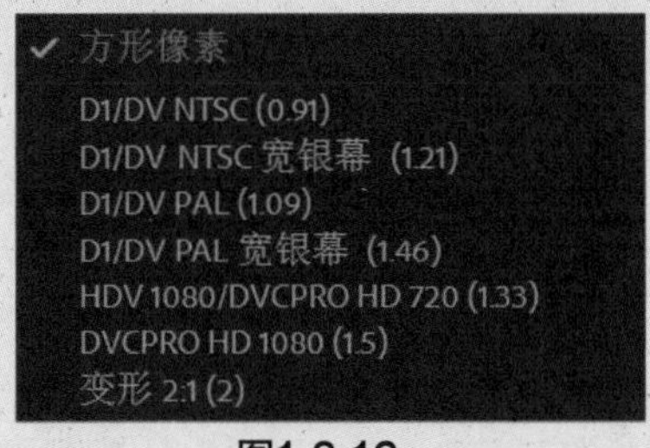

图1.2.12

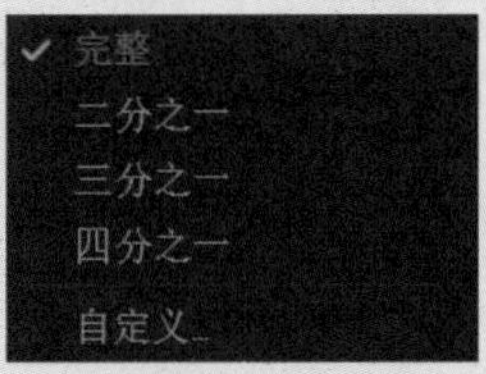

✓ 完整
二分之一
三分之一
四分之一
自定义...

图1.2.13

- 开始时间码：合成开始的时间点，这里默认是0，如图1.2.14所示。
- 持续时间：合成的长度，这里的数字从右到左依次表示帧、秒、分、时，如图1.2.15所示。

开始时间码： 0:00:00:00 是 0:00:00:00 基础 25

图1.2.14

持续时间： 0:00:30:00 是 0:00:30:00 基础 25

图1.2.15

单击【确定】按钮，【合成】创建完毕，之后【时间轴】窗口会被激活，用户可以开始进行编辑合成工作，如图1.2.16所示。

图1.2.16

1.2.3 图层的概念

Adobe 公司发布的图形软件都对【图层】的概念有着很好的诠释，大部分读者都有使用Photoshop或Illustrator的经历。After Effects中层的概念与之大致相同，只不过Photoshop中的层是静止的，而After Effects的层大部分用来实现动画效果，所以与层相关的大部分命令都是为了使层的动画更加丰富。After Effects的层所包含元素远比Photoshop丰富，不仅有图像素材，还包括声音、灯光、摄影机等。即使读者是第一次接触到这种处理方式，也能很快上手。

比如一张人物风景图，远处山是远景，放在远景层，中间湖泊是中景，放到中景层，近处人物是近景，放在近景层。为什么要把不同的元素分开而不是统一到一个层呢？这样的好处在于能给制作者更大空间去调整素材间的关系。当制作者完成一幅作品后，发现人物和背景位置不够理想时，传统绘画只能重新绘制，而不可能把人物部分剪下来贴到另一边去。而在After Effects软件中，各种元素是分层的，当发现元素位置搭配不理想时，它们是可以任意调整的。特别是在影视动画制作过程中，如果将所有元素放在一个图层里，工作量是十分巨大的。传统的动画片制作是将背景和角色都绘制在一张透明塑料片上，然后叠加上去拍摄，软件中【图层】的概念就是从这里来的，如图1.2.17所示。

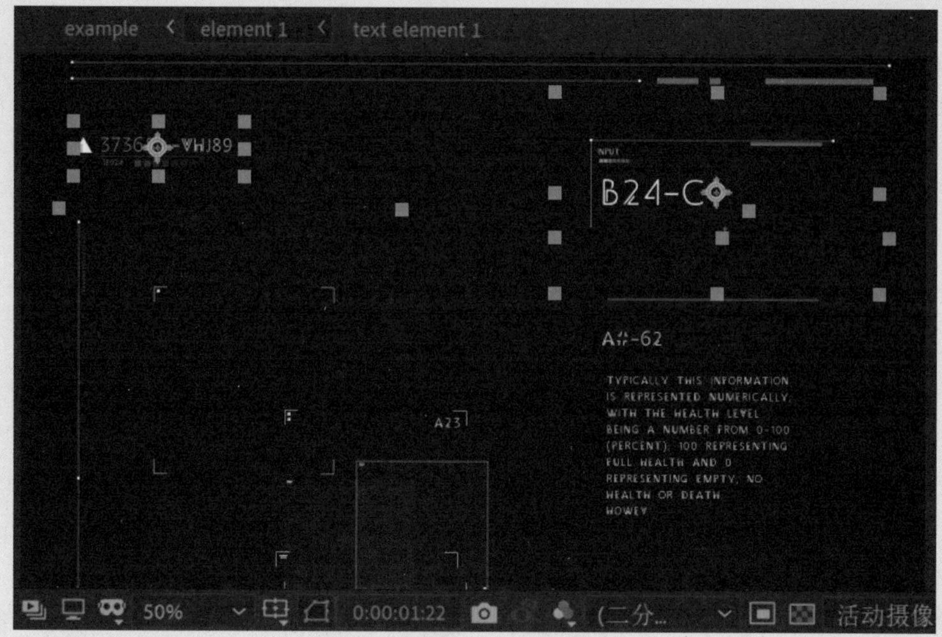

图1.2.17

1.2.4 关键帧动画的概念

关键帧是一个从动画制作中引入的概念，即在不同的时间点对对象属性进行调整，而时间点之间的变化由计算机生成。在制作动画的过程中，首先制作能表现出动作主要意图的关键动作，这些关键动作所在的帧，就叫做动画关键帧。在二维动画制作时，由动画师画出关键动作，助手则填充关键帧之间的动作。在After Effects中是由系统帮助用户完成这一烦琐的过程，如图1.2.18所示。

图1.2.18

1.2.5 视频输出设置

当视频编辑制作完成之后，就需要进行视频导出工作。After Effects支持多种常用格式的输出，并且有详细的输出设置选项，通过合理的设置，能输出高质量的视频。执行菜单【合成】→【添加到渲染列队】命令（快捷键Ctrl+M），将做好的【合成】添加到渲染列队中，准备进行渲染导出工作。【时间轴】面板会跳转成【渲染列队】，如图1.2.19所示。

单击【输出模块】旁的蓝色文字【无损】，会弹出【输出模块设置】对话框，如图1.2.20所示。其主要参数介绍如下。

- 格式：这里可以选择输出的视频格式。我们经常输出的是AVI和QuickTime两种格式。如果After Effects中制作的内容还需要导入到其他软件中进行编辑，一般会选用AVI、“Targa”序列、

Quick Time模式，如图1.2.21所示。

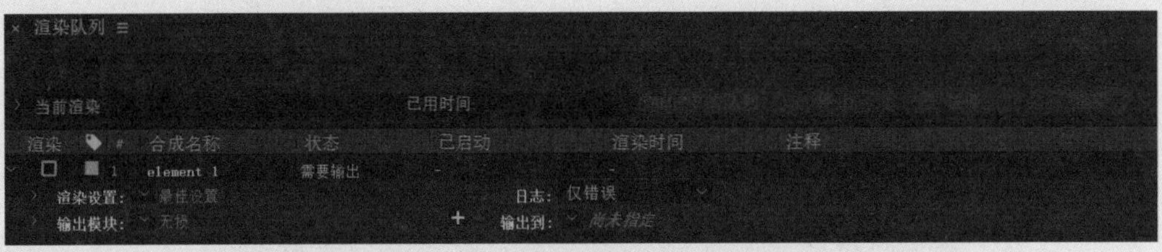

图1.2.19

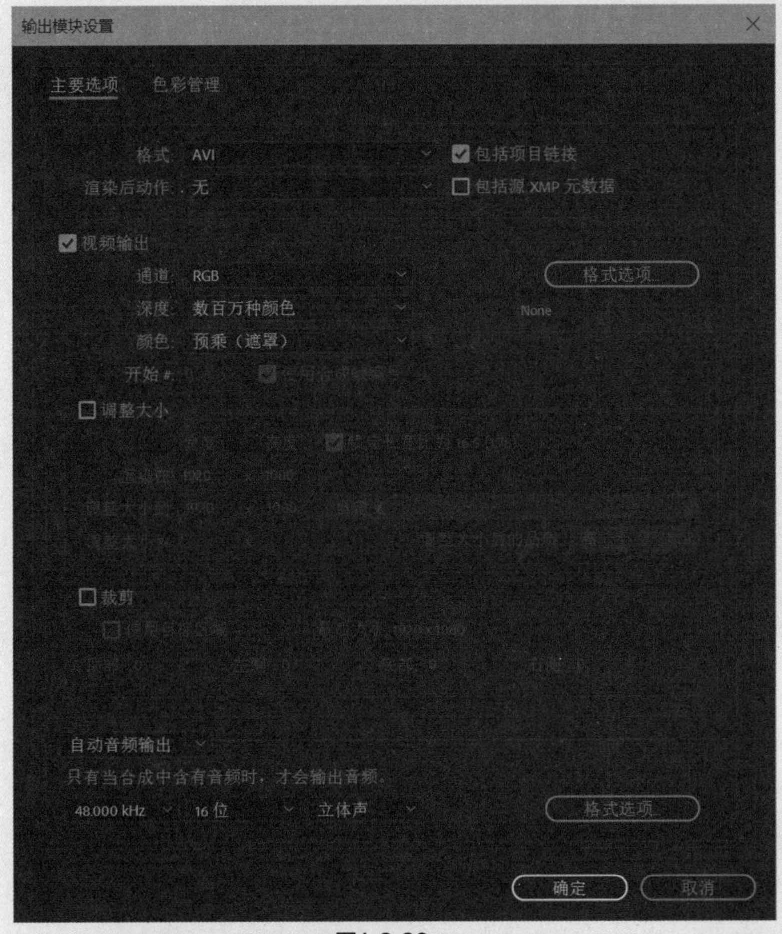

图1.2.20

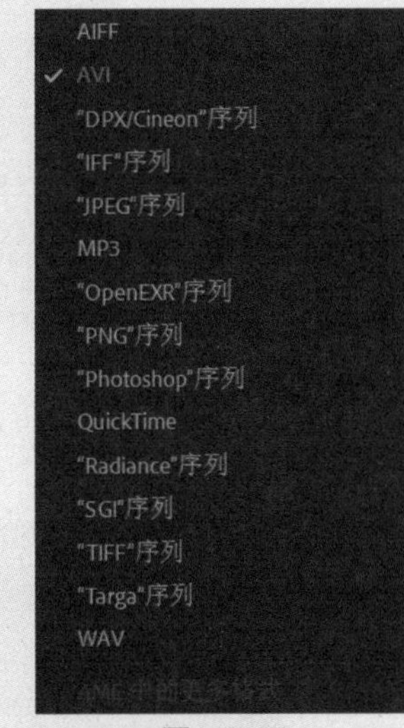

图1.2.21

- 渲染后动作：将渲染完的视频作为素材或者作为代理带入After Effects中，如图1.2.22所示。
- 通道：设置视频是否带有Alpha通道，如图1.2.23所示，但只有特定的格式才能设置。

图1.2.22

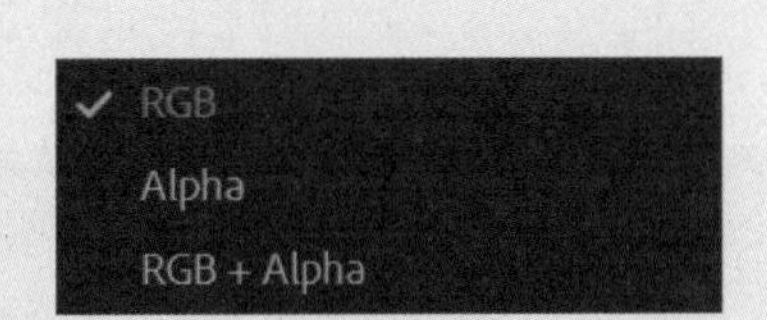

图1.2.23

- 格式选项：详细设置视频的编码、码率等。如果安装了H.264视频编解码器，就可以在这里选择，优秀的视频编解码器可以输出高质量且文件尺寸非常小的视频，如图1.2.24所示。

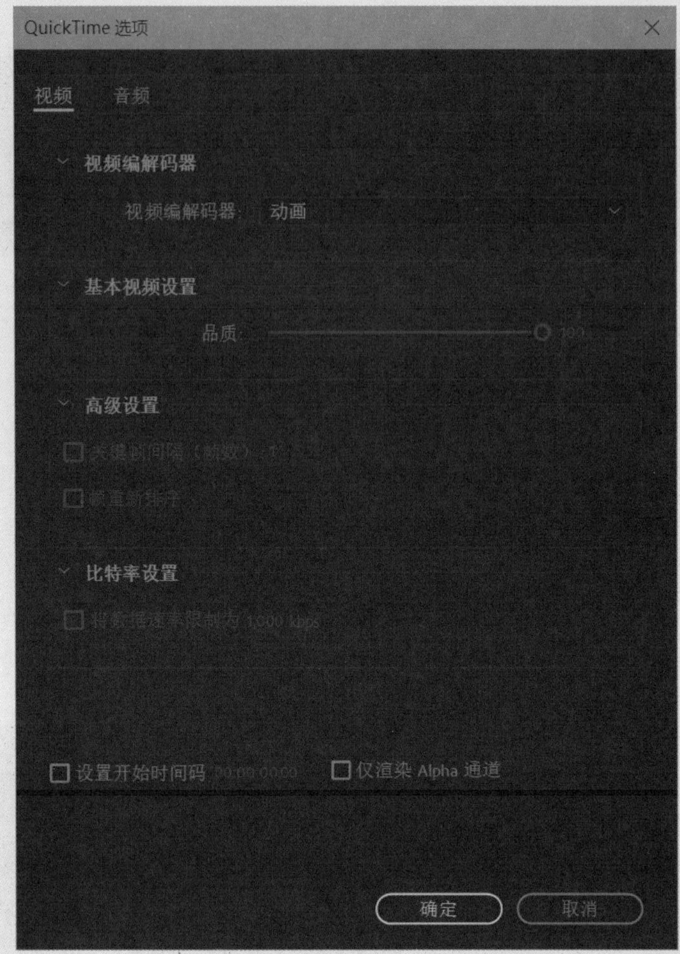

图1.2.24

- 调整大小：设置视频输出后的尺寸，这里默认输出的是原大小，选中此复选框后可以详细设置，如图1.2.25所示。

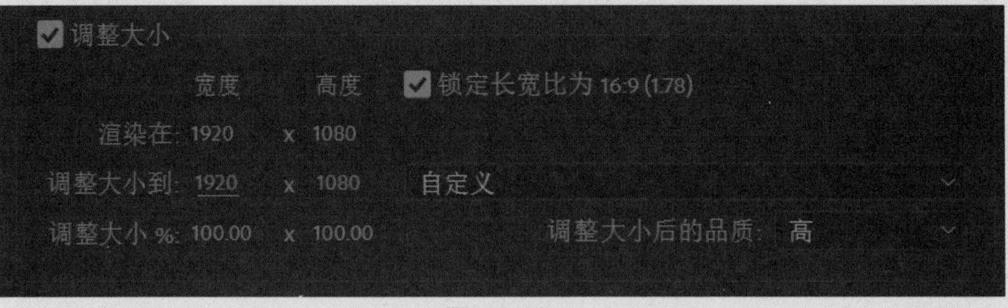

图1.2.25

- 裁剪：裁剪画面尺寸，如图1.2.26所示。

图1.2.26

■ 自动音频输出：输出音频的相关设置，如图1.2.27所示。

图1.2.27

完成视频输出模块设置后，单击【确定】按钮，回到渲染列队；单击指定输出位置。单击【渲染】按钮，即可开始渲染工作，在渲染结束时会出现声音作为提示，如图1.2.28所示。

图1.2.28

1.2.6 高速运行

After Effects的运行对电脑有比较高的要求，制作工程项目过于复杂，电脑配置相对较差，都会影响工作效率。通过一些简单的设置，则可以提高电脑运行的效率。

执行菜单【编辑】→【首选项】→【媒体和磁盘缓存...】命令，弹出【首选项】对话框（这个菜单的设置可以更改软件的默认选项，请谨慎修改），这里可以设置After Effects的缓存目录，建议缓存文件夹设置在C盘之外的一个空间较大的磁盘里，如图1.2.29和图1.2.30所示。

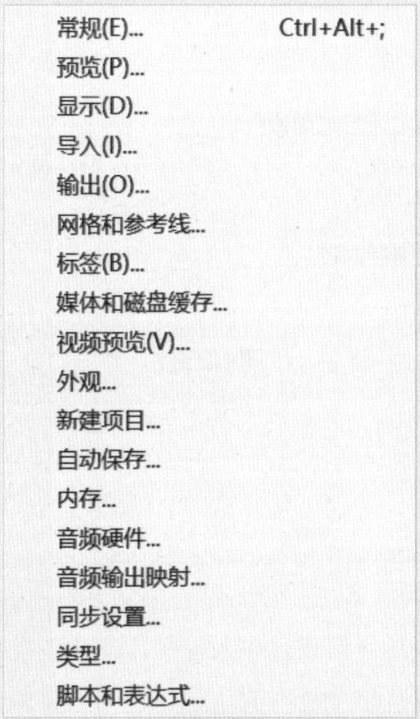

常规(E)... Ctrl+Alt+;
预览(P)...
显示(D)...
导入(I)...
输出(O)...
网格和参考线...
标签(B)...
媒体和磁盘缓存...
视频预览(V)...
外观...
新建项目...
自动保存...
内存...
音频硬件...
音频输出映射...
同步设置...
类型...
脚本和表达式...

图1.2.29

图1.2.30

After Effects工作一段时间后会产生大量的缓存文件进而影响电脑的工作效率，因此，只有经常清理缓存，才能提高电脑的工作效率；执行菜单【编辑】→【清理】→【所有内存与磁盘缓存...】命令，如图1.2.31所示，能清理After Effects运行产生的缓存文件，释放内存与磁盘缓存。如果正在预览内存渲染中的画面，则不要清理。

所有内存与磁盘缓存...
所有内存 Ctrl+Alt+Numpad /
撤消
图像缓存内存
快照

图1.2.31

1.3 操作流程实例

下面讲解一个简单的操作流程，包括素材导入，制作简单的动画效果以及最后文件输出。通过这个实例，让初学者对后期制作软件有一个基本的认识。任何一个复杂操作都不能回避这一过程，因此掌握After Effects的导入、编辑和输出，将为具体工作打下坚实的基础。

01 执行菜单【文件】→【新建】→【新建项目】命令，创建一个新的项目，与旧版本不同，当After Effects打开时，默认建立了一个【新建项目】，不过该【项目】内为空。

02 执行菜单【合成】→【新建合成】命令，弹出【合成设置】对话框，一般需要对合成视频的尺寸、帧数、时间长度做预设置。【预设】设置为【PAL D1/DV】，相关的参数设置也会跟随改变，如图1.3.1所示。

03 单击【合成设置】对话框中的【确定】按钮，建立一个新的合成影片。

04 执行菜单【文件】→【导入】→【文件】命令，选择3张图像素材（也可以使用视频文件，但需要注意视频长度，在After Effects中默认图像素材的时间长度和合成时长一致），将其导入至【项目】面板中，如图1.3.2所示。

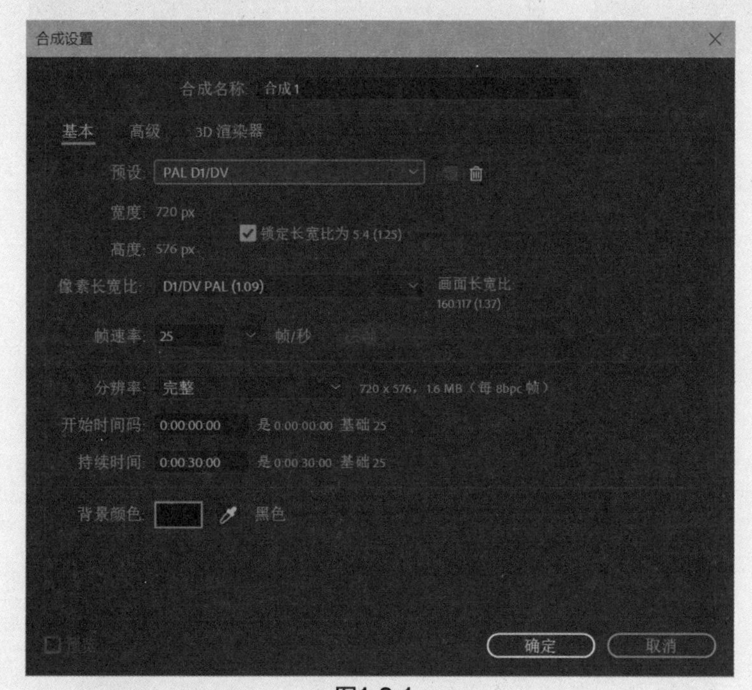

图1.3.1

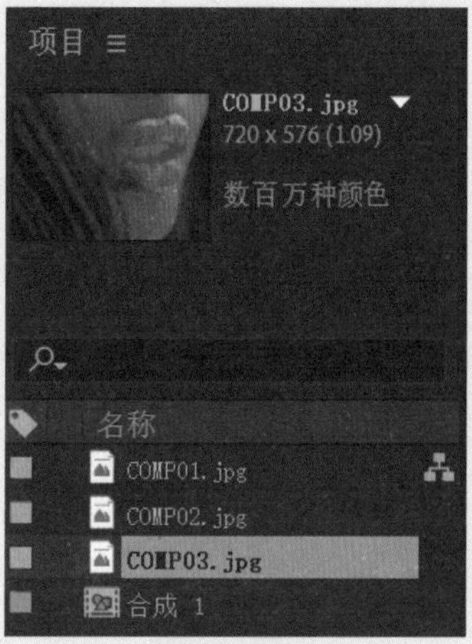

项目 ≡
COMP03.jpg
720 x 576 (1.09)
数百万种颜色
名称
COMP01.jpg
COMP02.jpg
COMP03.jpg
合成 1

图1.3.2

05 当在【项目】面板中添加了3个图像文件，按下Shift键选中这3个文件，将其拖入【时间轴】面板，图像将被添加到合成影片中，如图1.3.3所示。

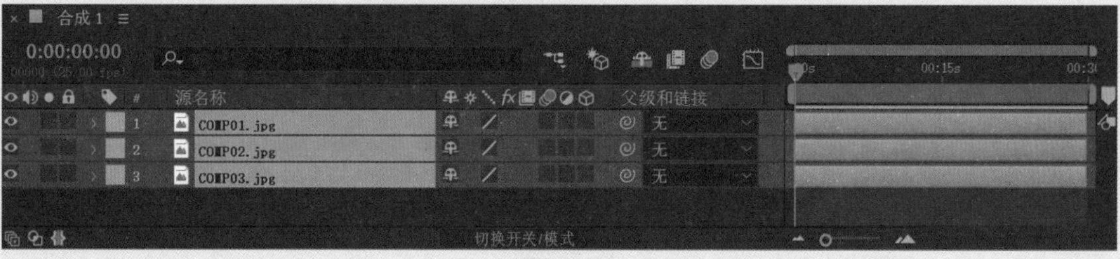

图1.3.3

06 有时导入的素材和合成影片的尺寸大小不一致，需要把它调整到适合的画面大小，选中需要调整的素材，按下Ctrl + Alt + F快捷键，图像会自动和【合成】的尺寸相匹配，但同时也会拉伸素材。按下Ctrl + Alt + Shift + G快捷键，将素材强制性地与【合成】的高度对齐，如图1.3.4和图1.3.5所示。对于日常的软件操作来说，快捷键是十分必要的，可以使工作效率事半功倍。

图1.3.4

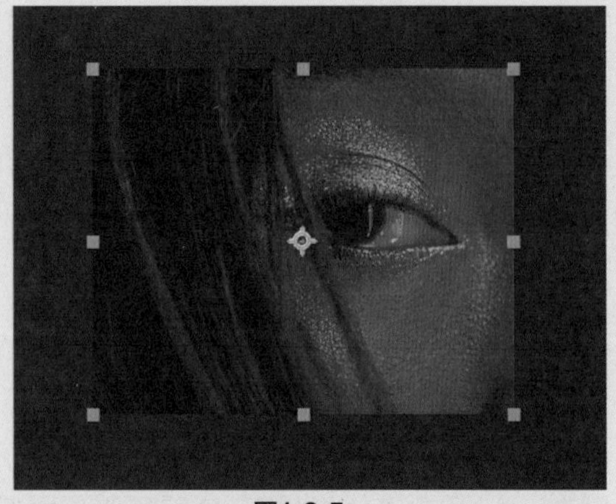
图1.3.5

07 在【合成】面板中单击▣（安全区域）图标，弹出下拉菜单，如图1.3.6所示。

08 执行【标题 / 动作安全】命令，打开安全区域，如图1.3.7所示。

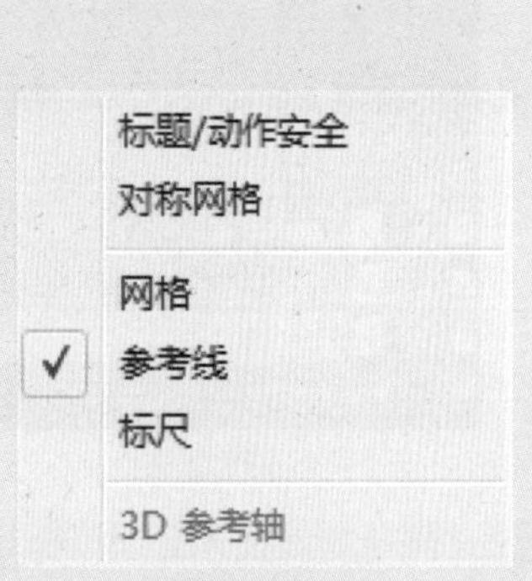

图1.3.6

图1.3.7

提示

无论是初学者还是专业人士，打开安全区域是一个非常重要且必需的过程。两个安全框分别是【标题安全】和【动作安全】，影片的内容一定要保持在【动作安全】框以内，因为在电视播放时，屏幕将不会显示安全框以外的图像，而画面中出现的字体一定要保持在【标题安全】框内。

09 要制作一个幻灯片播放的简单效果，每秒播放一张，最后一张渐隐淡出。为了准确设置时间，按下Alt + Shift+J快捷键，弹出【转到时间】面板，将数值改为0:00:01:00，如图1.3.8所示。

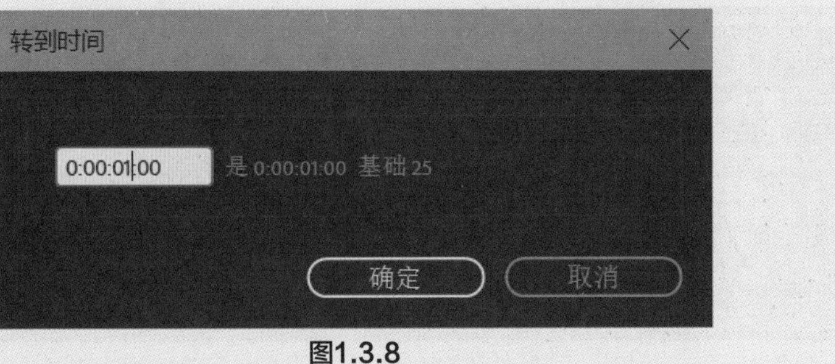

图1.3.8

⑩ 单击【确定】按钮，【时间轴】面板中的时间指示器会调整到1 s（秒）的位置，如图1.3.9所示。

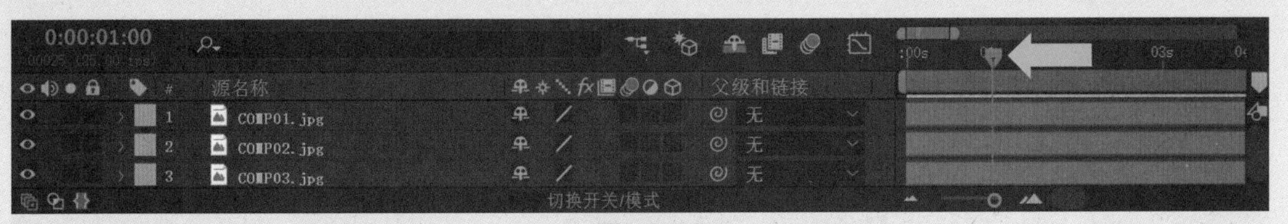

图1.3.9

提示

这一步也可以用鼠标完成，选中时间指示器移动到合适的位置，但是在实际的制作过程中，对时间的控制需要相对准确，所以在【时间轴】面板中的操作尽量使用快捷键，这样可以使画面与时间准确对应。

⑪ 选中素材COMP01.jpg所在的层，按下快捷键【］】（右中括号）键（需要注意的是按下快捷键时不要使用中文输入法，这样会造成按键无效，必须使用英文输入法）设置素材的出点在时间指示器所在的位置，用户也可以使用鼠标完成这一操作，选中素材层，拖动鼠标调整到时间指示器所在的位置，如图1.3.10所示。

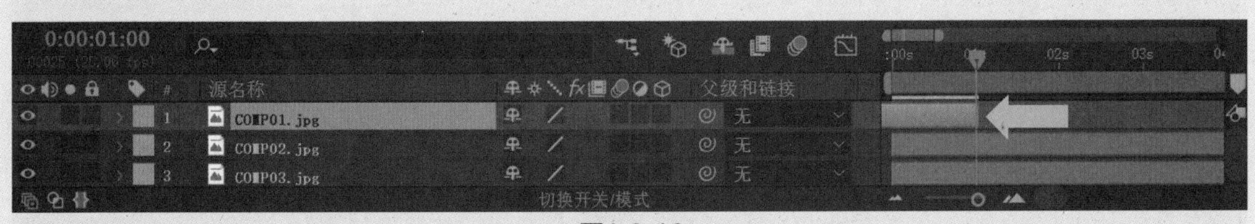

图1.3.10

⑫ 依照上述步骤，每间隔1 s，将素材依次排列，COMP03.jpg不用改变其位置，如图1.3.11所示。

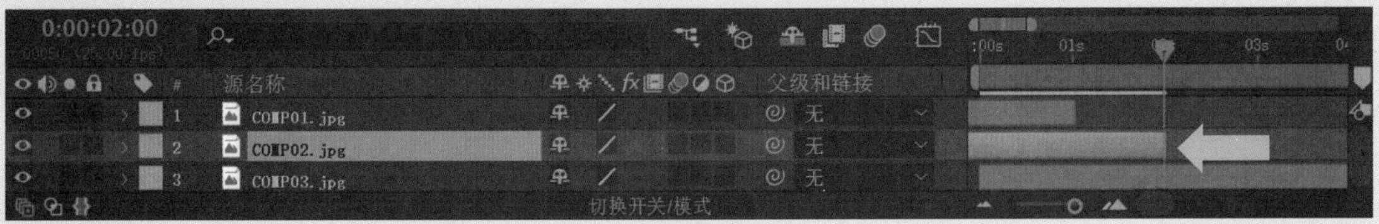

图1.3.11

⑬ 将时间指示器调整到3 s的位置，选中素材COMP03.jpg，单击COMP03.jpg文件前的小三角图标▶，展开素材的【变换】属性。单击【变换】旁的小三角图标▶，可以展开该素材的各个属性（每个属性都可以制作相应的动画），如图1.3.12所示。

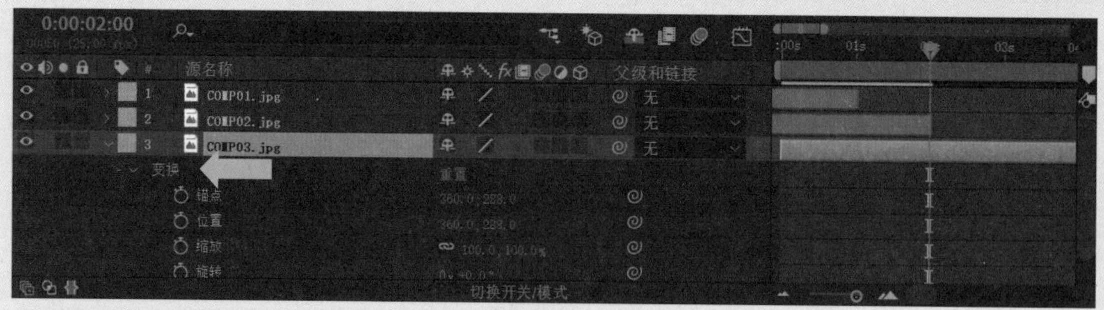

图1.3.12

⑭ 若要使素材COMP03.jpg渐渐消失，也就是改变其【不透明度】属性，单击【不透明度】属性前的码表小图标，这时时间指示器所在的位置会在【不透明度】属性上添加一个关键帧，如图1.3.13所示。

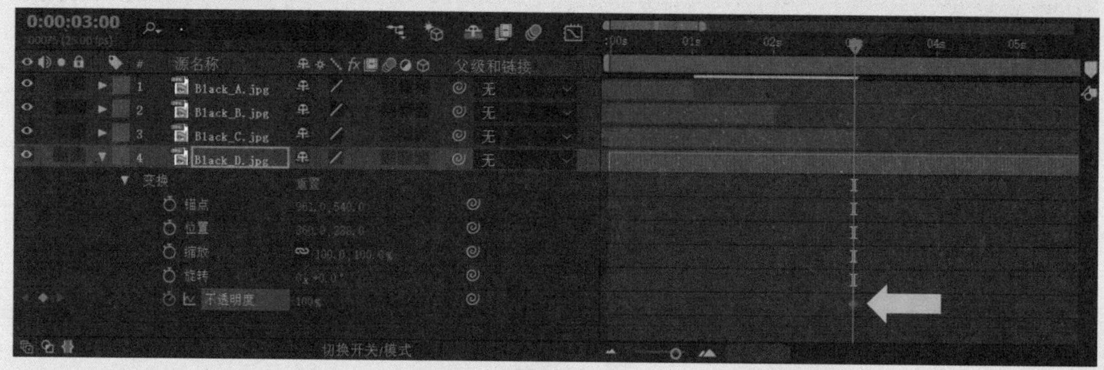

图1.3.13

⑮ 移动时间指示器到0:00:04:00的位置，然后调整【不透明度】属性的数值至0%，同样时间指示器所在的位置会在【不透明度】属性上添加另一个关键帧，如图1.3.14所示。

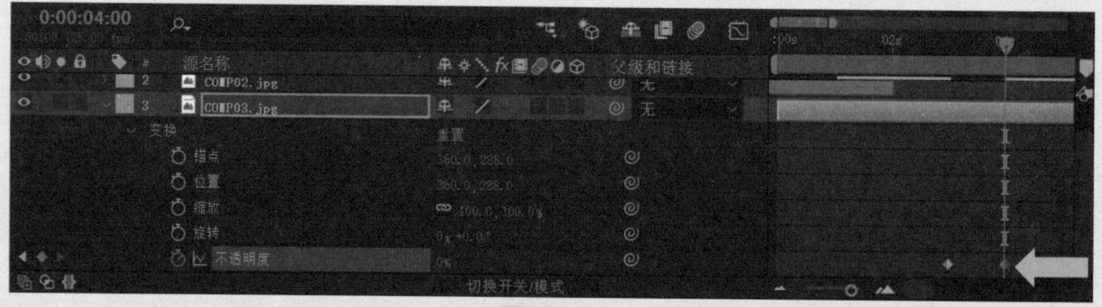

图1.3.14

提示

当按下码表小图标后，After Effects 将自动记录对该属性的调整为关键帧。再次单击码表小图标可取消关键帧设置。调整属性中的数值有两种方式：一种是直接单击数值，数值可以被修改，在数值窗口中键入需要的数字；另一种是当鼠标移动到数值上时，拖动鼠标右击，可以以滑轮的方式调整数值。

⑯ 单击【预览】面板中的图标，预览影片。在实际的制作过程中，制作者需要反复地预览影片，以保证每一帧都不会出现错误。

⑰ 预览影片没有什么问题就可以输出了。执行菜单【合成】→【添加到渲染队列】命令，或者按下Ctrl＋M快捷键，弹出【渲染队列】面板。如果用户是第一次输出文件，After Effects将要求用户指定输出文件的保存位置，如图1.3.15所示。

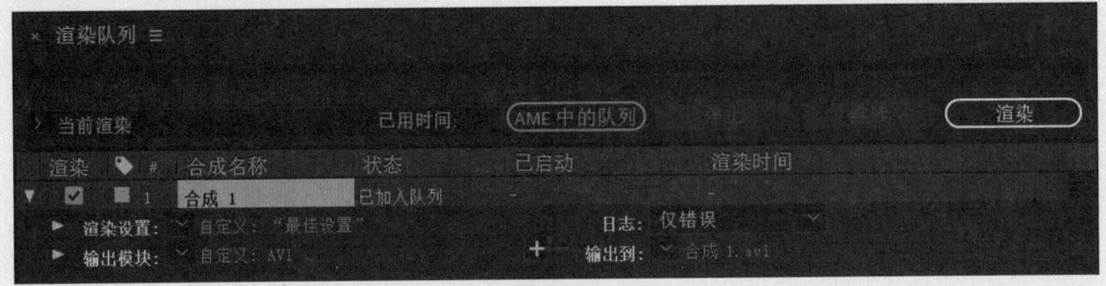

图1.3.15

⑱ 单击【输出到】选项旁边的文件名，选择保存路径，然后单击【渲染】按钮，完成输出。

输出的影片文件有各种格式，但都不能保存After Effects中编辑的所有信息。若以后还需要编辑该文件，要保存成After Effects软件本身的格式——【AEP】（After Effects Project）格式。但这种格式只是保存了After Effects对素材编辑的命令和素材所在位置的路径，也就是说如果把保存好的AEP 文件改变了路径，再次打开时，软件将无法找到原有素材。

如何解决这个问题呢？【收集文件...】命令可以把所有的素材收集到一起，非常方便。

下面我们就把基础实例的文件收集保存一下。

01 执行菜单【文件】→【整理工程（文件）】→【收集文件...】命令。若没有保存文件，就会弹出警告对话框，提示用【项目】必须要先保存，单击【保存】按钮同意保存，如图1.3.16所示。

02 弹出【收集文件】对话框，收集后的文件大小会显示出来，要注意存放文件的硬盘是否有足够的空间，因为编辑后的素材会变得很多，一个30 s的复杂特效影片文件将会占用1 G左右的硬盘空间，高清影片或电影将会更为庞大，准备一块海量硬盘是很必要的。对话框设置如图1.3.17所示。

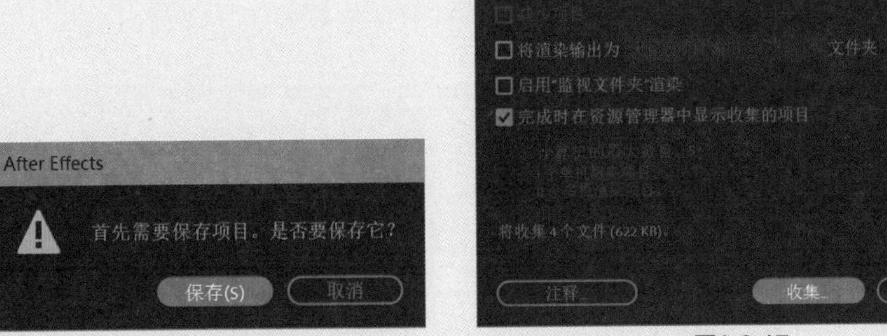

图1.3.16

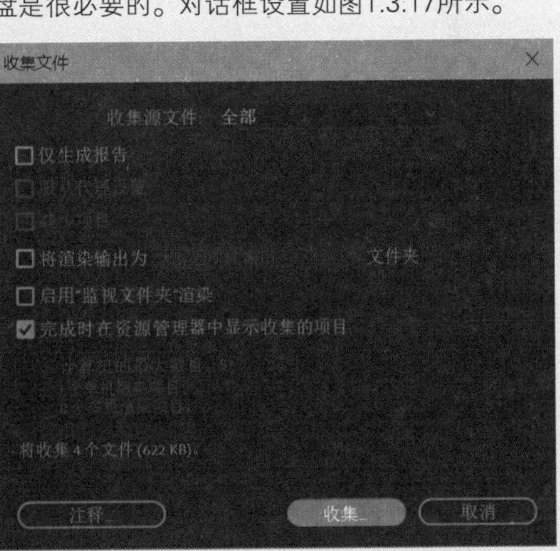

图1.3.17

对话框中的各参数介绍如下。

- 【收集源文件】下拉列表中的选项如下。
  - 全部：收集所有的素材文件，包括未曾使用到的素材文件以及代理人。

- 对于所有合成：收集应用于任意项目合成影像中的所有素材文件以及代理人。
- 对于选定合成：收集应用于当前所选定的合成影像（在【项目】面板内选定）中的所有素材文件以及代理人。
- 对于队列合成：收集直接或间接应用于任意合成影像中的素材文件以及代理人，并且该合成影像处于【渲染队列】中。
- 无（仅项目）：将项目复制到一个新的位置，而不收集任何源素材。

- 仅生成报告：是否在收集的文件中复制文件和代理人。
- 服从代理设置：是否在收集的文件中包括当前的代理人设置。
- 减少项目：是否在收集的文件中直接或者间接地删除所选定合成影像中未曾使用过的项目。
- 将渲染输出为：指定渲染输出的文件夹。
- 启用"监视文件夹"渲染：在网上进行渲染时是否启动"监视文件夹"。
- 完成时在资源管理器中显示收集的项目：设置渲染模块的数量。
- 注释...：单击后弹出【注释】面板，为项目添加注解。注解将显示在项目报表的终端。

最终系统会创建一个新文件夹，用于保存项目的新副本、所指定素材文件的多个副本、所指定的代理人文件、渲染项目所必需的文件、效果以及字体的描述性报告。只有这样的文件夹被复制到别的硬盘上才可以被编辑，如果只是将AEP文件复制到其他硬盘上将无法使用。

通过这个简单的实例，学习了如何将素材导入After Effects、编辑素材的属性、预览影片效果，以及最后输出成片。

第2章

动画的制作

动画是基于人的视觉原理来创建的运动图像。当我们观看一部电影或电视画面时，会看到画面中的人物或场景都是顺畅自然的，而仔细观看，看到的画面却是一格格的单幅画面。之所以看到顺畅的画面，是因为人的眼睛会产生视觉暂留，对上一个画面的感知还没消失，下一个画面又会出现，就会给人以动的感觉。在短时间内观看一系列相关联的静止画面时，就会将其视为连续的动作。

2.1 关键帧动画

2.1.1 创建关键帧

After Effects的动画关键帧制作主要是在【时间轴】面板中进行，不同于传统动画，After Effects可以帮助用户制作更为复杂的动画效果，如图2.1.1所示，可以随意控制动画关键帧，这也是非线性后期软件的优势所在。

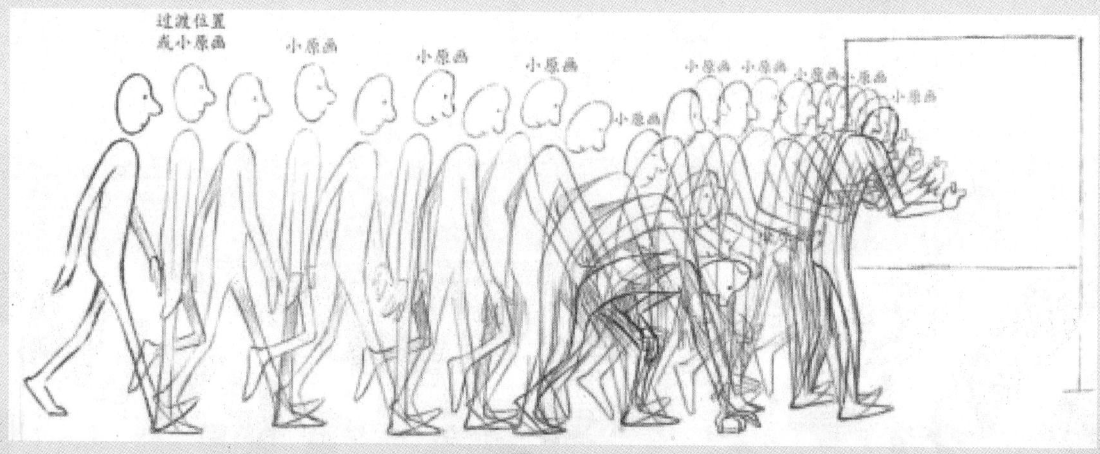

图2.1.1

所谓创建关键帧就是对图层的属性值设置动画，展开层的【变换】属性，每个属性的左侧都有一个钟表图标，这是关键帧记录器，是设定动画关键帧的关键。单击该图标，激活关键帧记录，从这时开始，无论是在【时间轴】面板中修改该属性的值，还是在【合成】面板中修改画面中的物体，都会被记录为关键帧。被记录的关键帧在时间线里出现一个关键帧图标，如图2.1.2所示。

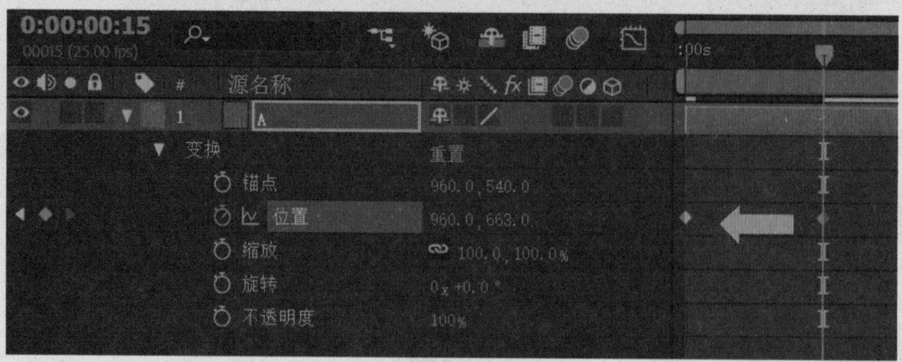

图2.1.2

在【合成】面板中物体移动轨迹会形成一条控制线，如图2.1.3所示。

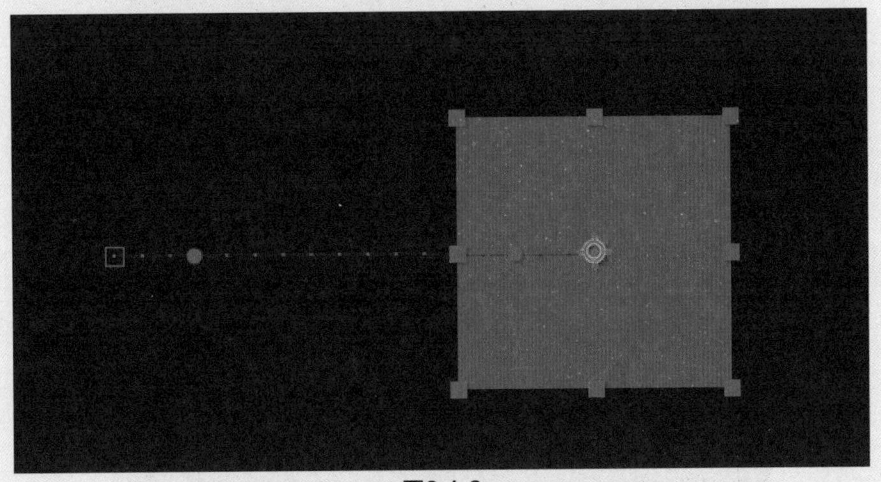

图2.1.3

单击【时间轴】面板中的▣【图表编辑器】图标，激活曲线编辑模式，如图2.1.4所示。

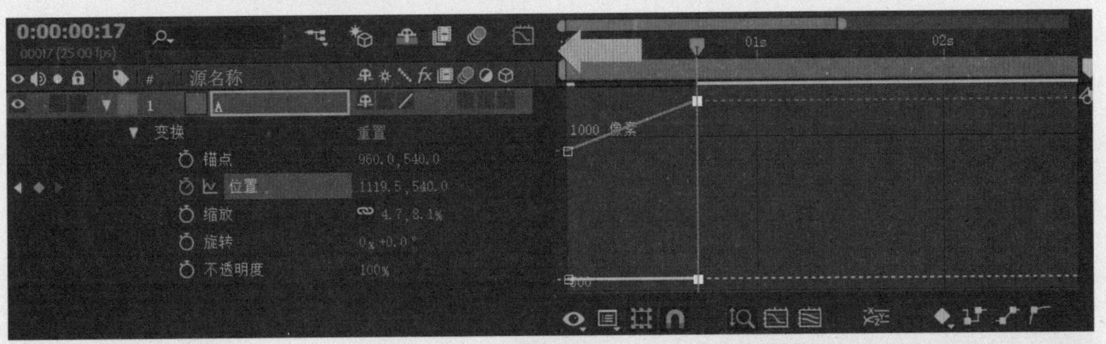

图2.1.4

把【时间指示器】移动至两个关键帧中间的位置，修改【位置】属性的值，时间线上又添加了一个关键帧，如图2.1.5所示。

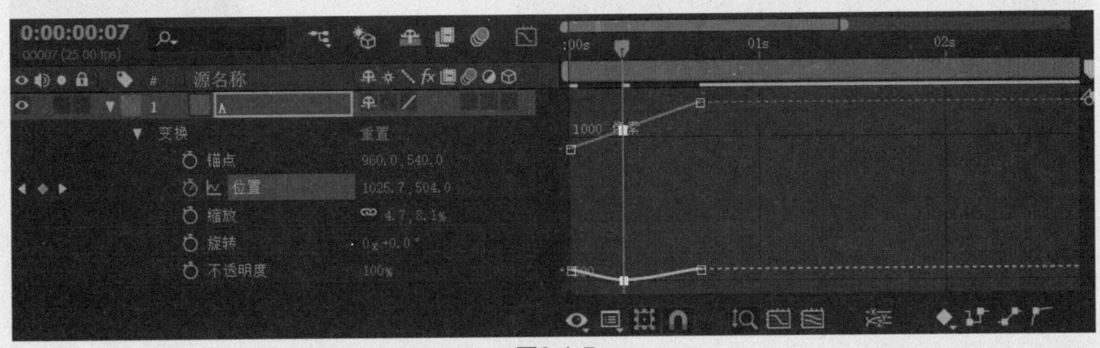

图2.1.5

在【合成】面板中可以观察到物体的运动轨迹线也多了一个控制点。也可以使用钢笔工具直接在【合成】面板动画曲线上添加一个控制点，如图2.1.6所示。

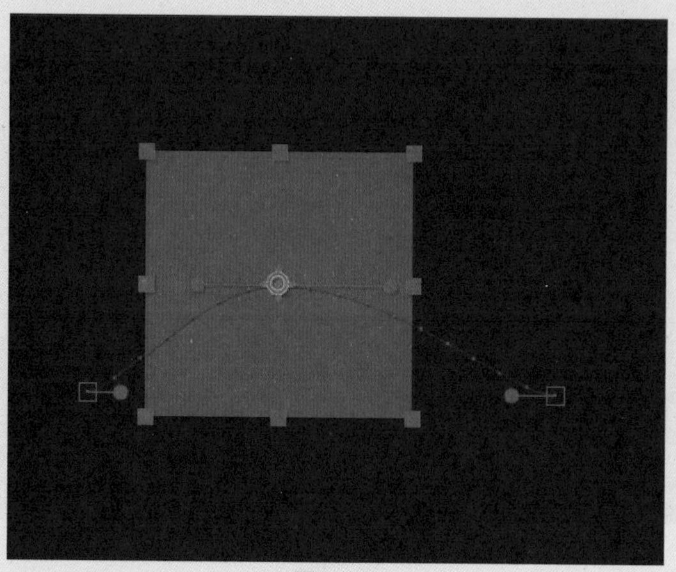

图2.1.6

再次在【时间轴】面板中右击切换至编辑速度图表模式，如图2.1.7所示，关键帧图标发生了变化。在【合成】面板中调节控制器的手柄，【时间轴】面板中的关键帧曲线也会随之变化。

图2.1.7

2.1.2 编辑关键帧

在【时间轴】面板中，单击要执行的关键帧，若要执行多个关键帧，则按住Shift键，单击选中要执行的关键帧，或者在【时间轴】面板中用鼠标拖画出一个选择框，选取需要的关键帧，如图2.1.8所示。

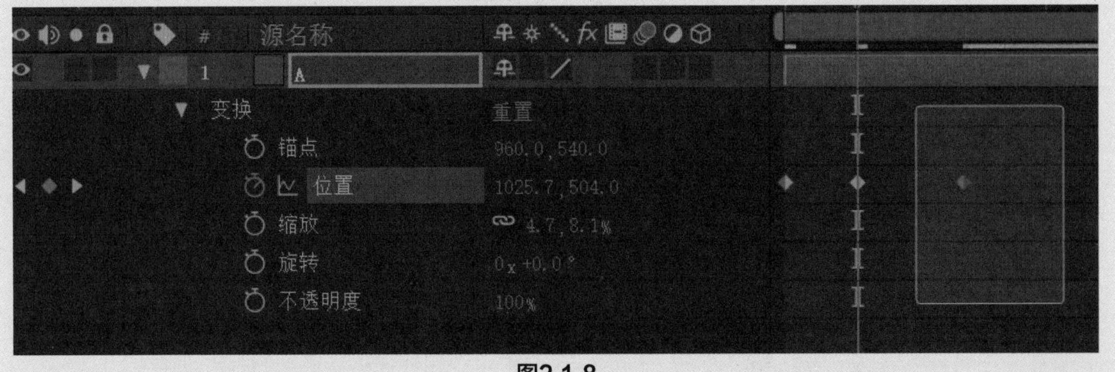

图2.1.8

【时间指示器】是设置关键帧的重要工具，准确地控制【时间指示器】是非常必要的。在实际制作过程中，一般使用快捷键来控制【时间指示器】。快捷键字母I和O用来调整【时间指示器】到素材的起始和结尾处，按住Shift键移动【时间指示器】，指示器会自动吸附到邻近的关键帧上。

选中需要复制的关键帧，执行菜单【编辑】→【复制】命令，将【时间指示器】移动至被复制的时间位置，执行菜单【编辑】→【粘贴】命令，粘贴关键帧至该位置。关键帧数据被复制后，可以直接转化成文本，在Word等文本软件中直接粘贴，数据将以文本的形式展现，如图2.1.9所示。

Adobe After Effects 8.0 Keyframe Data

Units Per Second 25
Source Width 1920
Source Height 1080
Source Pixel Aspect Ratio 1
Comp Pixel Aspect Ratio 1

Transform Anchor Point

Frame	*X pixels*	*Y pixels*	*Z pixels*
	960	*540*	*0*

Transform Position

Frame	*X pixels*	*Y pixels*	*Z pixels*
0	*960*	*540*	*0*
7	*1025.68*	*504*	*0*
17	*1119.5*	*540*	*0*

End of Keyframe Data

图2.1.9

很多操作都可以通过快捷键实现。删除关键帧也很简单，选中需要删除的关键帧，按下Delete键，就可以删除该关键帧。

2.1.3 动画路径的调整

在After Effects中，动画的制作可以通过各种手段来实现，而使用曲线来控制的制作动画是常见的手法。在图形软件中，常用Bezier手柄来控制曲线，熟悉Illustrator的用户对这个工具应该不陌生，这是电脑艺术家用来控制曲线的最佳手段之一。在After Effects中，用Bezier曲线来控制路径的形状。在【合成】面板中可以使用【钢笔工具】来修改路径曲线。

Bezier曲线包括带有控制手柄的点。在【合成】面板中可以观察到，手柄控制着曲线的方向和角度，左边的手柄控制左边的曲线，右边的手柄控制右边的曲线，如图2.1.10所示。

在【合成】面板中，使用【添加“顶点”工具】，为路径添加一个控制点，如图2.1.11所示，可以轻松改变物体的运动方向。

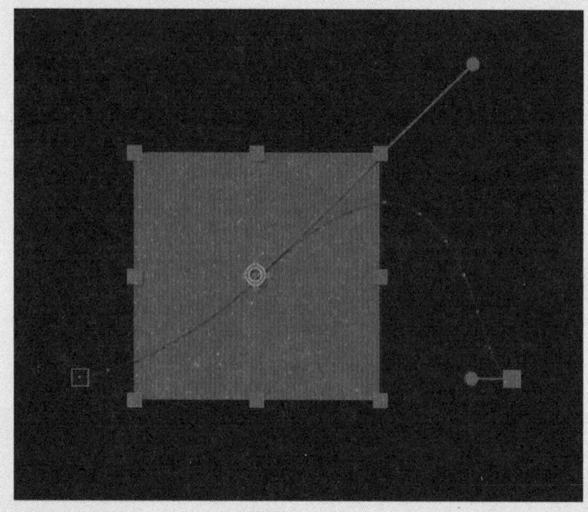

图2.1.10

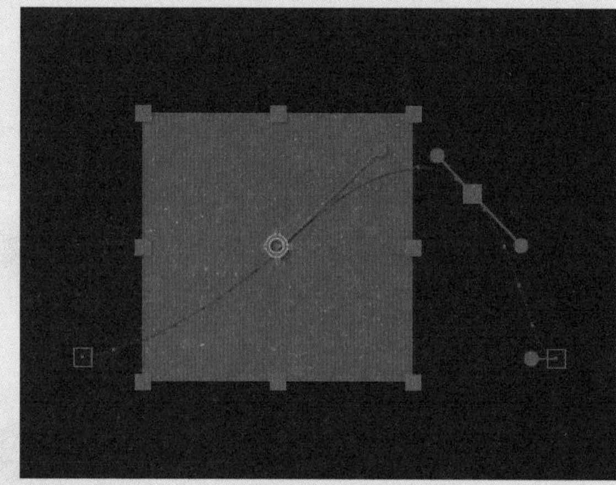

图2.1.11

用户可以使用【选取工具】来调整曲线的手柄和控制点的位置。如果使用【钢笔工具】，可以直接按下Ctrl键，将【钢笔工具】切换为【选取工具】。控制点间的虚线点的密度对应着时间的快慢，也就是点越密物体运动越慢。控制点在路径上的相对位置主要靠调整【时间轴】面板中关键帧在时间线上的位置，如图2.1.12所示。

按下空格键，播放动画，可以观察到图形在路径上的运动一直朝着一个方向，并没有随着路径的变化改变方向。这是因为没有执行【自动方向】命令。执行菜单【图层】→【变换】→【自动定向】命令，弹出【自动方向】对话框，如图2.1.13所示。

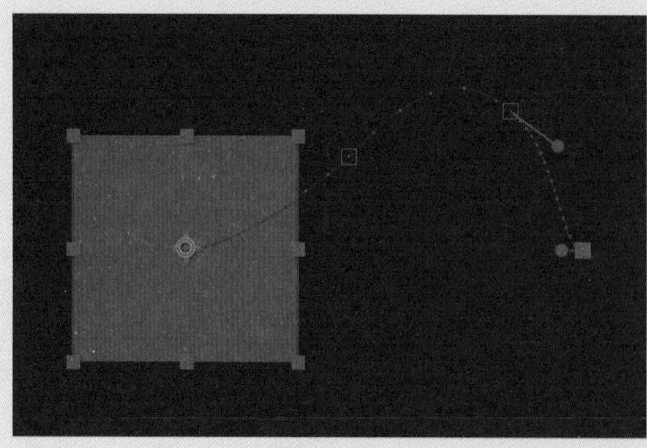

图2.1.12

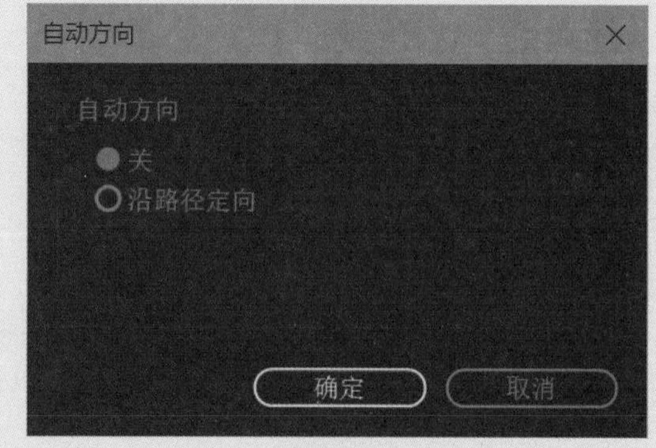

图2.1.13

选中【沿路径定向】选项，单击【确定】按钮。按下数字键0播放动画，可以观察到物体在随着路径的变化而运动，如图2.1.14和图2.1.15所示。

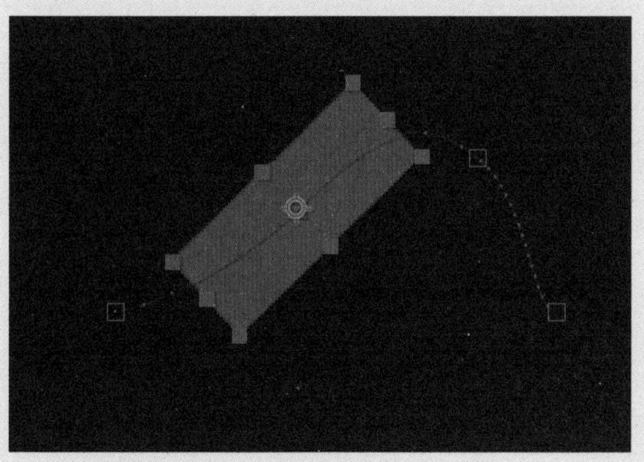

图2.1.14

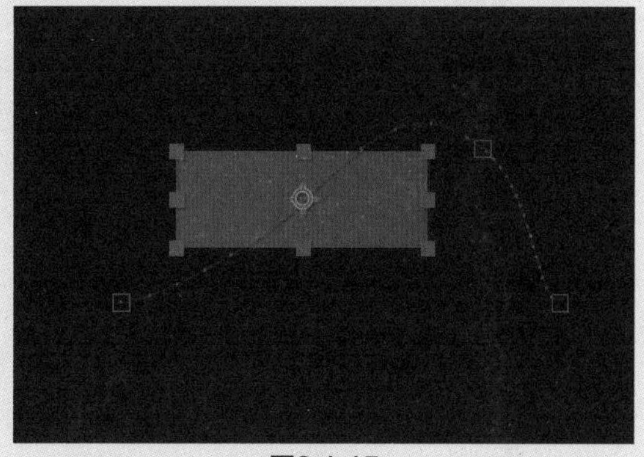

图2.1.15

2.1.4 动画播放

在动画制作完成以后，可以通过按下空格键预览动画效果，也可以打开【预览】控制面板，按下播放键进行播放，在【预览】面板上还可以设置对应的快捷键和缓存范围。预览的动画会被保存在缓存区域，再次预览时会覆盖。【时间轴】面板会显示预览的区域，绿色的线条就是渲染完成的部分，如图2.1.16所示。

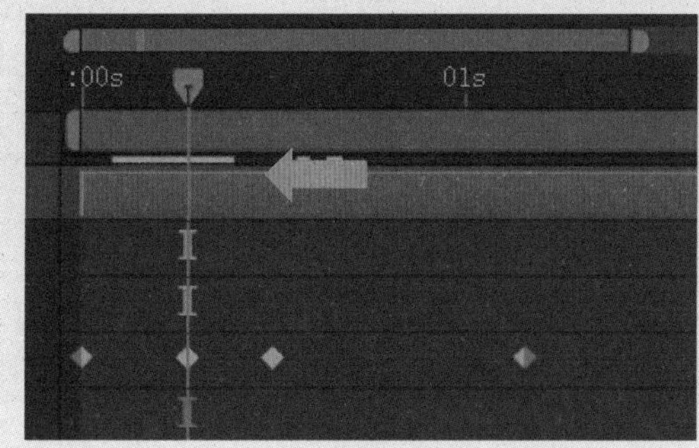

图2.1.16

2.1.5 清理缓存

【清理】命令主要用于清除内存缓冲区域的暂存设置。执行菜单【编辑】→【清理】命令会弹出相关的下拉菜单，如图2.1.17所示，该命令非常实用，在实际制作过程中由于素材量不断加大，一些不必要的操作和预览影片时留下的数据残渣会大量占用内存和缓存，制作中不时的清理是很有必要的。建议在渲染输出之前进行一次对于内存的全面清理。

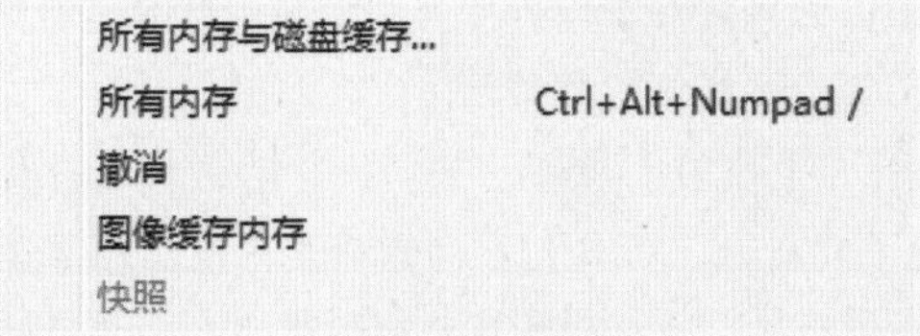

所有内存与磁盘缓存...
所有内存　　Ctrl+Alt+Numpad /
撤消
图像缓存内存
快照

图 2.1.17

■ 所有内存与磁盘缓存...：将内存缓冲区域中的所有储存信息与磁盘中的缓存清除。

■ 所有内存：将内存缓冲区域中的所有储存信息清除。

■ 撤销：清除内存缓冲区中保存的操作过的步骤。

■ 图像缓存内存：清除RAM预览时系统放置在内存缓冲区的预览文件。如果在预览影片时无法完全播放整个影片，可以通过执行这个命令来释放缓存的空间。

■ 快照：清除内存缓冲区中的快照信息。

2.1.6 动画曲线的编辑

调整动画曲线是动画师的关键技能之一。【图表编辑器】是After Effects中编辑动画的主要平台，曲线的调整大大提高了动画制作的效率，使关键帧的调整更加直观。对于使用过三维动画软件或二维动画软件的用户，应该对【图表编辑器】功能并不陌生，而对于初次接触该功能的用户，可以通过该小节，了解【图表编辑器】面板的各项功能。

【图表编辑器】是一种曲线编辑器，在许多动画软件中都配备有【图表编辑器】。在还没有执行关键帧的属性时，【图表编辑器】内将不显示任何数据和曲线。当用户对层的某个属性设置了关键帧动画以后，单击【时间轴】面板中的按钮，即可进入【图表编辑器】面板，如图2.1.18所示。

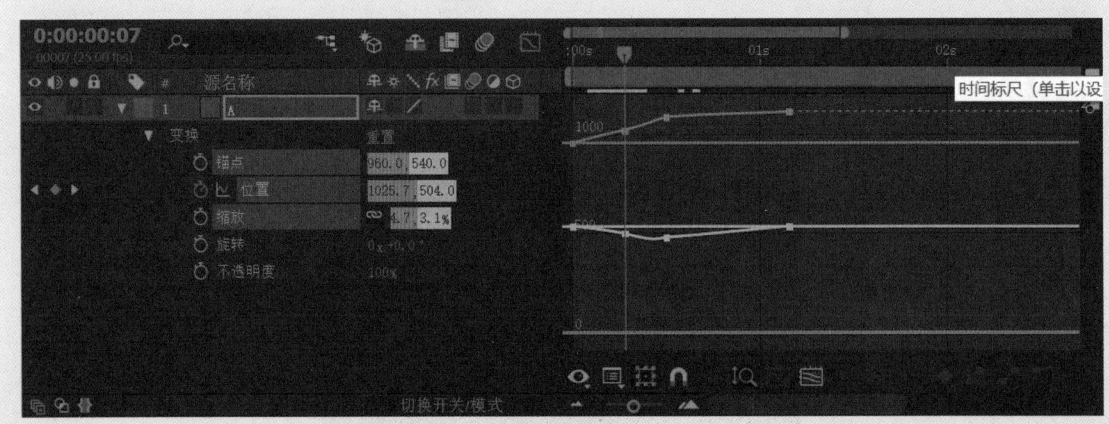

图 2.1.18

■ ：用不同的方式显示【图表编辑器】面板中的动画曲线，单击该按钮会弹出下拉菜单，如图2.1.19所示。

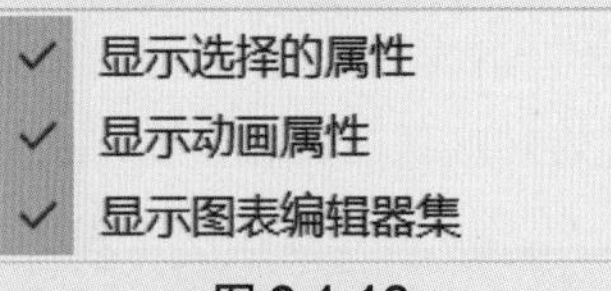

图 2.1.19

➢ 显示选择的属性：在【图表编辑器】面板中只显示已执行的动画的素材属性。

➢ 显示动画属性：在【图表编辑器】面板中显示素材的所有动画曲线。

➢ 显示图表编辑器集：显示曲线编辑器的设定。

■ 【辅助】图标：用于打开【辅助】面板，可以执行动画曲线的类型和辅助命令。单击该图标会弹出下拉菜单，如图2.1.20所示。当我们在任意图层中设置图层属性的多个关键帧时，该功能帮助过滤当前不需要显示的曲线，使我们直接找到需要修改的关键帧的点。

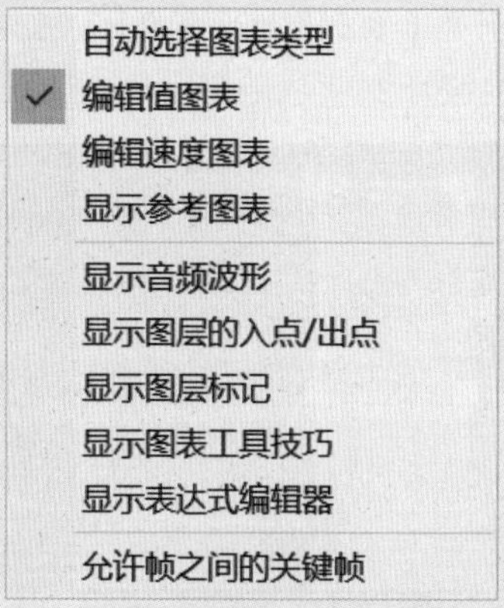

自动选择图表类型
编辑值图表
编辑速度图表
显示参考图表
显示音频波形
显示图层的入点/出点
显示图层标记
显示图表工具技巧
显示表达式编辑器
允许帧之间的关键帧

图 2.1.20

- 自动选择图表类型：自动显示动画曲线的类型。
- 编辑值图表：编辑数值曲线。
- 编辑速度图表：编辑速率曲线。
- 显示参考图表：显示参考类型的曲线。

◎提示·◦

执行【自动选择图表类型】和【显示参考图表】命令时，【图表编辑器】中常出现两种曲线：一种是带有可编辑定点（在关键帧处出现小方块）的曲线，一般为白色或浅洋红色；另一种是红色或绿色，但不带有编辑点的曲线。

下面以【位置】的X、Y属性设置关键帧动画为例，向大家解释这两种曲线的区别。当我们对图层在X、Y属性上设置关键帧后，After Effects将自动计算出一个速率数值，并绘制出曲线。在默认状态【自动选择图表类型】被激活的情况下，After Effects认为在【图表编辑器】中的速率调整对整体调整更有用，而X、Y的关键帧调整则应该在合成图像中进行。因此大多数情况下，【速度图表】被After Effects 作为默认首选曲线显示出来。

我们可以通过直接执行【编辑值图表】命令来调整设置关键帧属性的曲线，这样是为了清楚控制单个属性的变化。当我们只是调整一个轴上某个关键帧点时，对应曲线上的关键帧点也会被执行。如果只是改变当前关键帧的数值，对应轴上的关键帧控制点不受影响。但移动某个轴上关键帧控制点在时间轴上的位置时，对应另一个轴上的关键帧控制点将随之改变在时间轴上的位置。这说明在After Effects中是不支持对某个空间轴独立引用关键帧的。相关的命令介绍如下。

- 显示音频波形：显示音频的波形。
- 显示图层的入点/出点：显示切入点和切出点。
- 显示图层标记：显示层的标记。
- 显示图表工具技巧：显示曲线上的工具信息。
- 显示表达式编辑器：显示表达式编辑器。
- 允许帧之间的关键帧：允许关键帧在帧之间切换的开关。如果关闭该属性，拖动关键帧时，将自动与精确的帧的数值对齐。如果激活该属性，可以将该关键帧拖动到任意时间点上。但是当使用了【变换盒子】缩放一组关键帧时，无论该属性是否被激活，被缩放的关键帧都将落在帧之间。

- 【多个关键帧】图标：用于打开【多个关键帧】面板，启用在同时执行多个关键帧时，显示转换方框工具。利用该工具可以同时对多个关键帧进行移动和缩放操作，如图2.1.21所示。

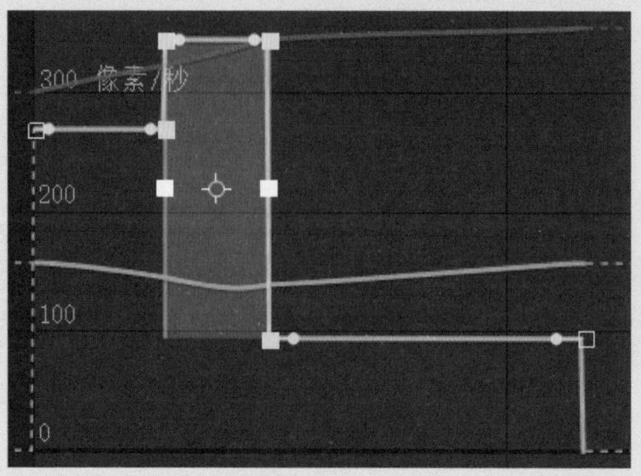

图 2.1.21

提示

通过移动【变换盒子】的中心点位置来改变缩放的方式。首先移动中心点的位置后，再按住Ctrl键，并拖动鼠标，缩放框将按照中心点新的位置来缩放关键帧。如果想反转关键帧，只需将其拖到缩放框的另一侧即可。

按住Shift键，拖动其一角，将按比例对框进行缩放操作。

按住Ctrl+Alt快捷键，再拖动其一角，框的一端将逐渐减少。

按住Ctrl+Alt+Shift快捷键，再拖动其一角，将在上下方向上移动框的一边。按住Alt键，再拖动角，手柄使框变斜。

- ：用于打开或关闭吸附功能。
- ：用于打开或关闭使曲线自动适应【图表编辑器】面板。
- ：用于调整关键帧，使之适应【图表编辑器】面板的大小。
- ：用于调整全部的动画曲线，使之适应【图表编辑器】面板的大小。
- ：用于编辑所执行的关键帧。单击它可弹出下拉菜单，如图2.1.22所示。
- ：单击该图标，可以使关键帧保持现有的动画曲线。
- ：单击该图标，可以使关键帧前后的控制手柄变成直线。
- ：单击该图标，可以使关键帧的手柄转变为自动的贝塞尔曲线。
- ：单击该图标，可以使所执行的关键帧前后的动画曲线快速变得平滑。
- ：单击该图标，可以使所执行的关键帧前的动画曲线变得平滑。
- ：单击该图标，可以使所执行的关键帧后的动画曲线变得平滑。

1119.5、540.0
编辑值...
转到关键帧时间
选择相同关键帧
选择前面的关键帧
选择跟随关键帧
切换定格关键帧
关键帧插值...
漂浮穿梭时间
关键帧速度...
关键帧辅助 >

图2.1.22

2.2 时间轴面板

After Effects中关于图层的大部分操作都是在【时间轴】面板中进行。它以图层的形式把素材逐一摆放，同时可以对每个图层进行位移、缩放、旋转、设置关键帧、剪切、添加效果等操作。【时间轴】面板在默认状态下是空白，只有在导入一个合成素材时才会显示出来。

2.2.1 时间轴面板的基本功能

【时间轴】面板的基本功能主要是控制合成中各种素材之间的时间关系。素材与素材之间是按照层的顺序排列的，每个层的时间条长度代表了这个素材的持续时间。用户可以对图层设置关键帧和动画属性。我们先从它的基本区域入手，如图2.2.1所示。

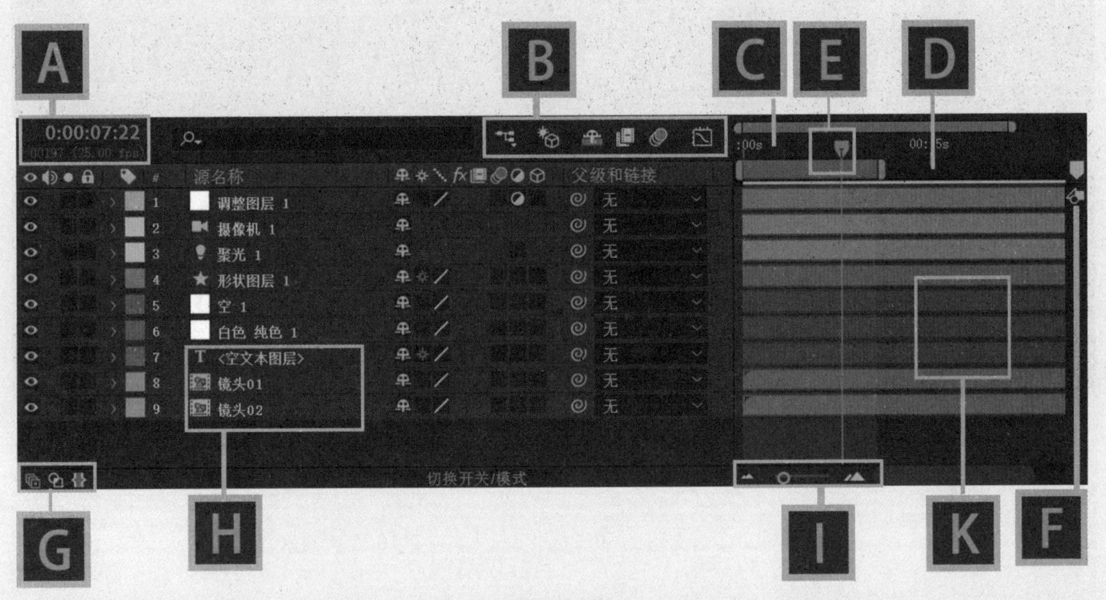

图 2.2.1

【A区域】：这里显示的是【合成】中【时间指示器】所在的位置，单击此处，可以直接输入【时间指示器】所要指向的时间节点，可以输入一个精确的数字来移动【时间指示器】的位置，后面显示的是【合成】的帧数及帧速率，如图2.2.2所示。

图 2.2.2

【B区域】：这个区域组主要是一些功能图标。

- 【查找】图标：用于在【时间轴】面板中查找素材，可以通过名字直接搜索到素材。
- 【合成微型流程图】图标：用于打开迷你【合成微型流程图】面板。每一个图层以节点的形式显示，可以快速地看清图层之间的结构形式，如图2.2.3所示。

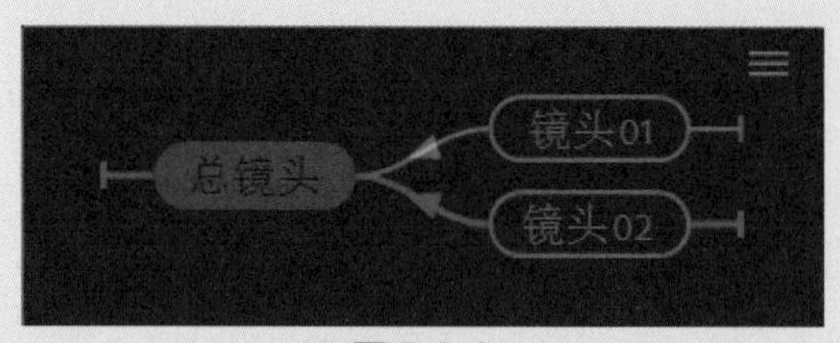

图 2.2.3

■ 【草图3D】图标：用于打开【草图3D】面板，可以控制是否显示【草图3D】功能。

■ 【消隐】图标：用来显示或隐藏【时间轴】面板中处于消隐状态的图层。消隐状态是After Effects给层的显示状态定的一种拟人化的名称，可以通过显示和隐藏层功能来限制显示层的数量，简化工作流程，提高工作效率，如图2.2.4和图2.2.5所示。

图 2.2.4（小人缩下去的层为消隐层）

图 2.2.5（按下隐藏消隐层图标）

◎提示·○

在一些商用After Effects模板中会经常使用该功能，将一些不需要修改的层进行隐藏。如果想调整这些层，则可以显示消隐的层。

■ 【帧混合】图标：用于打开【帧混合】总图标面板，可以控制是否在图像刷新时启用【帧混合】效果。一般情况下，应用帧混合时，只会在需要的层中打开帧混合图标，因为打开总的【帧混合】图标会降低预览的速度。

◎提示·○

执行【时间伸缩】命令后，可能会使原始动画的帧速率发生改变，而且会产生一些意想不到的效果，这时就可以使用【帧混合】对帧速率进行调整。

■ 【运动模糊】图标：用于打开【运动模糊】面板，可以控制是否在【合成】面板中应用【运动模糊】效果。在素材层后面单击图标，就给这个层添加了运动模糊，用来模拟电影中摄影机使用的长胶片曝光效果。

■ 【曲线编辑】图标：用于打开【曲线编辑】面板，可以快速地进入【曲线编辑】面板，十分方便地对关键帧进行属性操作，如图2.2.6所示。

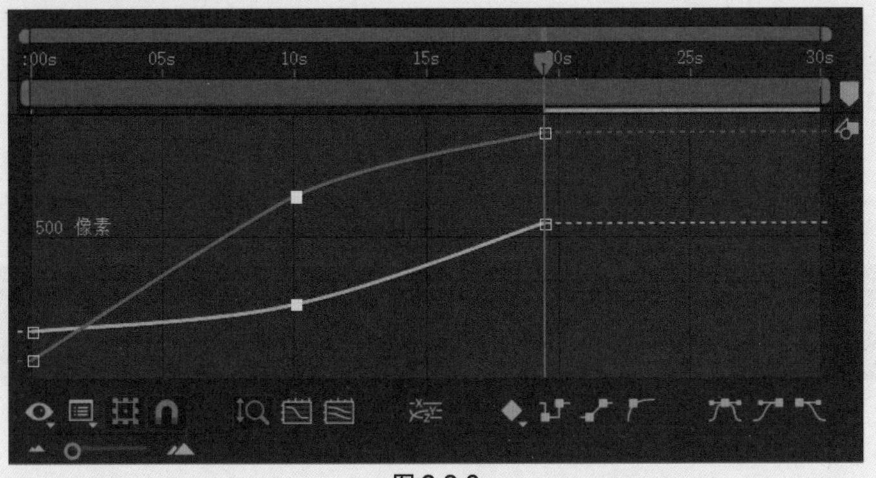

图 2.2.6

【C区域】：这里的两个小箭头用来指示时间导航器的起始和结束位置，通过拉动小点，可以将【时间指示器】进行缩放，如图2.2.7所示。该操作会被经常使用。

【D区域】：这里属于工作区域，可以拖动它前后的蓝色矩形标记，用来控制预览或渲染的时间区域，如图2.2.8所示。

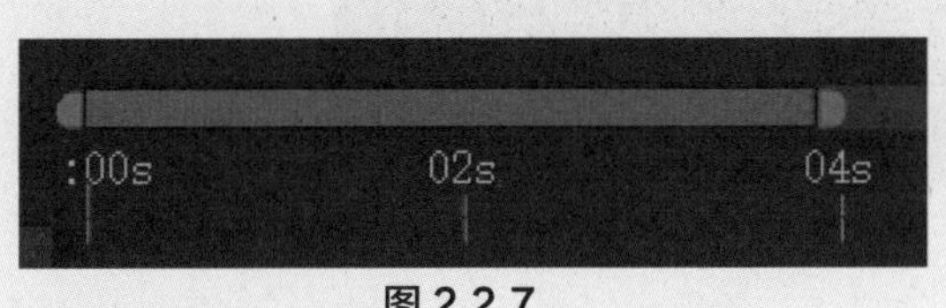

图 2.2.7

图 2.2.8

■ 【显示缓存指示器】：显示或隐藏时间标尺下面的缓存标记，其颜色为绿色，当按下空格键对画面进行预渲染时，系统就会将画面渲染出来，绿色的部分就代表已经渲染完成的部分，如图2.2.9所示。

【E区域】：这里是【时间指示器】，它是一个蓝色的小三角，下面连接一条红色的线，可以很清楚地辨别【时间指示器】在当前时间标尺中的位置。在蓝色小三角的上方还有一个蓝色的小线条，它表示当前时间在导航栏中的位置，如图2.2.10所示。

图 2.2.9

图 2.2.10

导航栏中的蓝色标记都是可以用鼠标拖动的，这样就很方便控制时间区域的开始和结束；对【时间指示器】的操作，可以用鼠标直接拖动，也可以直接在时间标尺的某个位置单击，使【时间指示器】移动至新的位置。

当我们选中一段素材时，按下字母I键，可以将【时间指示器】移动至该段素材的第一帧，按下字母O键，可以将【时间指示器】移动至该段素材的最后一帧。当按下快捷键【[】时，可以将这段素材的第一帧移动至【时间指示器】的位置，而按下快捷键【]】时，可以将这段素材的最后一帧移动至【时间指示器】的位置。这4个快捷键都在键盘的一排，这是为了方便用户操作，因为通过这4个快捷键操作，不使用鼠标即可移动每一段素材的位置，并精准对齐。

除了这些快捷键操作，当【时间轴】面板需要将多段没有对齐的素材进行对齐时，可以按下列步骤操作。

01 按下快捷键Ctrl，按排列顺序选中需要进行排列的图层，如图2.2.11所示。

图 2.2.11

02 选中多段素材后，如果需要融合素材，可以执行【过渡】模式并设定过渡时间，如图2.2.12所示。

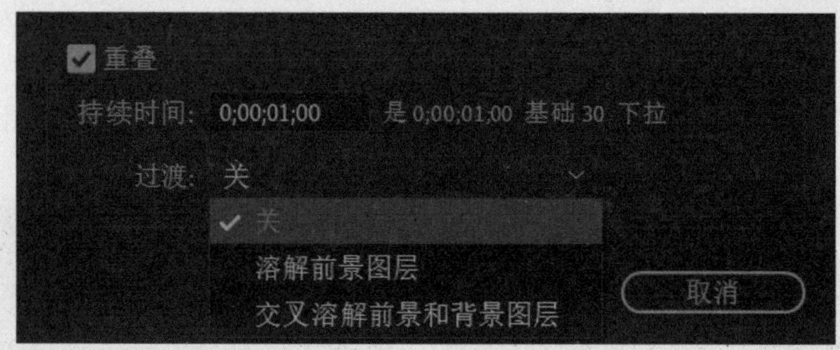

图 2.2.12

03 如果只是重新排列，需要取消选中【重叠】复选框。

04 按下确认键，【时间轴】面板中的图层按执行顺序进行了排列，而起始位置则是【时间指示器】的位置所在，如图2.2.13所示。

图 2.2.13

提示

除了鼠标拖动外，最有效且最精准移动【时间指示器】的方法是使用对应的快捷键。下面介绍下这些常用的快捷键。Home键是将【时间指示器】移动至第一帧，End键是将【时间指示器】移动至最后一帧；Page Up键是将【时间指示器】移动至当前位置的前一帧，Page Dow键是将【时间指示器】移动至当前位置的后一帧；Shift+Page Up键是将【时间指示器】移动至当前位置的前10帧，Shift+Page Down键是将【时间指示器】移动至当前位置的后10 帧；Shift+Home键是将【时间指示器】移动至【工作区】的【工作区开头】In点上，Shift+Home 键是将【时间指示器】移动至【工作区】的【工作区结尾】Out点上。

【F区域】：图标是用来打开【时间轴】面板所对应的【合成】面板。

【G区域】：【时间轴】面板左下角的图标是用来打开或关闭一些常用的面板。如果将这些面板都打开，【时间轴】中将显示用户需要的大部分数据，这非常直观，但是却牺牲了宝贵的操作空间，时间条的显示几乎全部被覆盖了。

- 【图层开关】图标：用于打开或关闭【图层开关】面板，如图2.2.14所示。
- 【Modes】图标：用于打开或关闭Modes面板，按下快捷键F4，也可以快速切换到该面板，如图2.2.15所示。

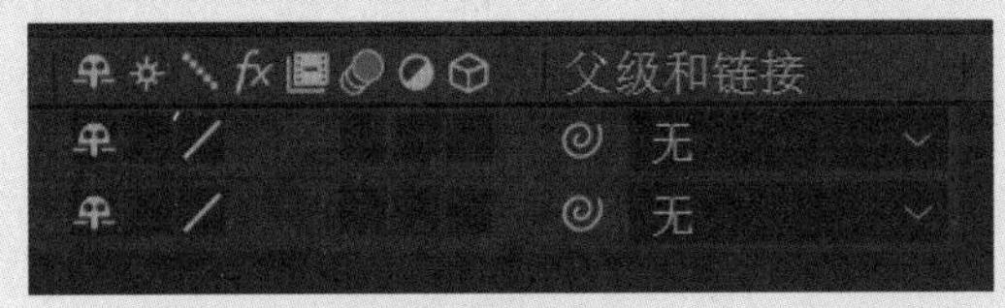

图 2.2.14

图 2.2.15

- 【时间伸缩】图标：用于打开或关闭【入】【出】【持续时间】和【伸缩】面板，如图2.2.16所示。【时间伸缩】最主要的功能是对图层进行时间反转，产生条纹效果。

父级和链接	入	出	持续时间	伸缩
无	0:00:00:00	0:00:29:24	0:00:30:00	100.0%
无	0:00:00:00	0:00:29:24	0:00:30:00	100.0%

图 2.2.16

【H区域】：是【时间轴】面板的功能面板，共有13个面板，在默认状态下，只显示了几个常用面板，并没有完全显示，如图2.2.17所示。

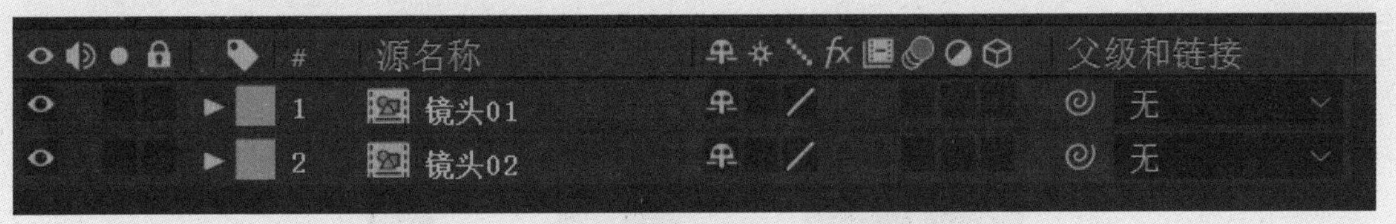

图 2.2.17

在每个面板的上方右击，执行【列数】命令，或者用面板菜单都可以打开控制功能面板显示的下拉菜单，如图2.2.18所示。下面对这些面板逐一进行介绍。

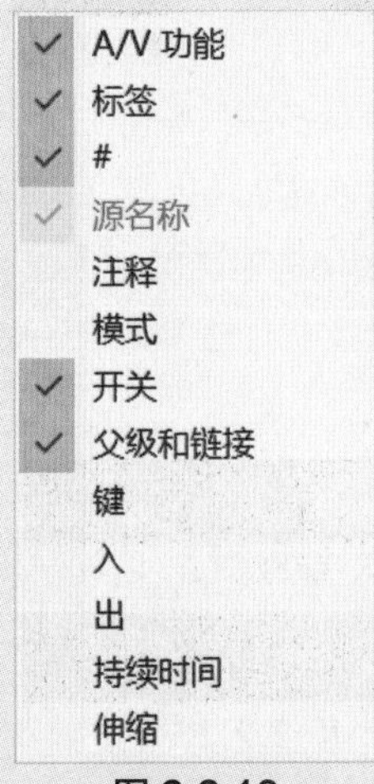

图 2.2.18

- A/V功能：这个面板可以对素材进行隐藏、锁定等操作，如图2.2.19所示。

> 【显示/隐藏】图标：用于打开【显示/隐藏】面板，可以控制素材在【合成】中的显示或隐藏。
> 【音频】图标：可以控制音频素材在预览或渲染时是否起作用，如果素材没有声音，就不会出现该图标。
> 【独奏】图标：可以控制素材的单独显示。
> 【锁定】图标：用来锁定素材，锁定的素材是不能进行编辑的。

- 标签：该面板显示素材的标签颜色，如图2.2.20所示，它与【项目】面板中的标签颜色相同。当处于一个合作项目时，合理使用标签颜色就变得非常重要，一个小组往往会有一个固定标签颜色对应方式，比如红色用于非常重要的素材，绿色是音频，这样能很快找到需要的素材大类，然后很快从中找出需要的素材名。在使用颜色标签时，不同类素材请尽量使用对比强烈的颜色，同类素材可以使用相近的颜色。
- #：用来显示素材在【合成】中的编号，如图2.2.21所示。After Effects中的图层索引号一定是连续的数字，如果出现前后数字不连贯，则说明在这两个层之间有隐藏图层。当知道需要的图层编号时，只需要按数字键盘上对应的数字键，就能快速切换到对应图层上。例如，按数字键盘上的“9”，将直接选择编号为9的图层。如果图层的编号为双数或3位数，则只需要连续按对应的数字，就可以切换到对应的图层上。例如，编号为13的图层，先按下数字键盘上的“1”，After Effects先响应该操作，切换到编号为1的图层上，然后按下“3”，After Effects将切换到编号中有1但随后数字为3的图层。需要注意的是，输入两位和两位以上的图层编号时，输入连续数字时间间隔不能少于1 s，否则After Effects将认为第二次输入数字为重新输入。例如，输入数字键上的“1”，然后隔3 s再输入“5”，After Effects将切换到编号为5的图层，而不是切换到编号为15的图层。

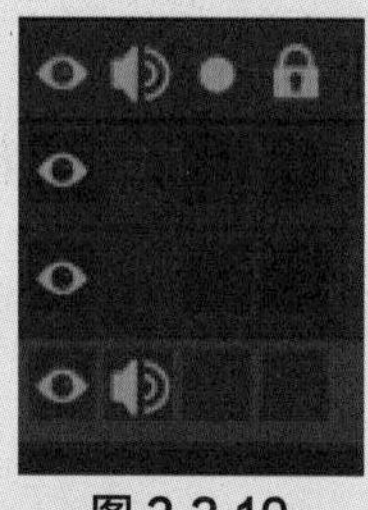

图 2.2.19

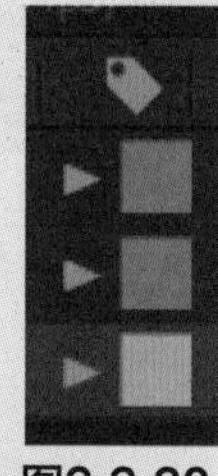
图2.2.20

图 2.2.21

- 源名称：用来显示素材的图标、名字和类型，如图2.2.22所示。
- 注释：该面板是注解面板，单击可以在其中输入要注解的文字，如图2.2.23所示。
- 模式：可以设置图层的叠加模式和轨迹遮罩类型。【模式】栏下的是叠加模式；T栏下可以设置保留该层的不透明度；TrkMat栏下的是轨迹遮罩菜单，如图2.2.24所示。

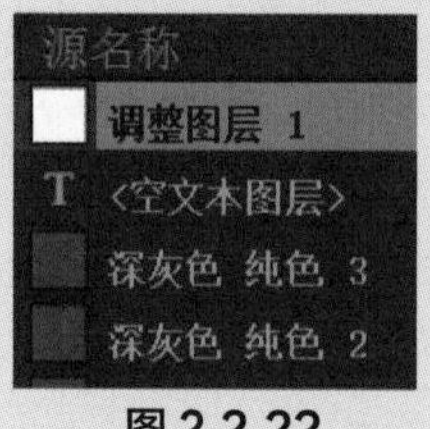

图 2.2.22

图 2.2.23

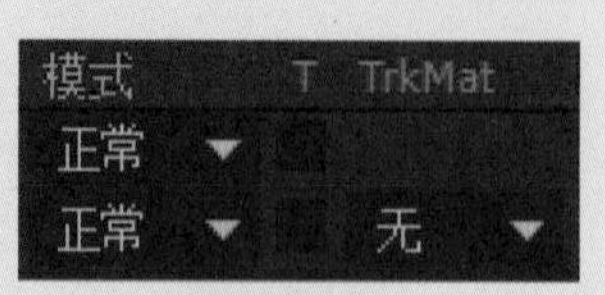

图 2.2.24

- 开关：该面板是转换面板，可以控制图层的显示和性能，如图2.2.25所示。

> 【消隐层】图标：用于打开【消隐层】面板，可以设置图层的消隐属性，通过【时间

轴】面板上方的图标来隐藏或显示该层。只是把需要隐藏图层的【消隐】开关图标激活是无法产生隐藏效果的，必须要在激活【时间轴】面板上方的【消隐】开关总图标的情况下，单个图层的【消隐】功能才能产生效果。

- 【矢量编译】图标：用于打开【矢量编译】面板，是矢量编译功能的开关，可以控制【合成】中的使用方式和嵌套质量，并且可以将Adobe Illustrator矢量图像转化为像素图像。
- 【草图】图标：用于打开【草图】面板，可以控制素材的显示质量，为草图，为最好质量。特别是对大量素材同时缩放和旋转时，调整质量开关能有效地提高效率。
- 【滤镜效果】图标：用于打开【滤镜效果】面板，可以关闭或打开层中的滤镜效果。当给素材添加滤镜效果时，After Effects将对素材滤镜效果进行计算，这将占用大量的CPU资源。为提高效率，减少处理时间，有时需要关闭一些层的滤镜效果。
- 【帧混合】图标：用于打开【帧混合】面板，可以为素材添加帧混合功能。
- 【运动模糊】图标：用于打开【运动模糊】面板，可以为素材添加动态模糊效果。
- 【调整层】图标：用于打开【调整层】面板，可以打开或关闭调整层，将原素材转化为调整层。
- 【3D图层】图标：用于打开【3D图层】面板，可以转化该层为3D层。转化为3D层后，将能在三维空间中移动和修改。

■ 父级：可以指定一个层为另一个层的父层，在对父层进行操作时，子层也会相应地变化，如图2.2.26所示。

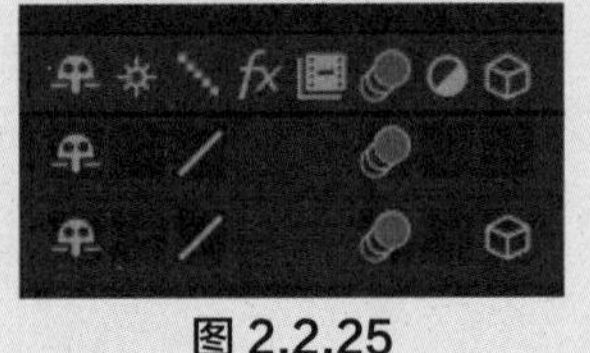

图 2.2.25

图 2.2.26

提示

在这个面板中有两栏，分别有两种父子连接的方式：第一种是拖动一个层的图标至目标层，这样原层就成为目标层的父层；第二种是在后面的下拉菜单中选择一个层作为父层。

■ 键：可以为用户提供一个关键帧操纵器，通过它可以为层的属性设置关键帧，还可以使【时间指示器】快速跳到下一个或上一个关键帧处，如图2.2.27所示。

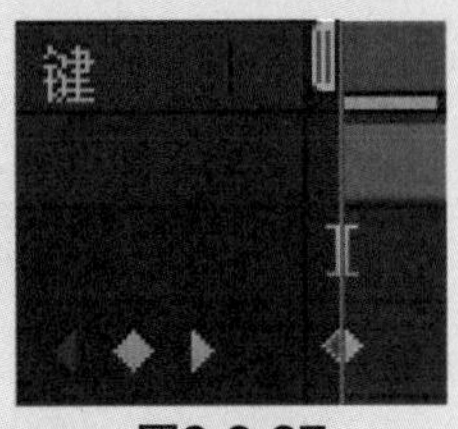

图2.2.27

提示

在【时间轴】面板中不显示Keys面板时，打开素材的属性折叠区域，在A/V Features面板下方也会出现关键帧操纵器。

- 入：显示或改变素材层的切入时间，如图2.2.28所示。
- 出：显示或改变素材层的切出时间，如图2.2.29所示。
- 持续时间：用来查看或修改素材的持续时间，如图2.2.30所示。

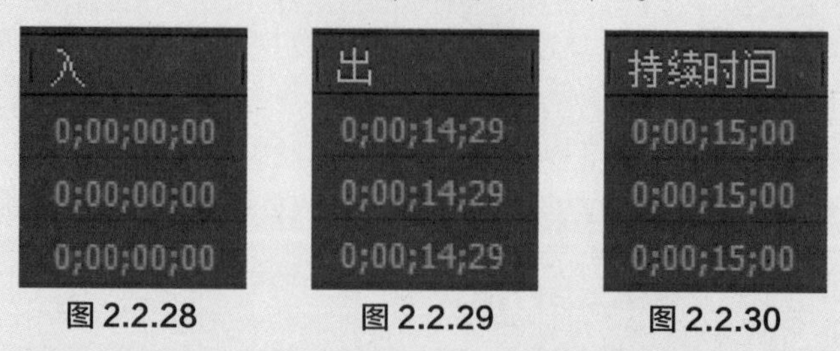

图 2.2.28　　图 2.2.29　　图 2.2.30

单击数字，会弹出【时间伸缩】面板，在这个面板中可以精确地设置层的持续时间，如图2.2.31所示。

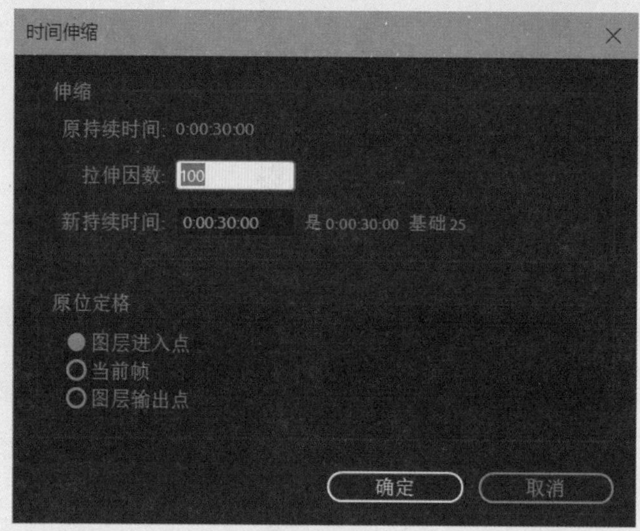

图 2.2.31

- 伸缩：用来查看或修改素材的延迟时间，如图2.2.32所示。

单击数字，也会弹出【时间伸缩】面板，在这里可以精确改变素材的持续时间。

【I区域】：时间缩放滑块，它和导航栏的功能差不多，都可以对【合成】的时间进行缩放，只是它的缩放是以【时间指示器】为中轴来缩放的，而且它没有导航栏准确，如图2.2.33所示。

【J区域】：用来放置素材堆栈，当把一个素材调入【时间轴】面板中后，该区域会以层的形式显示素材，用户可以直接从【项目】面板中把需要的素材拖曳到【时间轴】面板中，并且任意摆放它们的上下顺序，如图2.2.34所示。

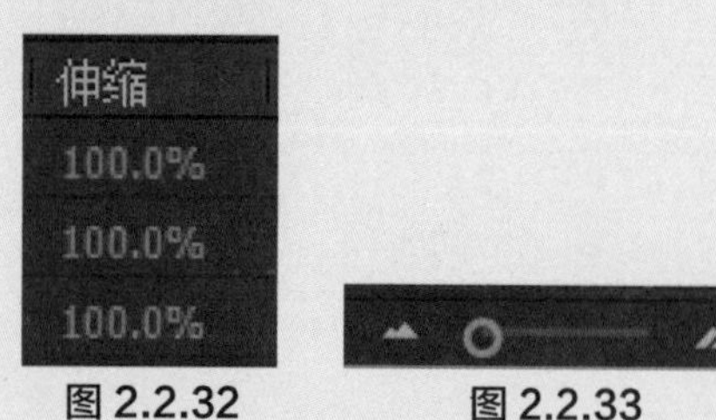

图 2.2.32　　图 2.2.33

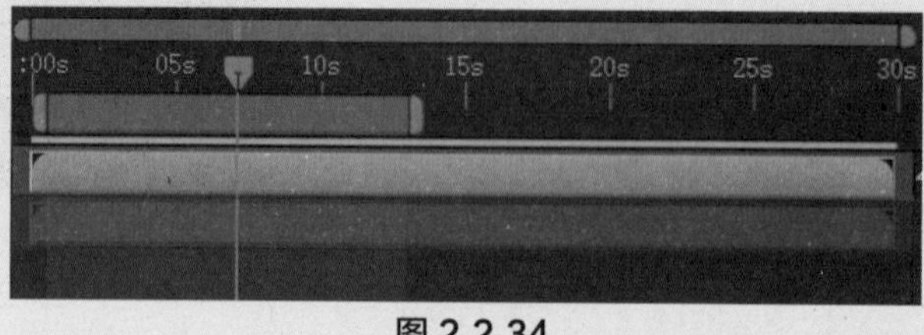

图 2.2.34

显示／隐藏层

为了方便操作，可以通过各种手段暂时把层隐藏起来，当项目中的层越来越多时，这些操作是很有必要的。特别是给层做动画时，过多层会影响需要调整的素材效果，并且降低预览速度。适当减少不必要的层的显示，能够大大提高制作效率。

若要隐藏某一个层时，单击【时间轴】面板中该层最左边的图标，眼睛图标则会消失，该层在【合成】面板中将不能被观察到，再次单击，眼睛图标出现，层也将被显示出来。

这样虽然能在【合成】面板中隐藏该层，但在【时间轴】面板中该层依然存在，一旦层的数目非常多时，一些暂时不需要编辑的层在【时间轴】面板中隐藏起来是很有必要的，可以使用【消隐】工具来隐藏层。在【时间轴】面板中查到【消隐】栏，单击想要隐藏层对应的开关图标，会发现该层以下的层都被隔离了，不在【合成】面板中显示。

2.2.2 时间轴面板中的图层操作

在【时间轴】面板中针对图层的操作是After Effects操作的基础，初学者要认真掌握相关的操作，将使工作事半功倍。我们可以在【编辑】菜单中找到这些命令。

■ 移动

【移动】命令位于最上方的层，被显示在画面的最前面。在【时间轴】面板中，用户可以用鼠标拖动层调整位置，也可以通过快捷键操作。层的位置决定了层的优先级，上面层的元素遮挡下面层的元素。比如，背景元素一定是在最下面层里的，角色一般在中间层或最上面的层。

■ 重复

【重复】（快捷键为Ctrl+D）命令主要用于将所执行的对象直接复制，与【复制】命令不同，【重复】命令是直接复制，并不将复制对象存入剪贴板。用户执行【重复】命令复制层时，会将被复制层的所有属性，包括关键帧、遮罩、效果等一同复制，如图2.2.35所示。

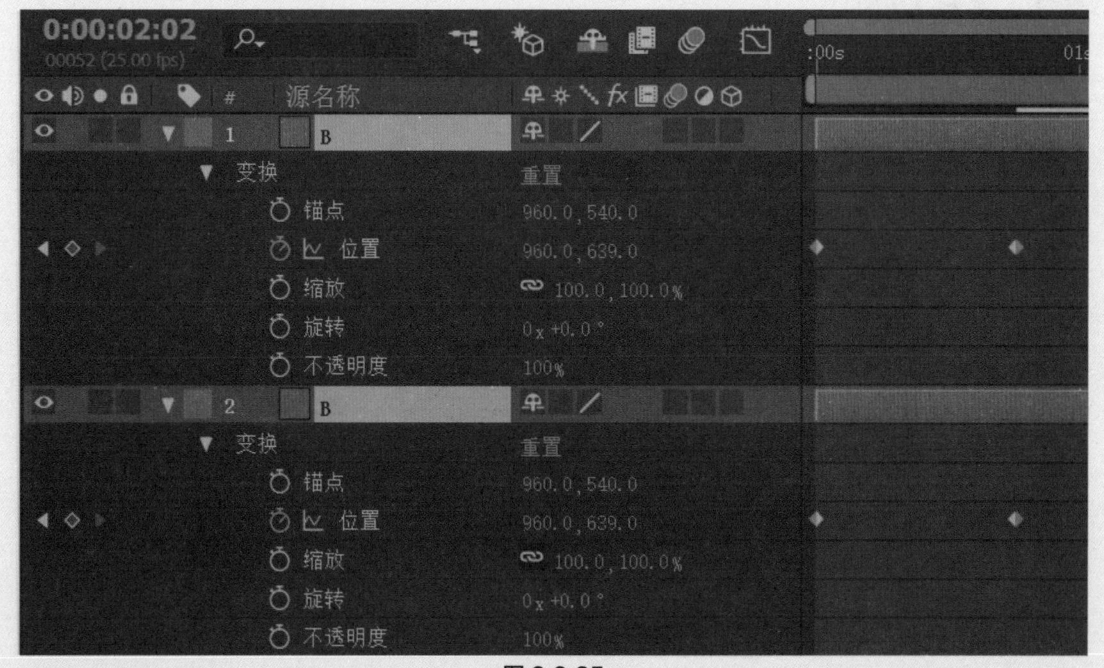

图 2.2.35

■　拆分图层

【拆分图层】命令主要用于分裂层。在【时间轴】面板中，执行该命令可将层任意切分，从而创建出两个完全独立的层，分裂后的层中仍然包含着原始层的所有关键帧。在【时间轴】面板中用户可以使用【时间指示器】来指定分裂的位置，把【时间指示器】移动到想要分裂的时间点，执行菜单【编辑】→【拆分图层】命令，就可以分裂选中的层，如图2.2.36和图2.2.37所示。该操作的快捷键是Ctrl+Shift+D。

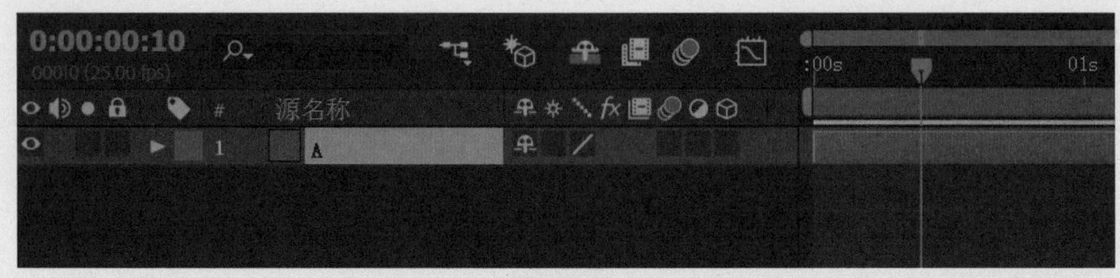

图 2.2.36

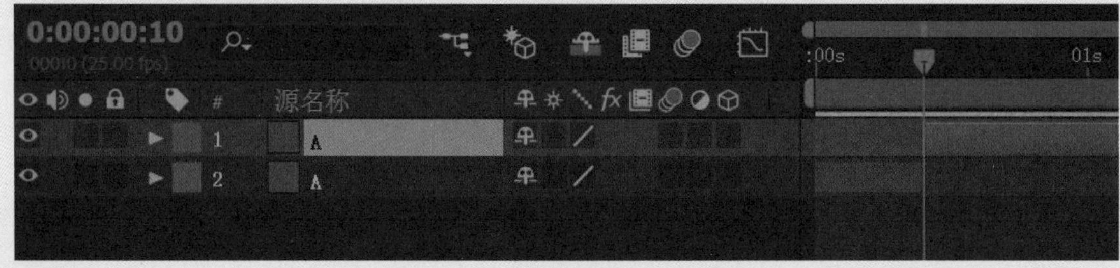

图 2.2.37

2.3 文字动画

文字动画（见图2.3.1）一直是After Effects的特色所在，不同于字幕系统，After Effects的文字动画具有更为优秀的动画能力，可以制作出更为复杂的动画内容。在这个小节我们将讲解After Effects的文字动画系统。

图2.3.1

2.3.1 创建文字层

文字动画的制作有很多都是在后期软件中完成的，后期软件并不能使字体有很强的立体感，其优势在于使字体产生运动效果。After Effects的文本工具可以制作出各种效果，使用户的创意得到最好的展现。使用【文字工具】可以直接在【合成】面板中创建文字，分为横排和直排两种。当创建文字后，单击工具栏右侧的【切换字符和段落面板】图标，可以调整文字的大小、颜色、字体等基本参数。

文本层的属性除了【变换】属性，还有【文本】属性，这是文本特有的属性。【文本】属性中的【源文本】可以制作文本的颜色、字体等相关属性。可以利用【字符】和【段落】面板中的工具，改变文本的属性制作动画。

当使用文本工具在【合成】面板中建立一个文本时，系统会自动生成一个文本层，当然用户也可以执行菜单【图层】→【新建】→【文本】命令来创建一个文本层。当执行【文字工具】时，单击工具箱右侧的图标，会弹出【字符】和【段落】面板，用户可以通过这两个面板设置文本的字体、大小、颜色和排列等，如图2.3.2所示。

After Effects

图2.3.2

文本工具主要用于在合成影片中建立文本，共有两种文本建立的方式：【横排文字工具】和【直排文字工具】。

建立好一段文本时，展开【时间轴】面板中文本层的【文本】属性，单击【源文本】属性前的码表图标，设置一个关键帧，如图2.3.3所示。

移动【时间指示器】到1 s的位置，在【字符】面板中单击填充颜色图标，弹出【文本颜色】面板，选取改变字体的颜色，如图2.3.4所示。

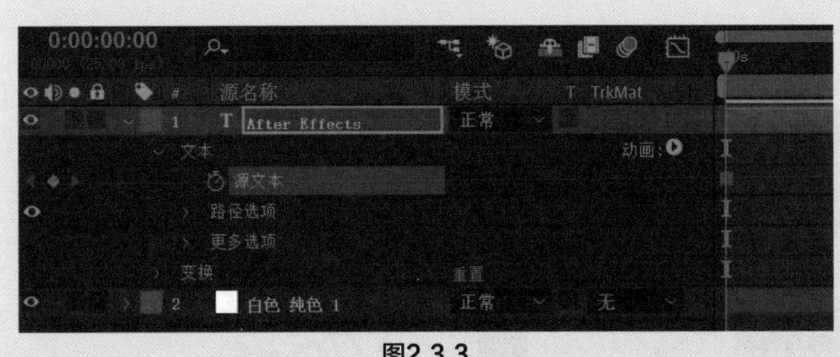

图2.3.3

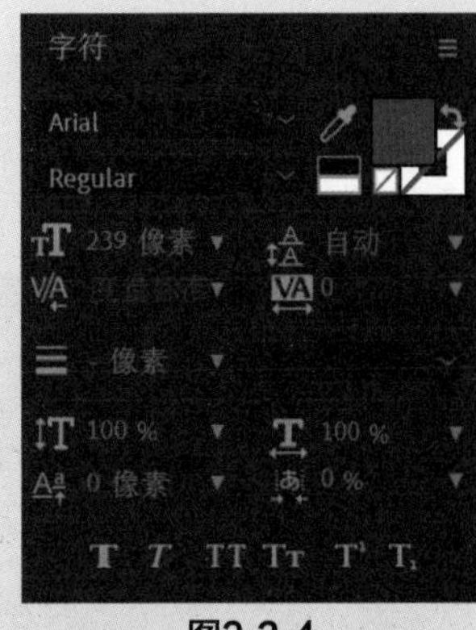

图2.3.4

在【源文本】属性上建立了一个新的关键帧，同理，在2 s处再建立一个改变颜色的关键帧，可以看到这种插值关键帧是方形的，如图2.3.5所示。

图2.3.5

> ◎提示·◦
>
> 【源文本】属性的关键帧动画是以插值的方式显示，也就是说关键帧之间是没有变化的，在没有播放到下一个关键帧时，文本将保持前一个关键帧的特征，所以动画效果就像在播放幻灯片。

2.3.2 路径选项

【文本】属性下方有一个【路径选项】，展开下拉菜单，在文本层中建立蒙版时，就可以在蒙版的路径上创建动画效果。蒙版路径在应用于文本动画时，可以是封闭的图形，也可以是开放的路径。下面通过一个实例来体验一下【路径选项】的动画效果。

01 新建一个文本层，输入文字，选中文本层，使用【椭圆工具】创建一个蒙版，如图2.3.6所示。

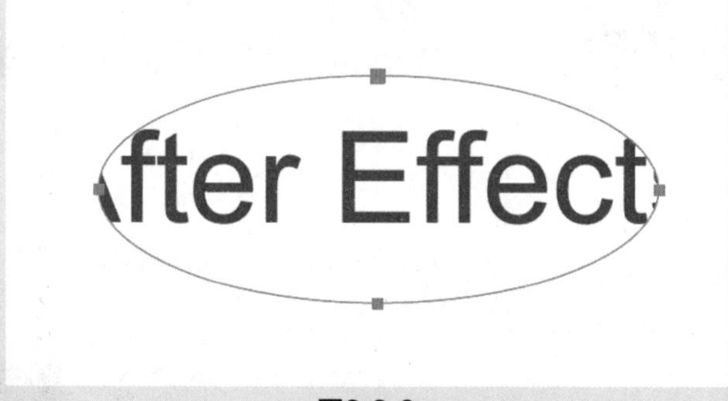

图2.3.6

02 在【时间轴】面板中，展开文本层下的【文本】属性，单击文本旁的小三角图标，展开【路径选项】，在下拉菜单中选中【蒙版1】，文本将会沿路径排列，如图2.3.7和图2.3.8所示。

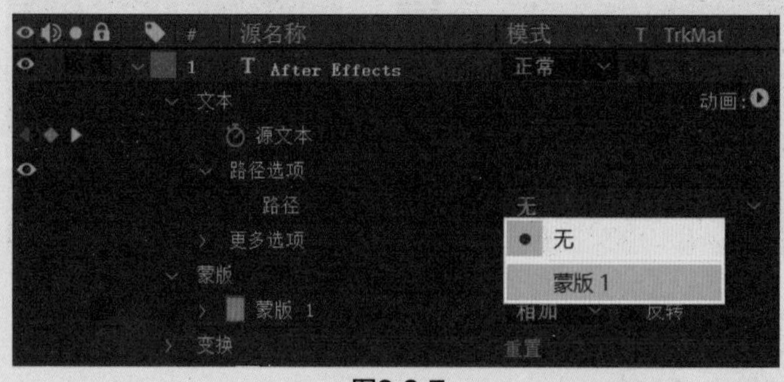

图2.3.7

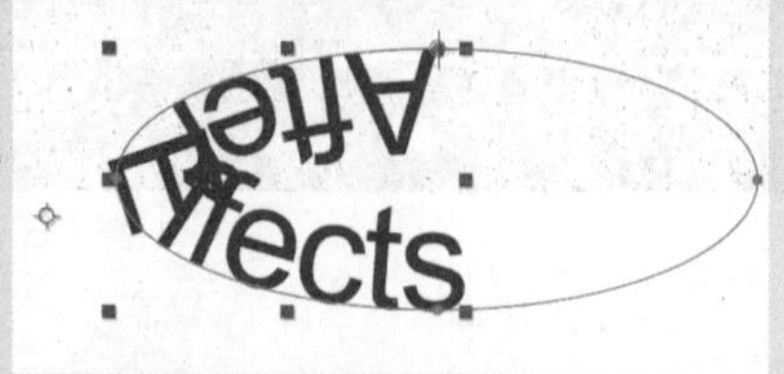

图2.3.8

【路径选项】属性下的控制选项，都可以制作动画，但要保证蒙版的模式为【无】。

在【路径选项】下面还有一些相关选项，【更多选项】中的设置可以调节出更加丰富的效果，如图2.3.9所示。

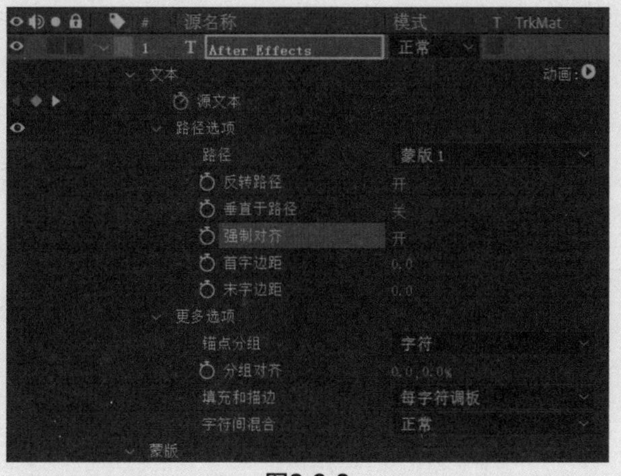

图2.3.9

- 【反转路径】选项：效果如图2.3.10所示。

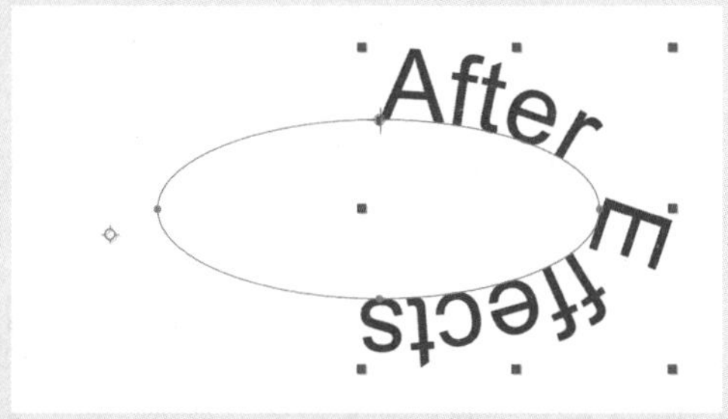

图2.3.10

- 【垂直于路径】选项：主要用于控制字体是否与路径相切，如图2.3.11所示。
- 【强制对齐】选项：控制路径中的排列方式。在【首字边距】和【末字边距】之间排列文本时，选项打开时，字母分散排列在路径上，如图2.3.12所示；选项关闭时，字母将按从起始位置顺序排列。

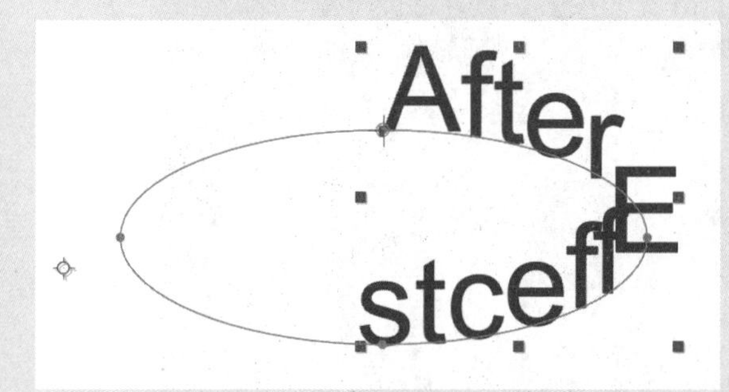

图2.3.11

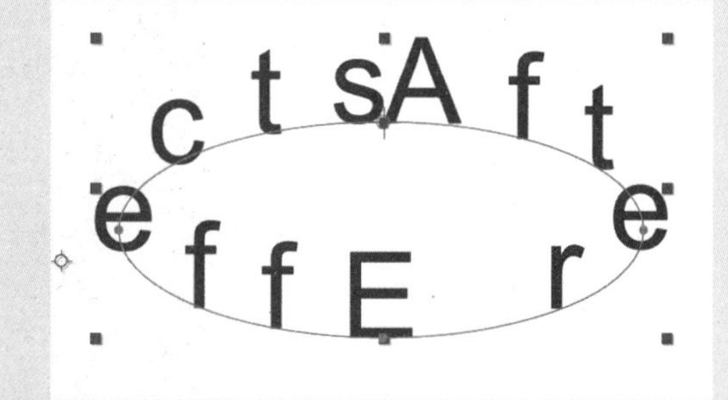

图2.3.12

- 【首字和末字边距】选项：分别指定首尾字母所在的位置，与路径文本的对齐方式有直接关系。在【合成】面板中对文本进行调整，可以用鼠标调整字母的起始位置，也可以通过改变【首字和末字边距】选项的数值来实现。单击【首字边距】选项前的码表图标，设置第一个关键帧，然后移动【时间指示器】到合适的位置，再改变【首字边距】的数值为100，一个简单的文本路径动画就做成了。

- 【锚点分组】选项：提供了4种不同文本锚点的分组方式，单击右侧的下拉菜单可以看到这4种方式：分别为【字符】【词】【行】【全部】，如图2.3.13所示。
  - 字符：把每一个字符作为一个整体，分配在路径上的位置。
  - 词：把每一个单词作为一个个体，分配在路径上的位置。
  - 行：把文本作为一个整体，分配在路径上的位置。
  - 全部：把文本中的所有文字作为一个整体，分配在路径上的位置。
- 分组对齐：控制文本的围绕路径排列的随机度。
- 填充和描边：文本填充与描边的模式。
- 字符间混合：字符间的混合模式。

字符
词
行
全部

图2.3.13

提示

通过修改【路径】下的属性，再配合【锚点分组】的不同属性，可以创造出丰富的文字动画效果。

2.3.3 范围选择器

文本层可以通过文本动画工具创作出复杂的动画效果，当文本动画效果被添加时，软件会建立一个【范围选择器】，利用起点、终点和偏移值的设置，制作出各种文字运动形式。为文本添加动画的方式有两种，可以执行菜单【动画】→【动画文本】命令，也可以单击【时间轴】面板文本层中【动画】属性旁的动画:▶三角图标。两种方式都可以展开文本动画菜单，菜单中有各种可以添加文本的动画属性，如图2.3.14所示。

每当用户添加了一个文本动画属性，软件会自动建立一个【范围选择器】，如图2.3.15所示。

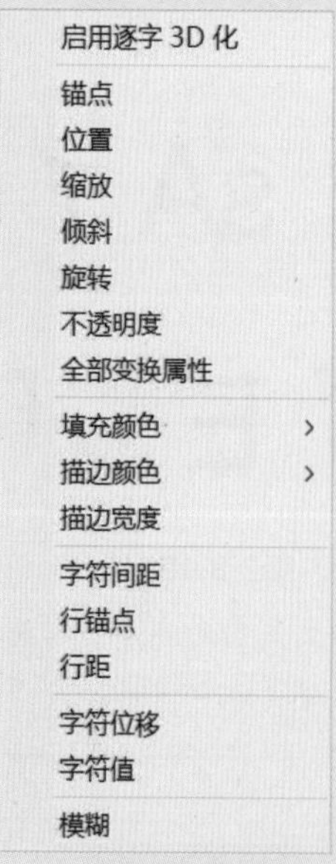

图2.3.14

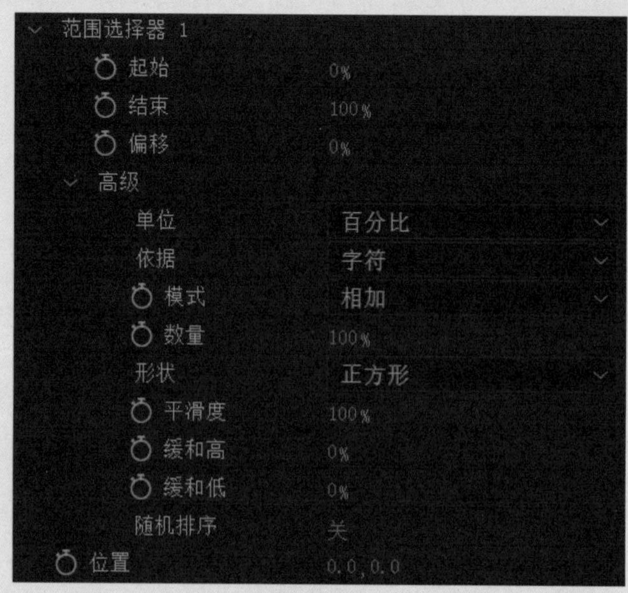

图2.3.15

用户可以反复添加【范围选择器】，多个控制器得出的复合效果非常丰富。下面介绍【范围】控制器的相关参数。

■ 起始：设置控制器有效范围的起始位置。
■ 结束：设置控制器有效范围的结束位置。
■ 偏移：控制【起始和结束】范围的偏移值（即文本起始点与控制器间的距离，如果【偏移】值为0，【起始和结束】属性将没有任何作用）。【偏移】值的设置在文本动画制作过程中非常重要，该属性可以创建一个随时间变化的选择区域（如当【偏移】值为0%时，【起始和结束】的位置可以保持在用户设置的位置；当值为100%时，【起始和结束】的位置将移动至文本末端的位置）。
■ 高级：包含如下相关参数。
  ➢ 单位和依据：指定有效范围的动画单位（即指定有效范围内的动画以什么模式为一个单元方式运动，如【字符】以一个字母为单位，【单词】以一个单词为单位）。
  ➢ 模式：制定有效范围与原文本的交互模式（共6种融合模式）。
  ➢ 数量：控制【动画制作工具】属性影响文本的程度。
  ➢ 形状：控制有效范围内字母的排列模式。
  ➢ 平滑度：控制文本动画过渡时的平滑程度（只有在执行【正方形】模式时才会显示）。
  ➢ 缓和高和低：控制文本动画过渡时的速率。
  ➢ 随机排序：是否应用有效范围的随机性。
  ➢ 随机植入：控制有效范围的随机度（只有在打开【随机排序】时才会显示）。

除了可以添加【范围选择器】，还可以对文本添加【范围】【摆动】和【表达式】控制器。【摆动】控制器可以做出很多种复杂的文本动画效果，电影《黑客帝国》中经典的坠落数字的文本效果就是使用After Effects创建的，在【动画制作工具】右侧单击【添加】添加:▶图标，执行菜单【选择器】→【摆动】命令，就可以添加【摆动】控制器。其中的参数介绍如下。

■ 摆动：控制器主要用来随机控制文本，用户可以反复添加。
■ 模式：控制与上方选择器的融合模式（共6种融合模式）。
■ 最大量和最小量：控制器随机范围的最大值与最小值。
■ 依据：基于4种不同的文本字符排列形式。
■ 摇摆/秒：控制器每秒变化的次数。
■ 关联：控制文本字符（【依据】属性所选的字符形式）间相互关联变化随机性的比率。
■ 时间和空间相位：控制文本在动画时间范围内控制器随机值的变化。
■ 锁定维度：锁定随机值的相对范围。
■ 随机植入：控制随机比率。

2.3.4 范围选择器动画

01 执行菜单【合成】→【新建合成】命令，创建一个新的合成影片，设置如图2.3.16所示。
02 选择T【文本工具】，新建一个文本层，输入文字After Effects。
03 为文本层添加动画效果，选中文本层，再执行菜单【动画】→【动画文本】→【不透明度】命令，也可以单击【时间轴】面板中【文本】属性右侧【动画】旁的动画:▶三角图标，在弹出的菜单中执行【不透明度】命令，如图2.3.17所示，为文本添加【范围】动画控制器和【不透明度】属性。

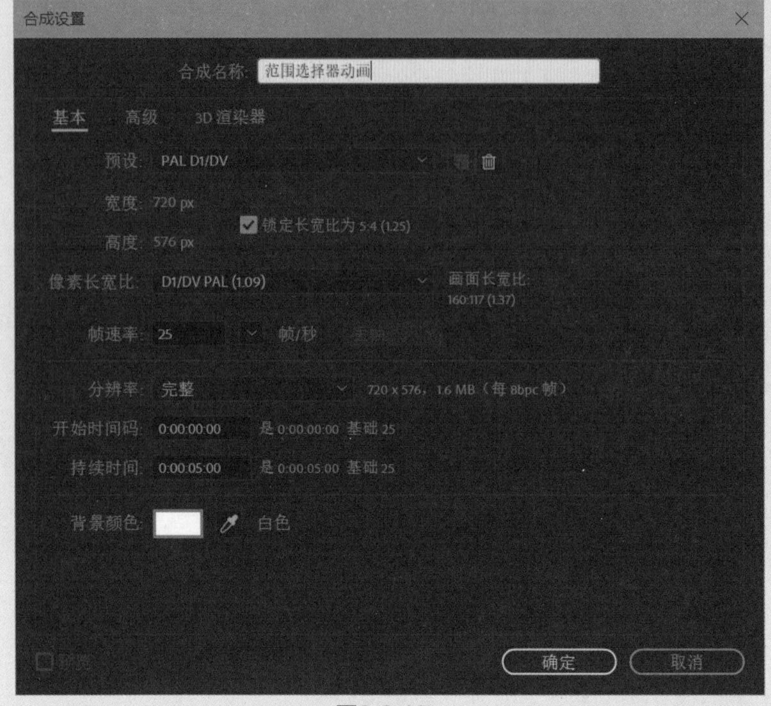

图2.3.16

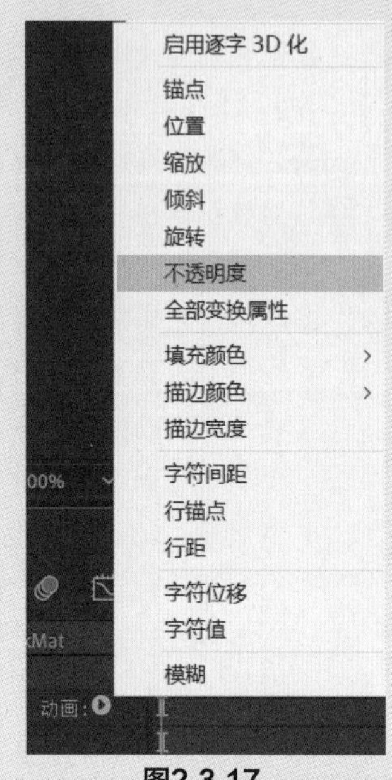

图2.3.17

04 在【时间轴】面板中，把【时间指示器】调整到起始位置，单击【范围选择器1】属性下【偏移】前的钟表图标，设置关键帧【偏移】值为0%，如图2.3.18所示。

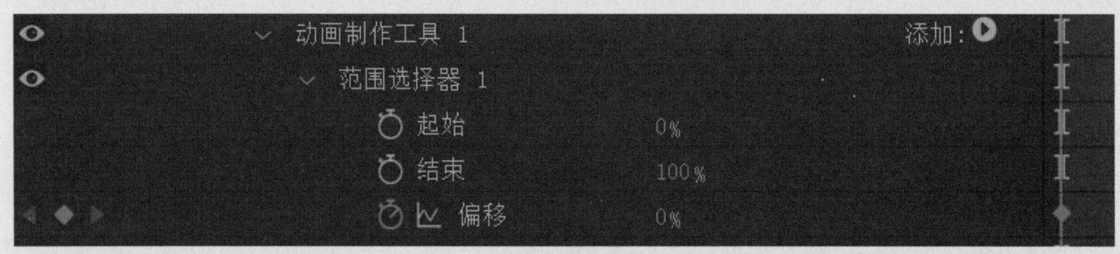

图2.3.18

05 调整【时间指示器】至结束位置，调节【偏移】值为100%，设定关键帧，如图2.3.19所示。

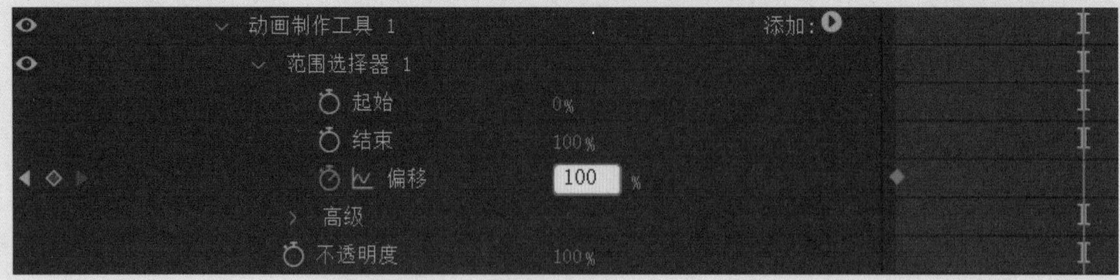

图2.3.19

06 这时观察文字可以看到没有任何变化。把【不透明度】值调整为0%，注意不需要设置关键帧，直接调整参数就可以，如图2.3.20所示。

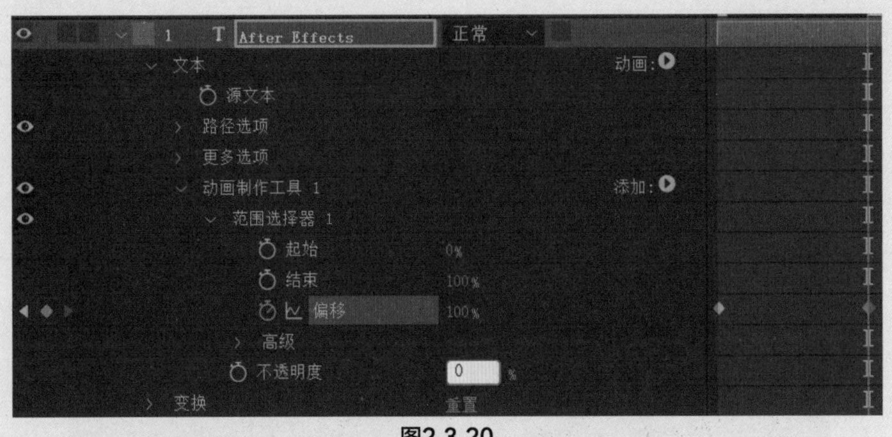

图2.3.20

⑦ 播放影片就可以看到文本的效果了，如图2.3.21～图2.3.23所示。

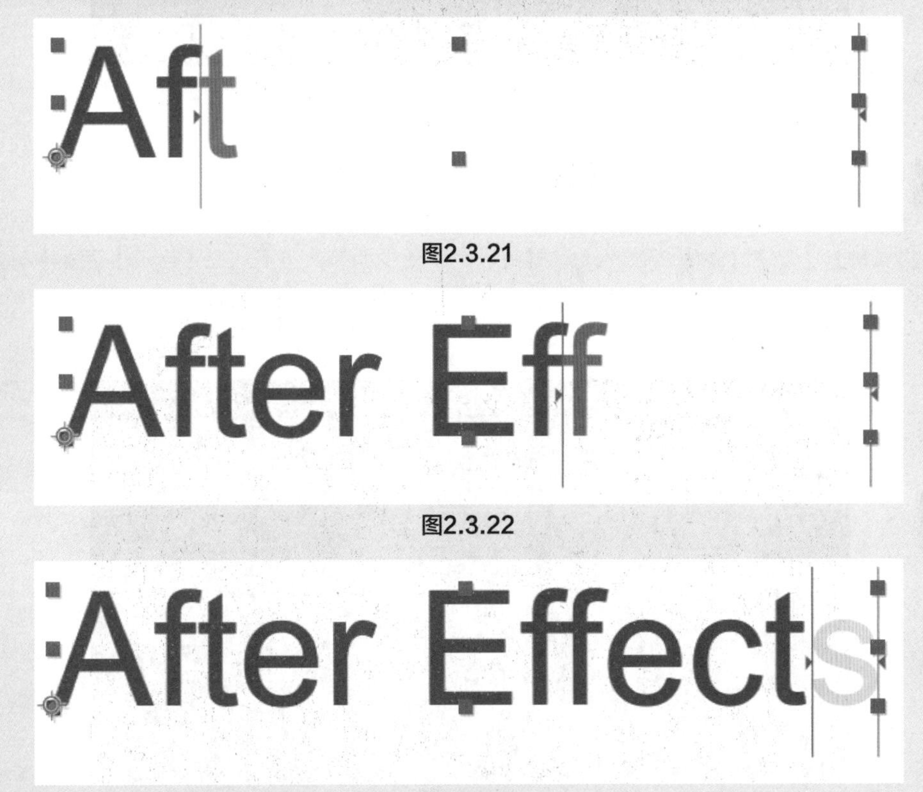

图2.3.21

图2.3.22

图2.3.23

◎提示·◦

第一次接触【偏移】动画的用户会非常苦恼，不容易理解【偏移】属性所起的作用，好像我们并没有对文字设置任何动画，其实我们已经知道了不透明度参数。【偏移】属性主要用来控制动画效果范围的偏移值，影响范围才是关键（红色的控制线中间的部分就是影响范围）。也就是说对【偏移】值设置关键帧就可以控制偏移值的运动，如果设置【偏移】值为负值，运动方向和正值则正好相反。在实际的制作中可以通过调节【偏移】值的动画曲线来控制运动的节奏。

2.3.5 起始与结束属性动画

01 建立一段文字。在【范围选择器】属性下除了有【偏移】属性外，还有【起始】和【结束】两个属性，该属性用于定义【偏移】的影响范围，对于初学者来说，这个概念理解上会存在一定困难，但是经过反复训练可以熟练掌握。首先创建一段文字，如图2.3.24所示。

图2.3.24

02 选中文本图层，再执行菜单【动画】→【动画文本】→【缩放】命令，也可以单击【时间轴】面板中【文本】属性右侧【动画】旁的三角图标，在弹出的菜单中执行【缩放】命令，为文本添加【范围】动画控制器和【缩放】属性。在【时间轴】面板中，调节【范围选择器】属性下【起始】的值为0%，【结束】的值为15%，这样就设定了动画的有效范围。在【合成】面板中可以观察到，字体上的控制手柄会随着数值的变化而移动位置，也可以通过鼠标拖曳控制器，如图2.3.25和图2.3.26所示。

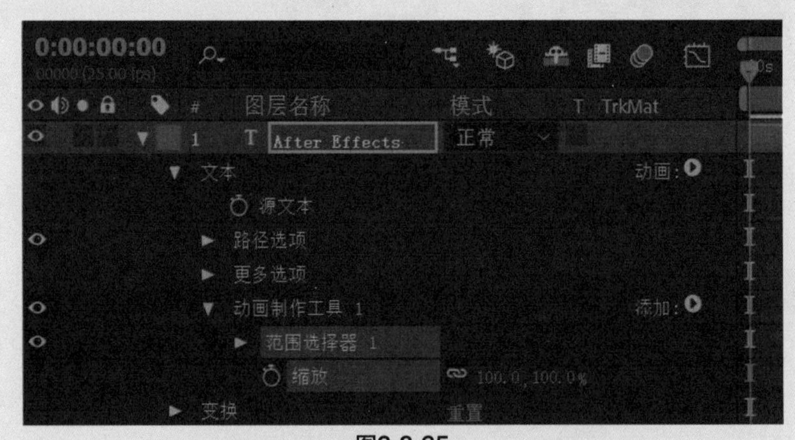

图2.3.25

图2.3.26

03 设置【偏移】的值。把【时间指示器】调整至1 s的位置，单击【偏移】前的钟表图标，设置关键帧【偏移】值为-15%，再把【时间指示器】调整至1 s的位置，设置关键帧【偏移】值为100%，用鼠标拖动【时间指示器】，可以看到控制器的有效范围被制作成了动画，如图2.3.27所示。

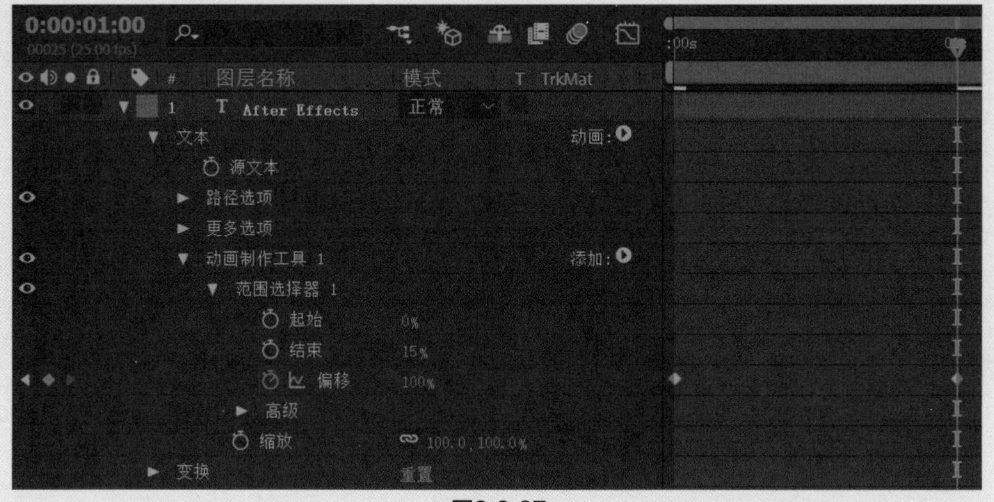

图2.3.27

04 调节文本图层的【缩放】值为250%，可以看到只有在控制器的有效范围内，文本在进行缩放动画，如图2.3.28所示。

图2.3.28

05 再为文本添加一些效果。单击文本图层【动画1】属性右侧的添加:图标，展开菜单，执行【属性】→【填充颜色】→【RGB】命令，为文本添加【填充颜色】效果。这时在文本图层中多了一项【填充颜色】属性，修改【填充颜色】的RGB值为紫色，然后按下小键盘上的数字键“0”，播放动画观察效果，可以看到文本在放大的同时也在改变颜色，如图2.3.29所示。

图2.3.29

◎提示·○

这个案例使用了【起始和结束】属性，用户也可以根据影片画面的需求为这两个属性设置关键帧，其他的属性添加方式是一样的，不同的属性组合在一起，产生的效果是不一样的，可以多尝试一下，创作出新的文本效果。

2.3.6　文本动画预设

在After Effects中预设了很多文本动画效果，如果用户对文本没有特别的动画制作需求，只是需要将文本以动画的形式展现出来，使用动画预设是一个很不错的选择。下面学习一下如何添加动画预设。

首先在【合成】面板中创建一段文本，在【时间轴】面板中选中文本图层，执行菜单【窗口】→【效果与预设】命令，可以看到面板中有【动画预设】一项，如图2.3.30所示。

在【动画预设】→Text选项下的预设都是定义文本动画的，其中Animate In和Animate Out就是平时经常制作的文字呈现和隐去的动画预设，如图2.3.31所示。

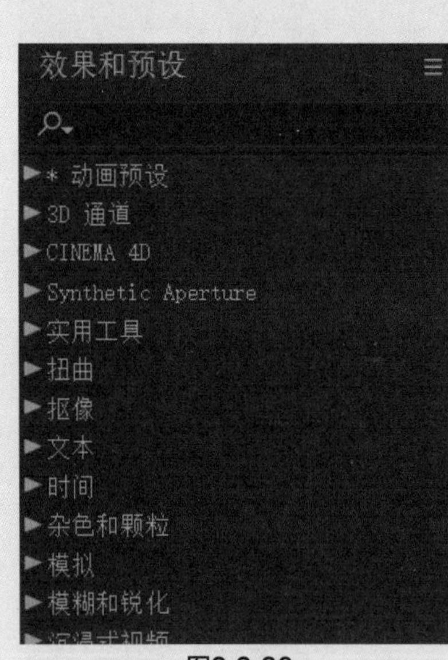

图2.3.30

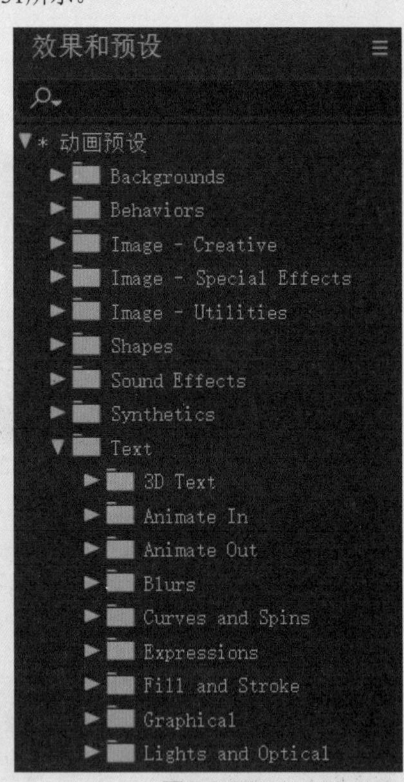

图2.3.31

展开其中的预设命令，选中需要添加的文本，双击需要添加的预设，再观察【合成】面板播放动画，可以看到文字动画已经设定成功。展开【时间轴】面板上的文本属性，可以看到范围选择器已经被添加到文本上，预设的动画也可以通过调整关键帧的位置来调整动画时间。

如果用户想预览动画预置的效果也十分简单，在【效果和预设】面板单击右上角的▪图标，在下拉菜单中执行【浏览预设】命令，就可以在Adobe Bridge中预览动画效果（一般默认安装Bridge都是自动进行的），如图2.3.32所示。

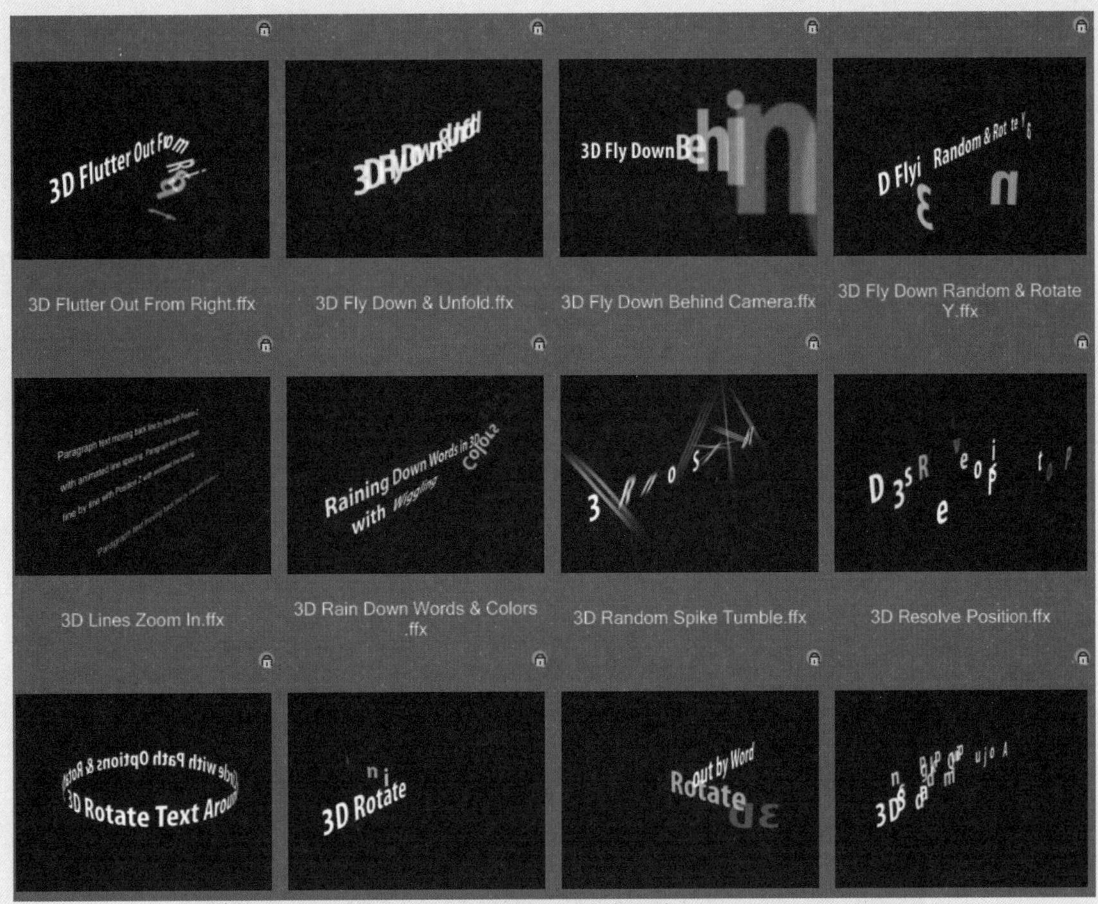

图2.3.32

2.4 操控点动画

【操控点工具】用于在静态图片上添加关节点，然后通过操纵关节点来改变图像形状，如同操纵木偶一般。在新的版本中【操控点工具】添加了新功能和更平滑的变形，提供了新的控点行为以及更平滑、定制程度更高的变形（从丝带状到弯曲）。对任何形状或人偶应用控点，【操控点工具】都将基于控点的位置动态重绘网格，还可以在区域中添加多个控点，并保留图像细节；可以控制控点的旋转，以实现不同样式的变形，从而更加灵活地弯曲动画；可以做出很好的联动动画，如飘动的旗子或者人物的手臂动作。【操控点工具】由如下3个工具组成。

【操控点工具】：用来放置和移动变形点的位置。

【操控扑粉工具】：用来放置延迟点。在延迟点放置范围影响的图像部分将减少被【操控点工具】的影响。

【操控叠加工具】：用来放置交叠点的位置。交叠点周围的图片会出现一个白色区域，图片产生扭曲时，该区域的图片将显示在最上面。当放置第一个控点时，轮廓中的区域自动分隔成三角形网格。如果无法看到网格，选中【操控点工具】时，在【工具栏】右侧选中【显示】命令，就可以看到网格，【扩展】命令用于控制网格影响范围，【密度】命令用于控制网格密度，细密的网格可以制作更为精细的动画，但是也会加重运算负担。网格的各个部分还与图像的像素关联，因此像素会随网格移动，如图2.4.1所示。

当用户继续为小人的手臂添加【操控点】时，网格的密度会自动加强，如图2.4.2所示。

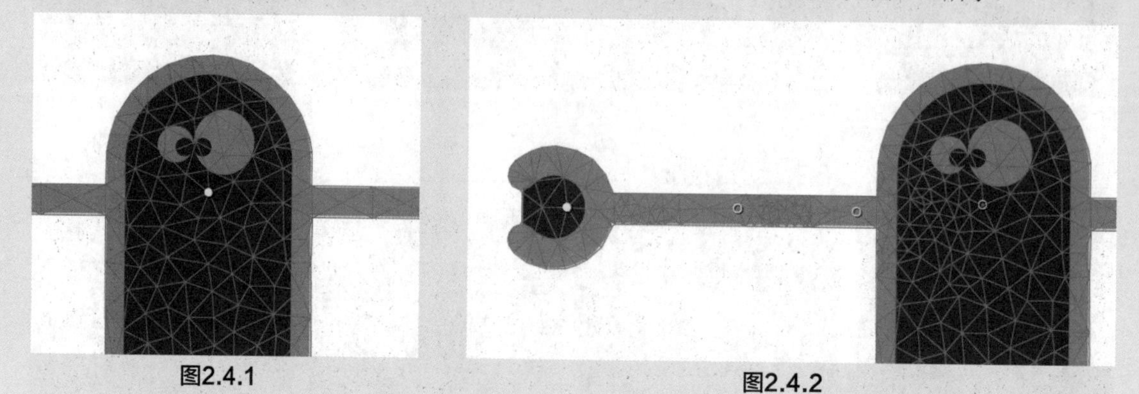

图2.4.1　　图2.4.2

在【时间轴】面板展开图层属性，可以看到在【效果】属性中多了【操控】属性，可以找到每一个添加的操控点，使用【选取工具】移动操控点，可以看到其他区域的图形也会跟着运动，如图2.4.3和图2.4.4所示。

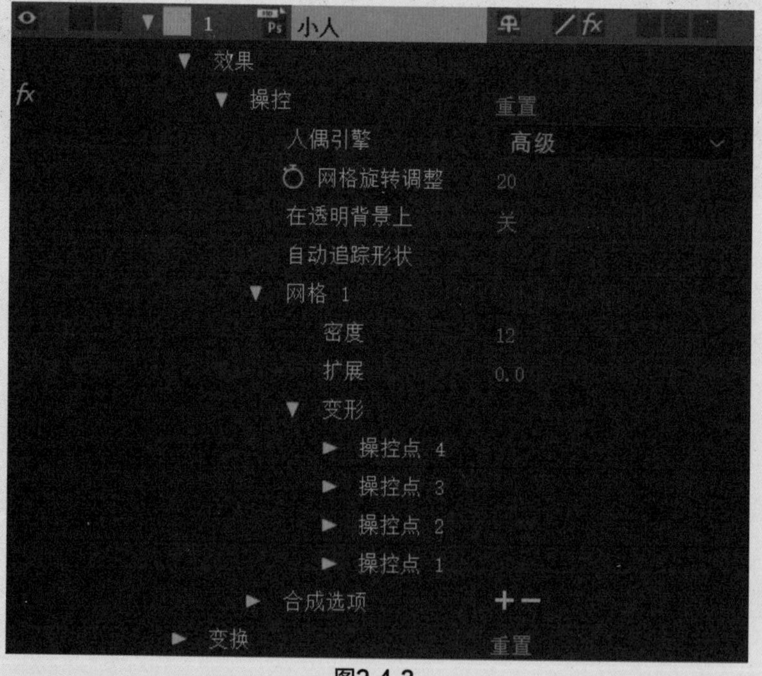

图2.4.3

可以看到，在移动手臂的【操控点】时，身体也会跟着联动，这是我们不想看到的。这时需要使用【操控扑粉工具】固定不希望移动的地方。在【工具栏】中选择【操控扑粉工具】，在需要固定的位置放置点，如图2.4.5所示。

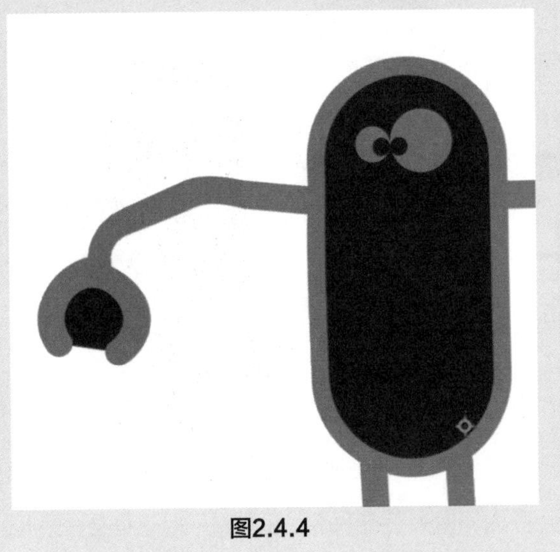
图2.4.4

图2.4.5

可以看到【操控扑粉工具】的点是以红色显示，并且同时加密了网格，再次移动【操控点】时，可以看到身体部分不会跟随移动了。展开每一个【操控点】的属性，可以使每个点在【位置】和【扑粉】属性之间转换。

这时移动小人的手臂与身体重合，手的位置在身体的后面，可以使用【操控叠加工具】调整同一图层素材重叠时的前后顺序，如图2.4.6所示。

图2.4.6

选中【操控叠加工具】，在手臂的部分添加【重叠】点，每次单击【操控叠加工具】时，就会有一个蓝色的点出现，网格会被覆盖上半透明的白色遮罩，然后将遮罩部分覆盖上需要【重叠】的部分图像，如果有遗漏的网格会被放置在画面后，从而会显示出破碎的面，如图2.4.7和图2.4.8所示。这些点在【时间轴】面板中图层的属性下也可以找到。

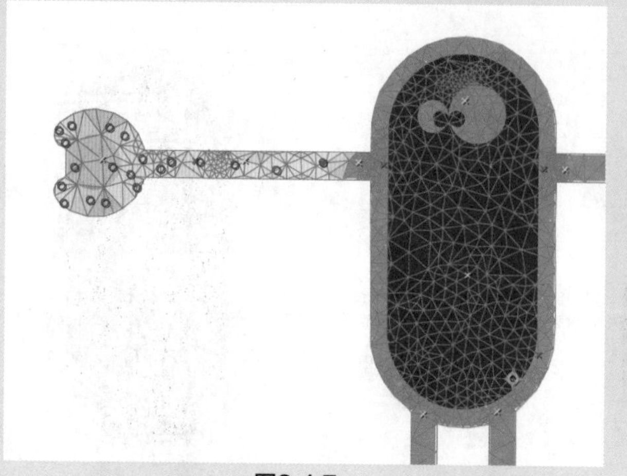

图2.4.7

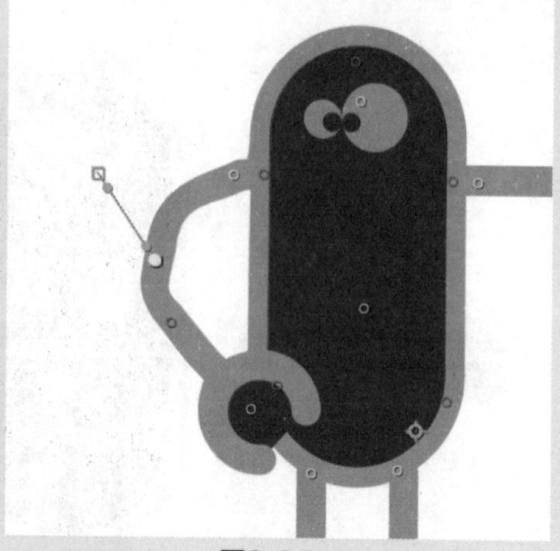

图2.4.8

在实际的动画制作过程中，一般将所有素材分层导入，例如手臂和手、腿和脚，躯干也会分成几个部分，这样在制作动画时就不会相互影响，在不同层之间设置父子关系，可以使不同的部分联动创建出复杂的动画。

第3章 图层与蒙版

【图层】在After Effects中具有核心的位置，一切的操作都围绕【图层】展开，【图层】不仅仅和动画时间紧密相连，也是调整画面效果的关键。【遮罩】是控制画面效果的必要手段，灵活地运用【遮罩】可制作出复杂的动画。【图层】与【遮罩】是密不可分的，【遮罩】的效果是建立在【图层】的基础之上的，熟悉和掌握【图层】和【遮罩】是学习After Effects的基础。

3.1 图层

3.1.1 图层的类型

在After Effects中与图层相关的操作都在【时间轴】面板中进行，所以图层与时间是相互关联的，另外所有影片的制作都是建立在对素材的编辑上。After Effects中包括素材、摄像机、灯光和声音都以图层的形式在【时间轴】面板中出现，图层以堆栈的形式排列，灯光和摄像机一般会在图层的最上方，因为它们要影响下面的图层，位于最上方的摄像机是视图的观察镜头，如图3.1.1所示。

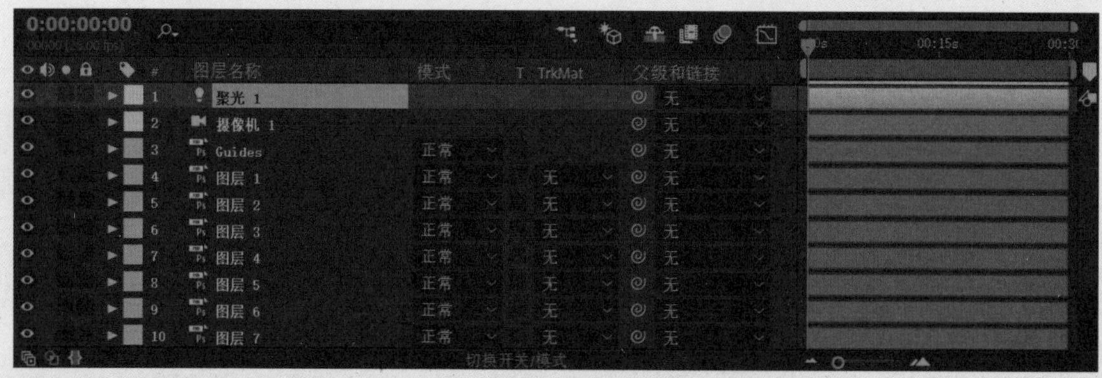

图3.1.1

用户可以在【图层】菜单创建新的图层，但必须激活【时间轴】面板，否则菜单的选项是灰色的。执行菜单【图层】→【新建】命令，在弹出的下拉菜单中可以看到所有的图层类型，如图3.1.2所示。

文本(T)	Ctrl+Alt+Shift+T
纯色(S)...	Ctrl+Y
灯光(L)...	Ctrl+Alt+Shift+L
摄像机(C)...	Ctrl+Alt+Shift+C
空对象(N)	Ctrl+Alt+Shift+Y
形状图层	
调整图层(A)	Ctrl+Alt+Y
内容识别填充图层...	
Adobe Photoshop 文件(H)...	
MAXON CINEMA 4D 文件(C)...	

图3.1.2

最为常用的是【纯色】图层，可以创建纯色（最大30000×30000像素）的图层。大部分图形、色彩和特效都是依附于【纯色】图层进行的，快捷键为Ctrl+Y，也可以通过执行菜单【图层】→【图层设置】命令对创建好的各类图层进行修改。

3.1.2 导入PSD文件

首先在Photoshop中创建一张PSD文件，需要将不同的图层都分割好，可以使用Photoshop的图层融合模式并调整其各种属性，包括不透明度等。将文件存为PSD格式。在After Effects的【项目】面板空白处双击鼠标，弹出【导入文件】面板，在【导入种类】中选择【合成】选项，将文件作为一个合成导入，如图3.1.3所示。

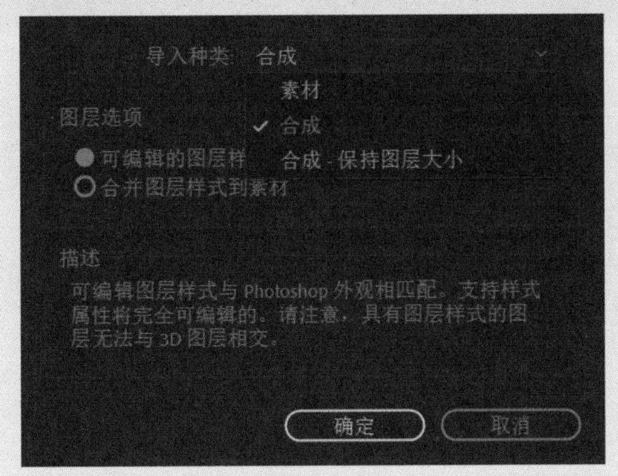

图3.1.3

在【项目】面板中双击导入的合成项目，可以在【时间轴】面板看到每一个图层了。单击图层左侧的▶小三角图标，可以将图形的属性展开，在Photoshop中设置的相关属性都可以在After Effects中显示出来，并加以调整。

3.1.3 合成的管理

在制作复杂的项目时，经常会在一个项目中出现多个【合成】，在使用【时间轴】面板时，要养成整理【合成】的顺序与命名的习惯。首先需要建立一个总的镜头，每一个镜头和特效都会在其下面，也可以来回调整其在【时间轴】面板的前后顺序，但是无论用什么样的命名方法，清晰的文件结构形式都会使操作事半功倍。如果在【时间轴】面板不小心将某一个【合成】关掉，可以在【项目】面板中双击该【合成】，就可以再次看到该【合成】，如图3.1.4所示。

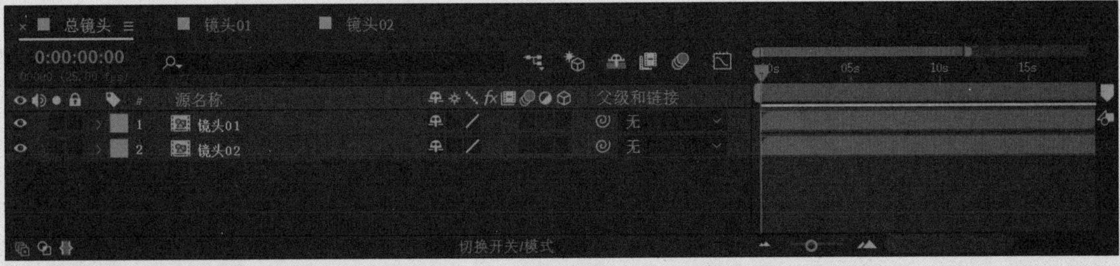

图3.1.4

3.1.4 图层的属性

After Effects主要功能是创建运动图像，通过对【时间轴】面板中图层的参数控制可以给图层添加各种各样的动画。图层名称的前面，都有一个▶小图标，单击它可以打开层的属性参数，如图3.1.5所示。

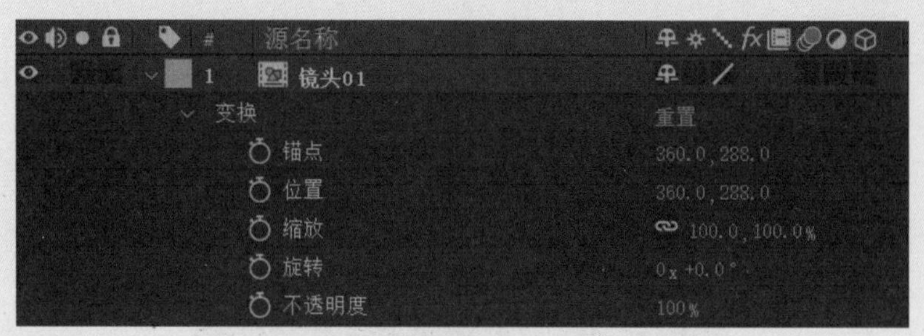

图 3.1.5

- 锚点：在不改变图层中心的同时移动图层。它后面的数值可以通过单击后输入，也可以用鼠标直接拖动来改变。
- 位置：给图层做位移操作。
- 缩放：控制层的放大和缩小。在它的数值前面有一个图标，这个图标可以控制层是否按比例来缩放。
- 旋转：控制图层的旋转。
- 不透明度：控制图层的不透明度。

提示

在某个属性名称上单击鼠标右键，可以打开一个下拉菜单，在菜单中执行【编辑值】命令，就可以打开这个属性的设置面板，在面板中可以输入精确的数字，如图3.1.6所示。

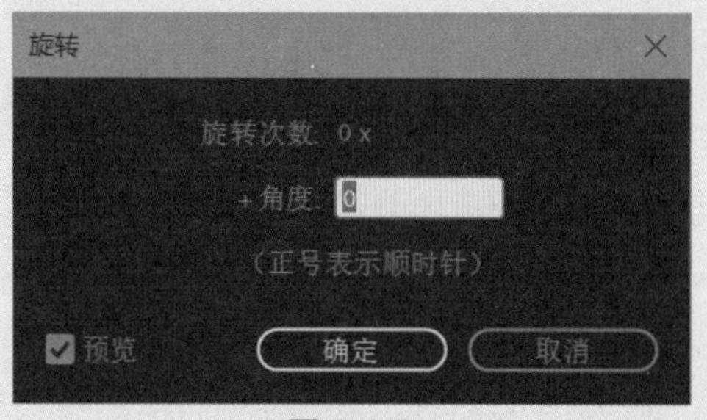

图 3.1.6

在设置图层的动画时，给图层设置关键帧是一个重要的手段，下面介绍一下怎样给图层设置关键帧。

01 打开一个要做动画的图层的参数栏，把【时间指示器】移动至要设置关键帧的位置，如图3.1.7所示。

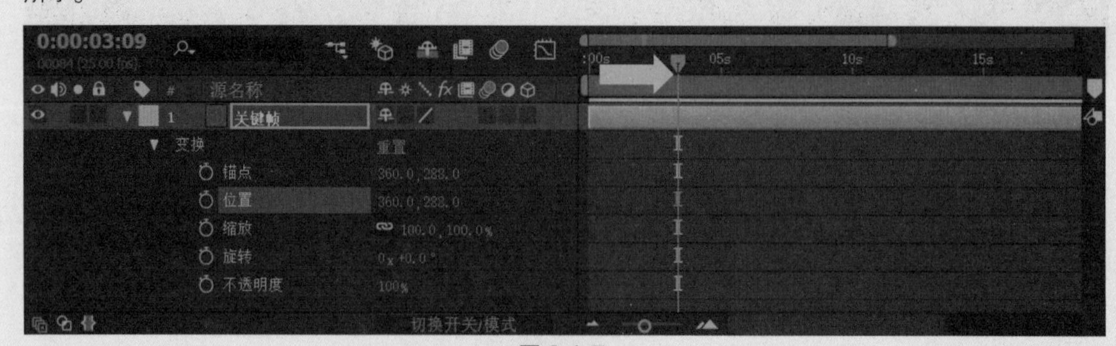

图 3.1.7

02 在【位置】属性有一个⏱图标，单击它会看到在【时间指示器】位置出现了一个关键帧，如图3.1.8所示。

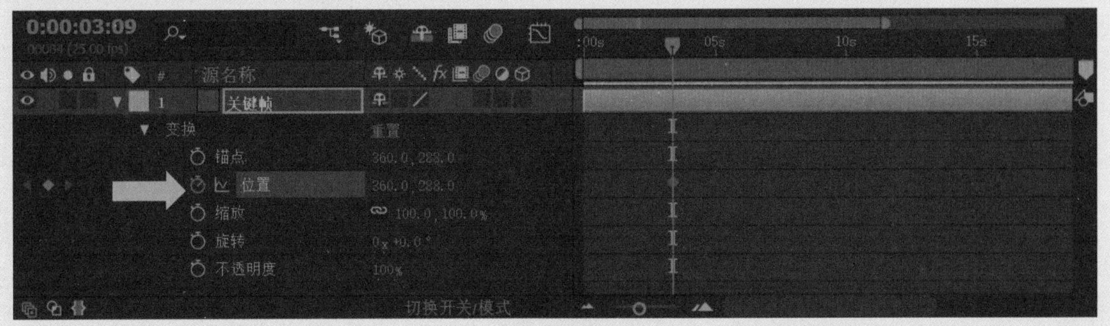

图 3.1.8

03 改变【时间指示器】的位置，再用鼠标拖动【位置】的参数，前面的参数可以修改层在横向的移动，后面的参数可以修改层在纵向的移动。修改了参数后，会发现在【时间指示器】的位置自动打上了一个关键帧，如图3.1.9所示。

图3.1.9

这样就制作好了一个完整的图层移动的动画，别的参数都可以这样去设置关键帧来建立动画。

提示

在关键帧上双击鼠标，可以打开【位置】面板，在这里可以精确地设置该属性，从而改变关键帧的位置。可以通过许多方法来查看【时间轴】和【图表编辑器】中元素的状态，大家可以根据不同情况来选择。可以使用快捷键，将时间标记停留的当前帧的视图进行放大和缩小。如果用户的鼠标带有滚轮，只需要按住键盘上的Shift键，再滚动鼠标上的滚轮，就可以快速缩放视图。按住Alt键再滚动鼠标上的滚轮，将动态放大或缩小时间线。

3.1.5 图层的分类

在【时间轴】面板中可以建立各种类型的图层，执行菜单【图层】→【新建】命令，在弹出的菜单中选择新建层的类型，如图3.1.10所示。

文本(T)	Ctrl+Alt+Shift+T
纯色(S)...	Ctrl+Y
灯光(L)...	Ctrl+Alt+Shift+L
摄像机(C)...	Ctrl+Alt+Shift+C
空对象(N)	Ctrl+Alt+Shift+Y
形状图层	
调整图层(A)	Ctrl+Alt+Y
内容识别填充图层...	
Adobe Photoshop 文件(H)...	
MAXON CINEMA 4D 文件(C)...	

图3.1.10

提示

图层通常简称为层。

- 文本：建立一个文本层，也可以直接用【文字工具】直接在【合成】面板中建立。【文本】层是最常用的图层，在后期软件中添加文字效果比在其他三维软件或图形软件中制作有更大的自由度和调整空间。
- 纯色：纯色层是一种含有固体颜色形状的层，这是经常要用的一种层。在实际的应用中，会经常为【纯色】层添加效果、遮罩，以达到需要的画面效果。当执行【纯色】命令时，会弹出【纯色设置】面板。通过该面板，可以对【纯色】层进行设置，层的【大小】最大可以建立到32 000×32 000像素，也可以为【纯色】层设置各种颜色，并且系统会为不同的颜色自动命名，名字与颜色相关，当然用户也可以自己命名。
- 灯光：建立灯光。在After Effects中，灯光都是以层的形式存在的，并且会一直在堆栈层的最上方。
- 摄像机：建立摄像机。在After Effects中，摄像机都是以层的形式存在的，并且会一直在堆栈层的最上方。
- 空对象：建立一个虚拟物体层。当用户建立一个【空对象】层时，除了【透明度】属性，该层拥有其他层的一切属性。该类型层主要用于在编辑项目时，当需要为一个层指定父层级，但又不想在画面上看到这个层的实体时，其在【合成】面板中是不可见的，只有一个控制层的操作手柄框。
- 形状图层：允许用户使用【钢笔工具】和【几何体创建工具】来绘制实体的平面图形。如果用户直接在素材上使用【钢笔工具】和【几何体创建工具】，绘制出的将是针对该层的遮罩效果。
- 调整图层：主要用来整体调整一个【合成】项目中的所有层，一般该层位于项目的最上方。用户对层的操作，如添加【效果】时，只对一个层起作用，而【调整图层】的作用则是用来对所有层统一调整。
- 内容识别填充图层：从视频中移除不想要的对象或区域。此功能由Adobe Sensei提供技术支持，具备即时感知能力，可自动移除选定区域，并分析时间轴中的关联帧，通过拉取其他帧中的相应内容来合成新的像素点。只需环绕某个区域绘制蒙版，After Effects 即可马上将该区域的图像内容替换成根据其他帧相应内容生成的新图像内容。

- Adobe Photoshop文件：建立一个PSD文件层。建立该类型层的同时会弹出一个面板，让用户指定PSD文件保存的位置，该文件可以通过Photoshop来编辑。
- MAXON CINEMA 4D文件：建立一个C4D文件层。建立该类型层的同时会弹出一个面板，让用户指定C4D文件保存的位置，该文件可以通过CINEMA 4D来编辑。

3.1.6 图层的混合模式

After Effects中的图层的混合模式控制着每个图层如何与它下面的图层混合或交互。After Effects中的图层的混合模式与Adobe Photoshop中的混合模式相同。如果在【时间轴】面板中没有找到【模式】栏，可以按下F4快捷键切换显示，如图3.1.11所示。

图3.1.11

大多数混合模式仅修改源图层的颜色值，而非Alpha通道。【Alpha 添加】混合模式影响源图层的Alpha 通道，而轮廓和模板混合模式影响它们下面图层的 Alpha 通道。用户无法通过使用关键帧来直接为混合模式制作动画。

【正常】模式包括：正常、溶解、动态抖动溶解。除非不透明度小于源图层的 100%，否则像素的结果颜色不受基础像素的颜色影响。“溶解”混合模式使源图层的一些像素变成透明的。

【减少】模式包括：变暗、相乘、颜色加深、经典颜色加深、线性加深、深色。这些混合模式往往会使颜色变暗，其中一些混合颜色的方式与在绘画中混合彩色颜料的方式大致相同。

【添加】模式包括：相加、变亮、滤色、颜色减淡、经典颜色减淡、线性减淡、浅色。这些混合模式往往会使颜色变亮，其中一些混合颜色的方式与混合投影光的方式大致相同。

【复杂】模式包括：叠加、柔光、强光、线性光、亮光、点光、实色混合。这些混合模式对源颜色和基础颜色执行不同的操作，具体取决于颜色之一是否比 50% 灰色浅。

【差异】模式包括：差值、经典差值、排除、相减、相除。这些混合模式基于源颜色和基础颜色值之间的差异创建颜色。

【HSL】模式包括：色相、饱和度、颜色、明度。这些混合模式将颜色的 HSL 表示形式的一个或多个组件（色相、饱和度和发光度）从基础颜色传递到结果颜色。

【遮罩】模式包括：模板 Alpha、模板亮度、轮廓 Alpha、轮廓亮度。这些混合模式实质上将源图层转换为所有基础图层的遮罩。模板和轮廓混合模式使用图层的 Alpha 通道或亮度值来影响该图层下面所有图层的 Alpha 通道。使用这些混合模式不同于使用轨道遮罩，后者仅影响一个图层。模板模式断开所有图层，以便通过模板图层的 Alpha 通道显示多个图层。轮廓模式封闭图层下面应用了混合模式的所有图层，以便同时在多个图层中剪切一个洞。若要阻止轮廓和模板混合模式断开或封闭下面的所有图层，则需预合成要影响的图层，并将它们嵌套在合成中。

3.1.7 图层的样式

Photoshop提供了各种图层样式（如阴影、发光和斜面）来更改图层的外观。在导入 Photoshop图层时，After Effects可以保留这些图层样式。用户也可以在After Effects中应用图层样式，并为其属性制作动画。可以在After Effects中复制并粘贴任何图层样式，包括以PSD文件形式导入After Effects中的图层样式。

用户要将合并的图层样式转换为可编辑图层样式，首先选择一个或多个图层，然后执行【图层】→【图层样式】→【转换为可编辑样式】命令。要将图层样式添加到所选图层中，首先执行【图层】→【图层样式】命令，然后从菜单中选择图层样式。要删除图层样式，首先在【时间轴】面板中选择它，然后按Delete键。

3.1.8 图层的遮罩

在【时间轴】面板中，还可以使用图层进行相互遮罩，拖动图层将其用作轨道遮罩，并放置于用作填充图层的正上方。通过从填充图层的TrkMat菜单中选择不同类型的选项，可以为轨道遮罩定义透明度。

打开【图层遮罩】项目，在【时间轴】面板可以看到3个图层，如图3.1.12所示。

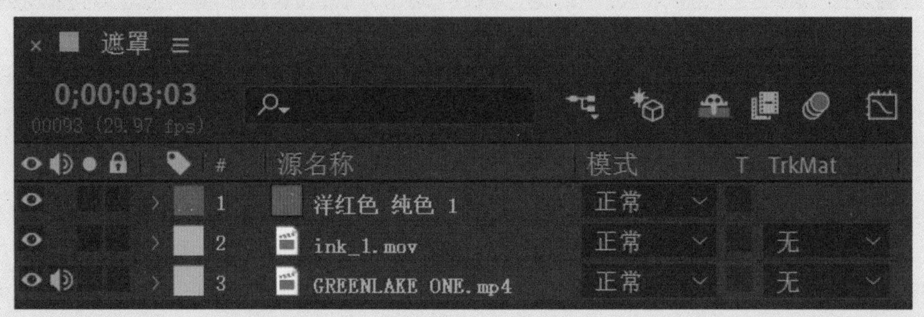

图3.1.12

执行Track Matte命令，主要用于将【合成】中某个素材层前面或【时间轴】面板的素材层中某素材层上面的层设为透明的轨道遮罩层。一般使用上面的图层作为【遮罩】。在【时间轴】面板中，先关闭【纯色】层左侧的■图标，观察ink_1.mov和GREENLAKE ONE.mp4两个层，有很多素材公司提供了带有透明通道的水墨或者转场视频素材，可以使用【遮罩】功能添加转场之类的特效，如图3.1.13和图3.1.14所示。

图3.1.13

图3.1.14

单击GREENLAKE ONE.mp4图层右侧的TrkMat菜单，弹出下拉菜单，如图3.1.15所示。如果没有看到这一栏，可以按下快捷键F4切换到这个面板。

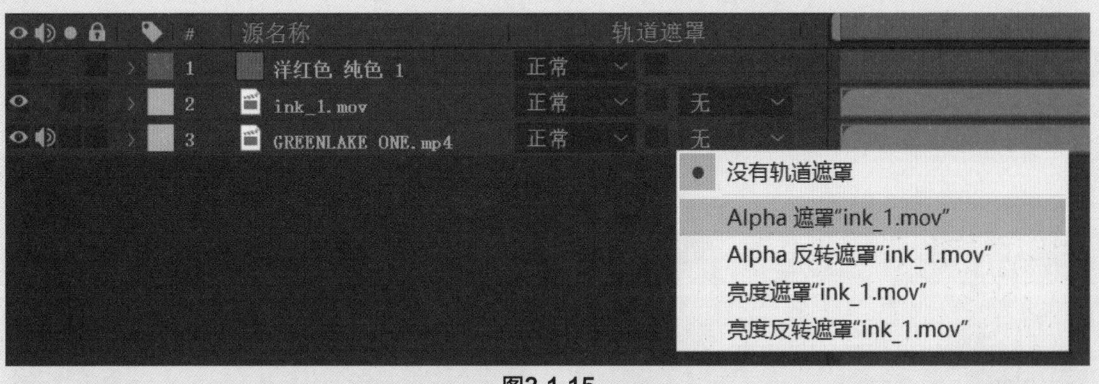

图3.1.15

选中【Alpha遮罩“ink_1.mov”】，可以看到水墨以外的区域被去除，如图3.1.16所示。

当添加一个白色的背景时，可以看到只有水墨部分的画面被显示出来，如图3.1.17所示。

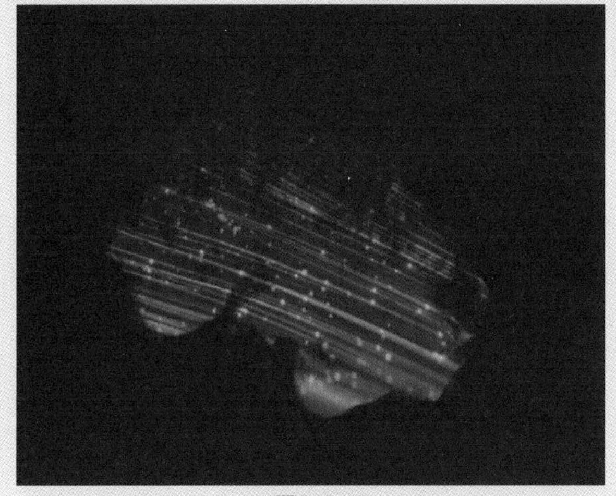

图3.1.16

图3.1.17

使用同样的方法，也可以使用【纯色】图层进行画面遮罩。如果对【纯色】设置动画，遮罩也会出现动画效果，如图3.1.18所示。在实际制作中会经常用到这个方法。

图3.1.18

TrkMat菜单中的5个选项分别如下所述，其中ink_1.mov为选中的对象，选中不同对象时，此处会进行变化。

- 没有轨道遮罩：底层的图像以正常的方式显示出来。
- Alpha遮罩：利用素材的Alpha通道创建轨迹遮罩，通道像素值为 100% 时不透明。

- Alpha反转遮罩：反转Alpha通道遮罩，通道像素值为 0% 时不透明。也就是反向进行遮罩，画面中水墨部分就会变成透明，如图3.1.19所示。
- 亮度遮罩：利用素材层的亮度创建遮罩，像素的亮度值为 100% 时不透明。建立一个黑白色的上层遮罩，如果执行【亮度遮罩】命令，遮罩只对亮度参数起作用，黑色的素材不会影响画面，如图3.1.20和图3.1.21所示。

图3.1.19

图3.1.20

- 亮度反转遮罩：反转亮度遮罩，像素的亮度值为 0% 时不透明，如图3.1.22所示。

图3.1.21

图3.1.22

图层的遮罩是After Effects中经常被使用到的命令，在后面的实例中会经常使用，读者可以学习到如何灵活使用该功能。

3.2 蒙版

3.2.1 蒙版的创建

当一个素材被合成到一个项目中时，需要将一些不必要的背景去除，但并不是所有素材的背景都容易被分离出来，这时必须使用蒙版将背景遮罩。蒙版被创建时也会作为图层的一个属性显现在属性列表中。只需要在【时间轴】面板中选中需要建立【蒙版】的层，使用工具栏中的【矩形工具】和【椭圆工具】等工具，直接在画面上绘制就可以，也可以使用【钢笔工具】随意创建蒙版。使用Photoshop或Illustrator等软件，把建好的路径文件导入项目，也可以作为蒙版使用，如图3.2.1和图3.2.2所示。

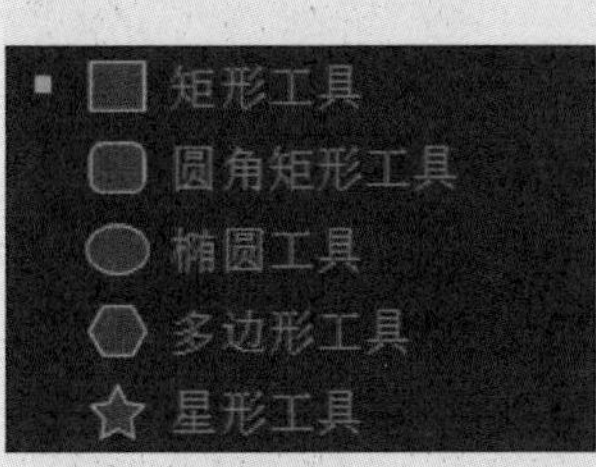

图3.2.1

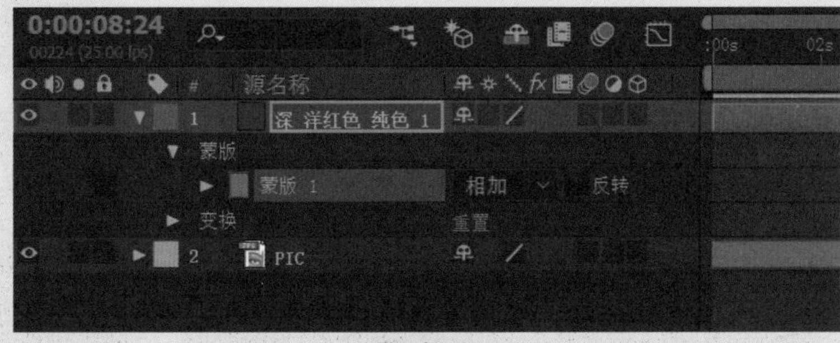

图3.2.2

蒙版是一个用路径绘制的区域，用以控制透明区域和不透明区域的范围。在After Effects中，用户可以通过遮罩绘制图形，控制各种富于变化的效果。当一个蒙版被创建后，位于蒙版范围内的区域是可以被显示的，区域范围外的图像将不可见。当要移动蒙版时，可以使用【工具栏】中第一个工具【选取工具】来移动或者选取蒙版，这些操作同样对形状图层起作用，如图3.2.3所示。

图3.2.3

提示

需要注意的是，如果在【时间轴】面板中没有选中某个图层，直接绘制路径，创建出的将是独立的形状图层，所以蒙版一定是依附在某一个图层上的。

3.2.2 蒙版的属性

每当一个蒙版被创建后，所在层的属性中就会多出一个蒙版属性，通过对这些属性的操作，可以精确地控制蒙版。下面介绍一下这些属性，如图3.2.4所示。

- 蒙版路径：控制蒙版的外型。通过对蒙版的每个控制点设置关键帧，对层中的物体做动态的遮罩。单击右侧的形状...图标，弹出【蒙版形状】面板，可以精确调整蒙版的外型，如图3.2.5所示。

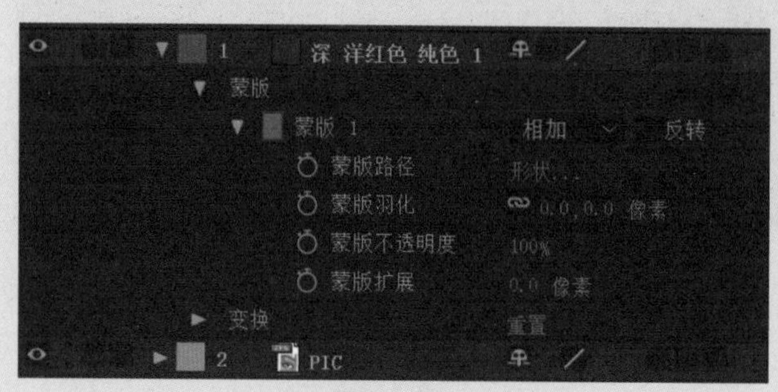

图3.2.4

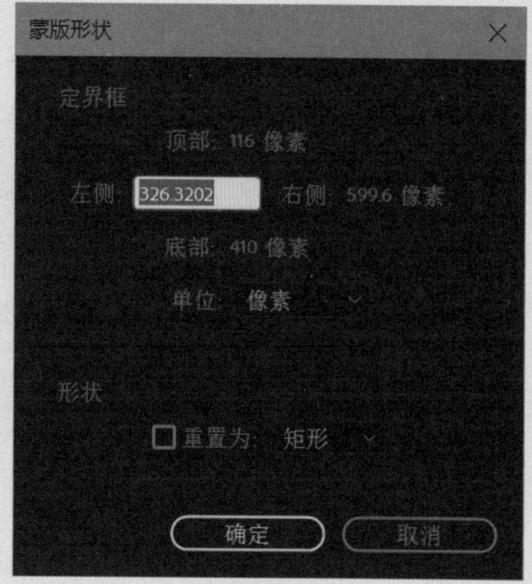

图3.2.5

■ 蒙版羽化：控制蒙版范围的羽化效果。通过修改参数值可以改变蒙版控制范围内外间的过渡范围。两个数值分别控制不同方向上的羽化，单击右侧的图标，可以取消两组数据的关联。如果单独羽化某一侧边界可以产生独特的效果，如图3.2.6所示。

■ 蒙版不透明度：控制蒙版范围的不透明度。

■ 蒙版扩展：控制蒙版的扩张范围。在不移动蒙版本身的情况下，扩张蒙版的范围，有时也可以用来修改转角的圆化程度，如图3.2.7所示。

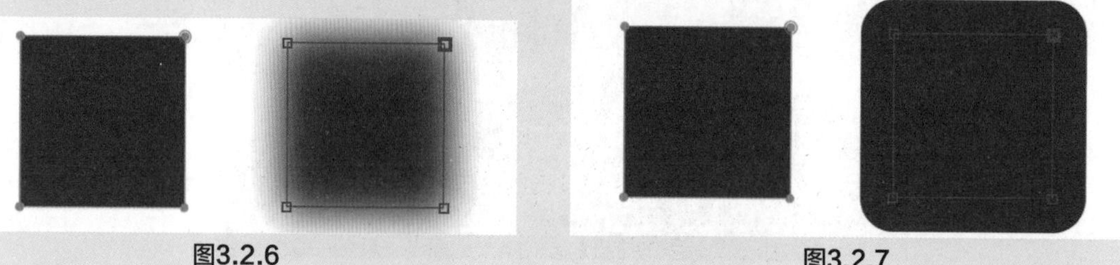

图3.2.6　　图3.2.7

默认建立的蒙版颜色是淡蓝色的。如果层的画面颜色和蒙版的颜色一致，可以单击该遮罩名称左边的彩色方块图标以修改颜色。蒙版名称右侧的相加遮罩混合模式图标，单击它会弹出下拉菜单，可以执行不同的蒙版混合模式，如图3.2.8所示。当绘制多个蒙版时，相互交叠混合模式就会起作用。

■ 无：蒙版没有添加混合模式，如图3.2.9所示。

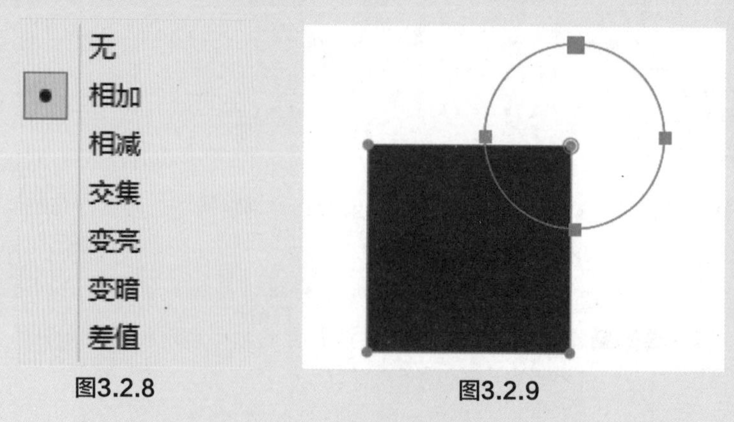

图3.2.8　　图3.2.9

- 相加：蒙版叠加在一起时，添加控制范围。对于一些不能直接绘制出的特殊曲面遮罩范围，可以通过多个常规图形的遮罩效果相加计算后获得。其他混合模式也可以使用相同的思路来处理，如图3.2.10所示。
- 相减：蒙版叠加在一起时，减少控制范围，如图3.2.11所示。

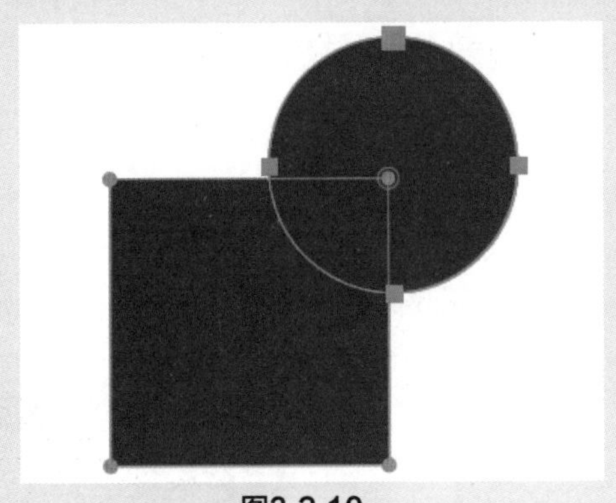

图3.2.10

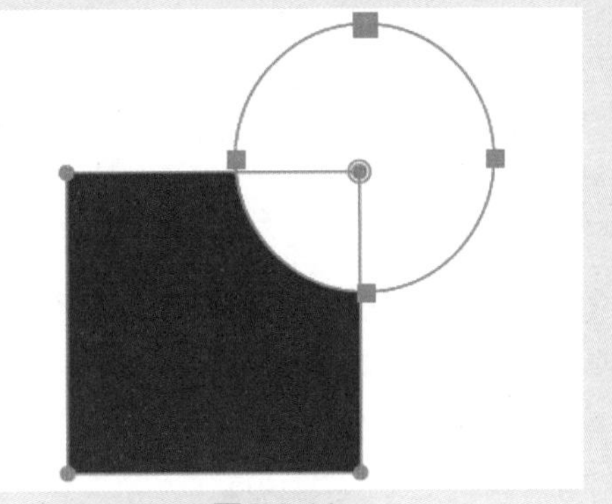

图3.2.11

- 交集：蒙版叠加在一起时，相交区域为控制范围，如图3.2.12所示。
- 变亮和变暗：蒙版叠加在一起时，相交区域加亮或减暗控制范围。该功能必须作用在不透明度小于100%的蒙版上，才能显示出效果，如图3.2.13所示。

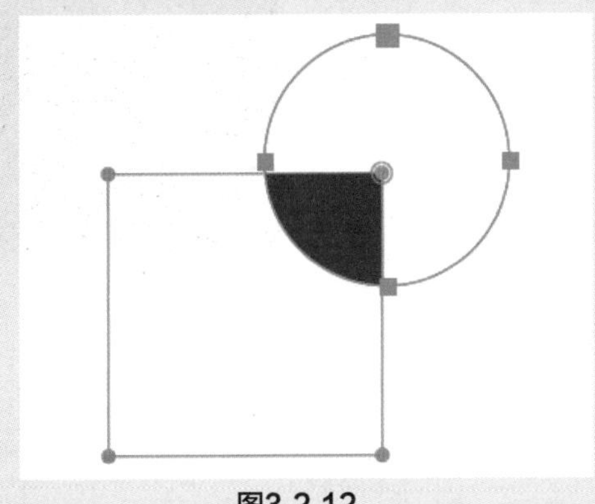

图3.2.12

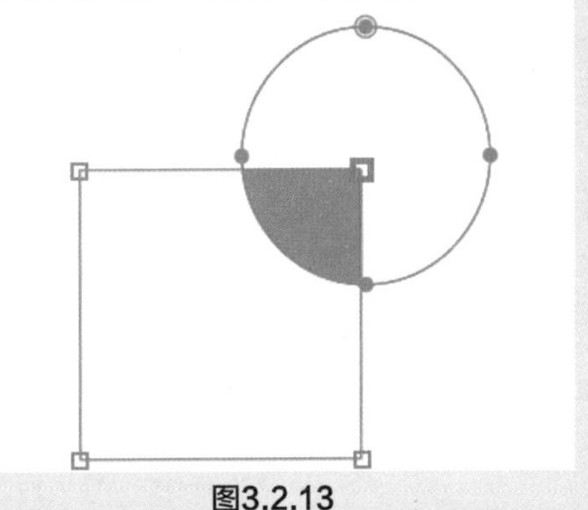

图3.2.13

- 差值：蒙版叠加在一起时，相交区域以外的控制范围，如图3.2.14所示。

如果执行在混合模式图标的右侧的【反转】命令，蒙版的控制范围将被反转，如图3.2.15所示。

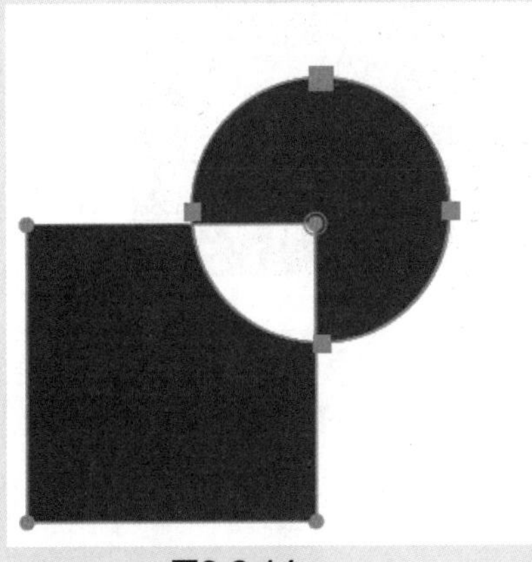

图3.2.14

图3.2.15

◎提示

在蒙版绘制完成后，用户还可以继续修改蒙版。使用【选取工具】在蒙版边缘双击鼠标左键，蒙版的外框将会被激活，可再次调整蒙版。如果用户想绘制正方形或正圆形蒙版，可以按住Shift键的同时拖动鼠标。在【时间轴】面板中选中蒙版层，双击工具箱里的【矩形工具】或【椭圆工具】，可以使被选中遮罩的形状调整到适应合成影片的有效尺寸大小。

3.2.3 蒙版插值

【蒙版插值】面板可以为遮罩形状的变化创建平滑的动画，从而使遮罩的形状变化更加自然。执行菜单【窗口】→【蒙版插值】命令，可以将该面板打开，如图3.2.16所示。

- 关键帧速率：设置每秒添加多少个关键帧。
- “关键帧”字段：设置是否在场中添加关键帧。
- 使用“线性”顶点路径：设置是否使用“线性”顶点路径。
- 抗弯强度：设置最易受到影响的蒙版的弯曲值变量。
- 品质：设置两个关键帧之间蒙版外形变化的品质。
- 添加蒙版路径顶点：设置蒙版外形变化的顶点的单位和设置模式。
- 配合法：设置两个关键帧之间蒙版外形变化的匹配方式。
- 使用1：1顶点匹配：设置两个关键帧之间蒙版外形变化的所有顶点一致。
- 第一顶点匹配：设置两个关键帧之间蒙版外形变化的起始顶点一致。

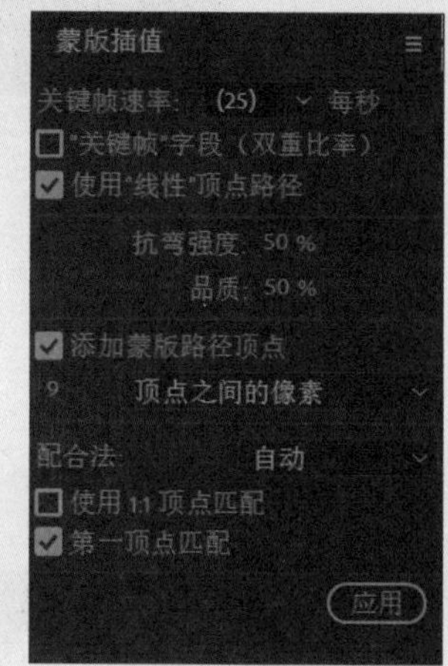

图3.2.16

3.2.4 形状图层

使用路径工具绘制图形时，当选中某个图层时，绘制出来的是【蒙版】；当不选中任何图层时，绘制出的图形将成为形状图层。形状图层的属性和蒙版不同，其属性类似于Photoshop的形状属性，如图3.2.17所示。

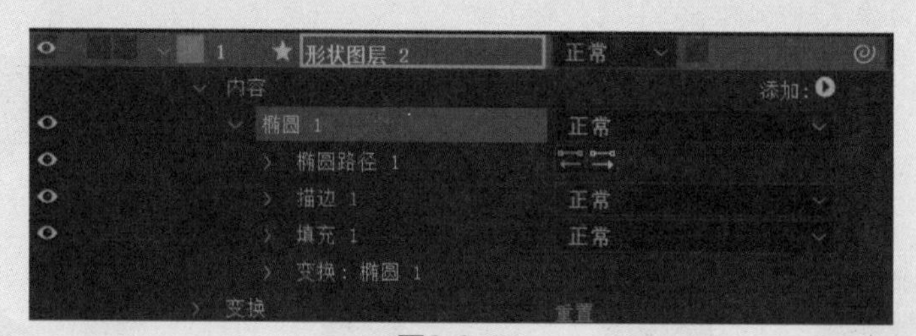

图3.2.17

用户可以在After Effects中绘制形状，亦可以使用AI等矢量软件进行绘制，然后将路径导入After Effects再转换为形状。首先将AI文件导入项目，将其拖动到【时间轴】面板，在该图层上右击执行【从矢量图层创建形状】命令，即将AI文件转换为形状。可以看到矢量图层变成了可编辑模式，如图3.2.18所示。

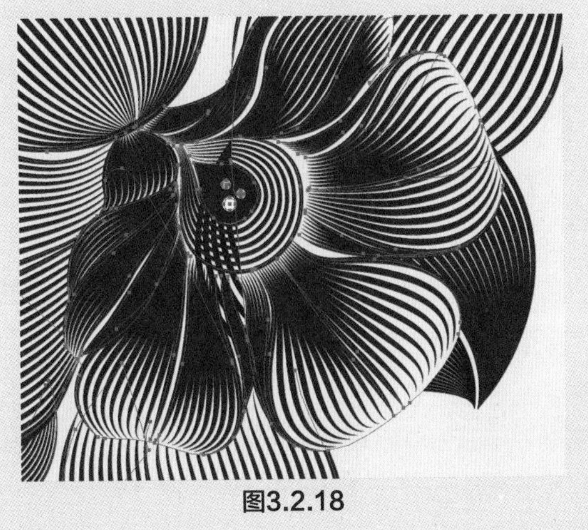

图3.2.18

在After Effects中，蒙版、形状、绘画描边、动画图表都是依赖于路径形成的，所以绘制时基本的操作是一致的。路径包括段和顶点。段是连接顶点的直线或曲线。顶点定义路径的各段开始和结束的位置。一些Adobe公司的应用程序使用术语【锚点】和【路径点】来代替顶点。通过拖动路径顶点、顶点的方向线（或切线）末端的方向手柄，或路径段自身，更改路径的形状。

要创建一个新的形状图层，在【合成】面板中进行绘制之前按F2快捷键，取消选择所有图层。可以使用下面任何一种方法创建形状或形状图层。

- 使用【形状工具】或【钢笔工具】绘制一个路径。使用【形状工具】进行拖动创建形状或蒙版，使用【钢笔工具】创建贝塞尔曲线形状或蒙版。
- 执行菜单【图层】→【从文本创建形状】命令，将文本图层转换为形状图层上的形状。
- 将蒙版路径转换为形状路径。
- 将运动路径转换为形状路径。

也可以先建立一个形状图层，通过执行菜单【图层】→【新建】→【形状图层】命令创建一个新的空形状图层。当选中路径类型工具时，在工具栏的右侧会出现相关的工具调整选项。在这里可以设置【填充】和【描边】等参数，如图3.2.19所示，这些参数在形状图层的属性中可以修改。

填充：　描边：　0 像素　添加：　RotoBezier

图3.2.19

被转换的形状会将原有的编组信息保留下来，每一个组里的【路径】和【填充】属性都可以单独进行编辑，并设置关键帧。

由于After Effects并不是专业绘制矢量图形的软件，所以不建议在After Effects中绘制复杂的形状，可在Adobe Illustrator这类矢量软件中进行绘制，再导入After Effects中进行编辑。不过在导入路径时也会出现一些问题，例如并不是所有的Illustrator文件功能都被保留，示例包括：不透明度、图像和渐变；包含数千个路径的文件可能导入非常缓慢，且不提供反馈。

提示

【导入】命令一次只对一个选定的图层起作用。如果将某个Illustrator文件导入为合成（即多个图层），则无法一次转换所有这些图层。不过，也可以将文件导入为素材，然后执行该命令，将单个素材图层转换为形状。所以在导入复杂图形时建议分层导入。

3.2.5 绘制路径

在After Effects中绘制形状离不开【钢笔工具】，其使用方法与Adobe其他软件的路径工具没有太大的区别。

【钢笔工具】图标主要用于绘制不规则蒙版、形状或开放的路径。

- 添加"顶点"工具：添加节点工具。
- 删除"顶点"工具：删除节点工具。
- 转换"顶点"工具：转换节点工具。
- 蒙版羽化工具：羽化蒙版边缘遮罩的硬度。

【钢笔工具】在实际的制作中，使用的频率非常高，除了用于绘制蒙版、形状以外，还可以用来在【时间轴】面板中调节属性值曲线。

使用【钢笔工具】绘制贝塞尔曲线时，需要通过拖动方向线来创建弯曲的路径段。方向线的长度和方向决定了曲线的形状。在按住Shift键的同时拖动，可将方向线的角度限制为45°的整数倍。在按住Alt 键的同时拖动，可以仅修改引出方向线。具体绘制步骤如下。

01 将【钢笔工具】放置在希望开始曲线的位置，然后按下鼠标按键，如图3.2.20所示。

图3.2.20

02 将出现一个顶点，并且【钢笔工具】指针将变为一个箭头，如图3.2.21所示。

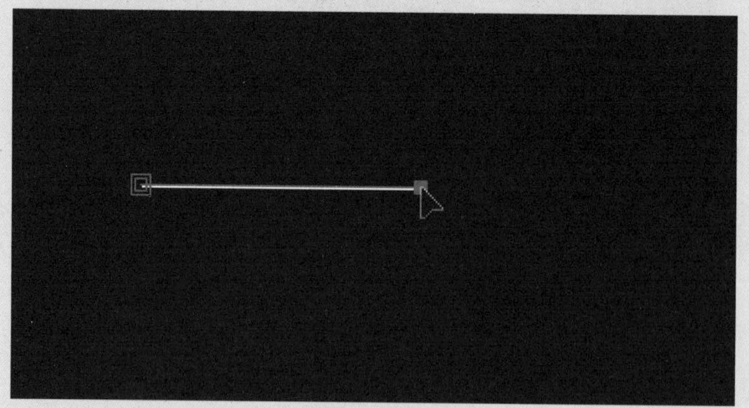

图3.2.21

03 拖动以修改顶点的两条方向线的长度和方向，然后释放鼠标按键，如图3.2.22所示。

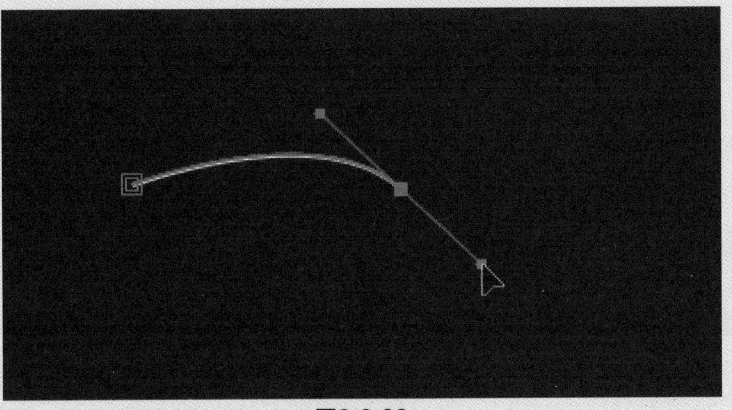

图3.2.22

贝塞尔曲线的绘制并不容易掌握，建议读者反复练习。在大多数图形设计软件中，曲线的绘制都是基于这一模式，所以必须熟练掌握，直到能自由随意地绘制出自己需要的曲线为止。

3.2.6 遮罩实例

下面通过一个简单的实例来熟悉遮罩功能的应用。

01 执行菜单【合成】→【新建合成】命令，创建一个新的合成影片，并命名为“遮罩”，【预设】设置为【HDV 1080 25】，【持续时间】设置为0:00:00:05:00，其他设置为默认，如图3.2.23所示。

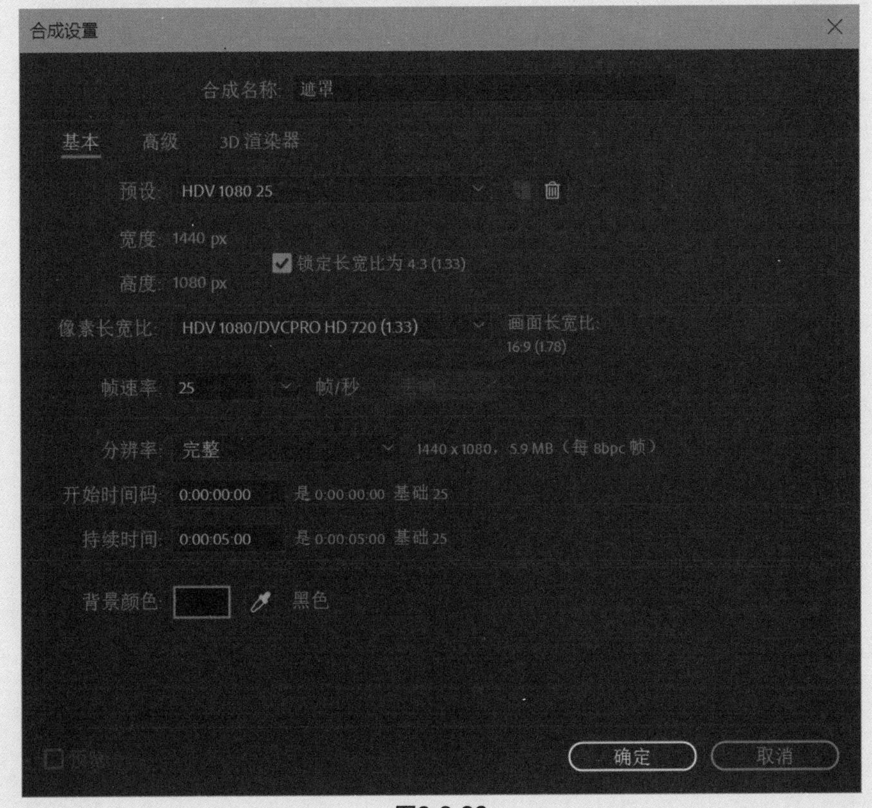

图3.2.23

02 执行菜单【文件】→【导入】→【文件】命令，导入【背景】和【光线】图片，在【项目】面板中选中图片，拖动鼠标，把文件拖入【时间轴】面板。

03 在【项目】面板中选中【背景】和【光线】图片，拖动鼠标，把文件拖入【时间轴】面板。调整【光线】图层的混合模式为【相加】模式。如果【时间轴】面板没有【模式】一栏，可按下快捷键F4切换出来。通过图层混合模式把光线图片中的黑色部分隐藏，如图3.2.24和图3.2.25所示。在网上搜索到的一些不带透明通道的光线效果，都可以通过这种方式在画面中显现出来。

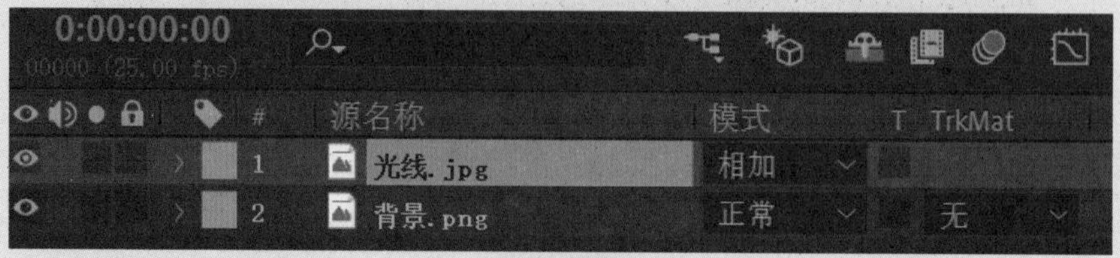

图3.2.24

图3.2.25

04 选中【光线】所在的图层，在【合成】面板中调整光线至合适的位置，选择【钢笔工具】绘制一个封闭的蒙版，如图3.2.26所示。

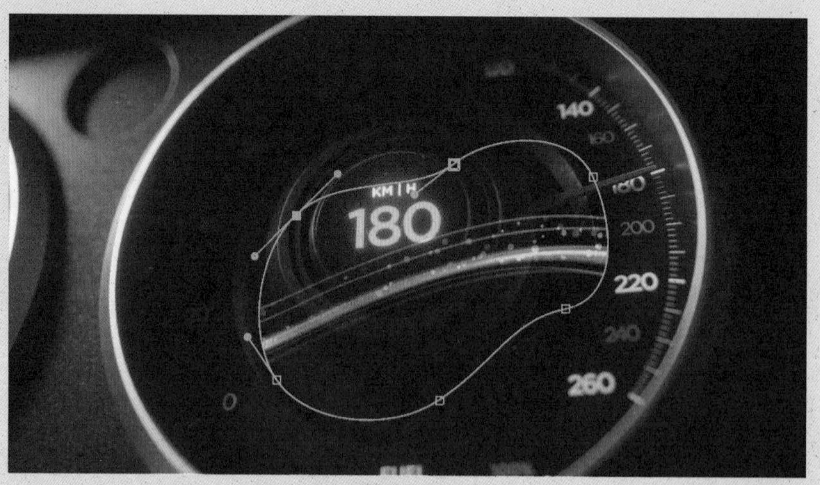

图3.2.26

05 在【时间轴】面板中展开光线所在的图层的属性，选中【蒙版1 】，修改【蒙版羽化】值为（222.0，222.0）像素，如图3.2.27所示。

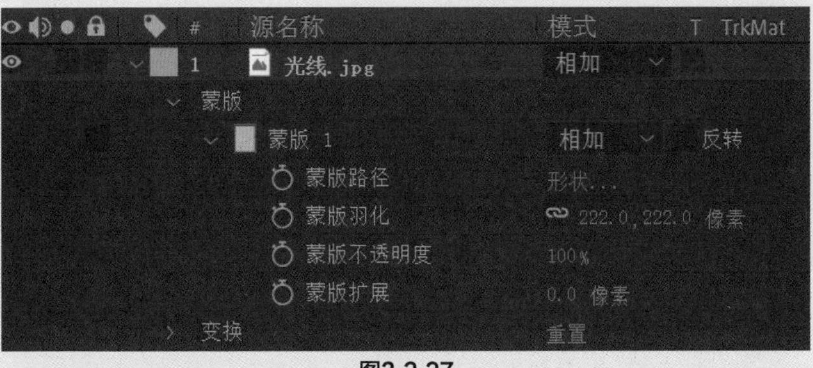

图3.2.27

06 可以观察到【蒙版】遮挡的光线部分有了平滑的过渡，如图3.2.28所示。

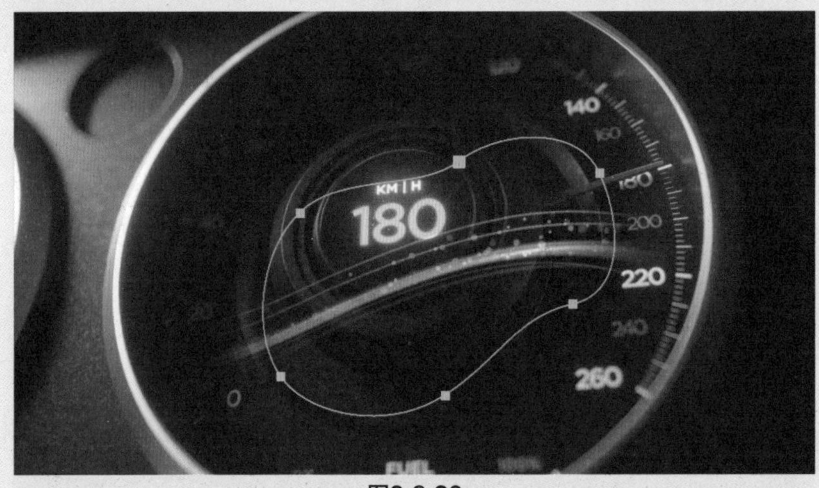

图3.2.28

07 在【合成】面板中移动蒙版至光线的最右边，使用工具栏中的【缩放工具】缩小画面操作区域，如图3.2.29所示。

图3.2.29

08 在【时间轴】面板中，把【时间指示器】调整至起始位置，单击【蒙版路径】属性左边的钟表图标，为蒙版的外形设置关键帧，如图3.2.30所示。

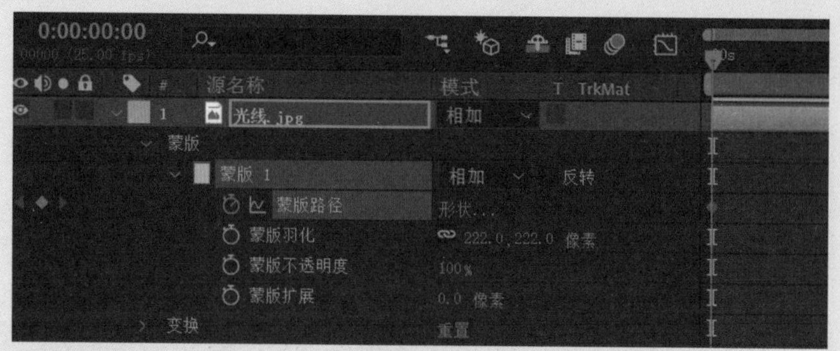

图3.2.30

⑨【蒙版形状】属性的关键帧动画主要通过修改蒙版控制点在画面中的位置而设定。把【时间指示器】调整至0:00:00:05的位置，使用工具栏中的▶【选取工具】，选中蒙版左边的控制点，向左侧移动，可以看到路径动画，如图3.2.31所示。

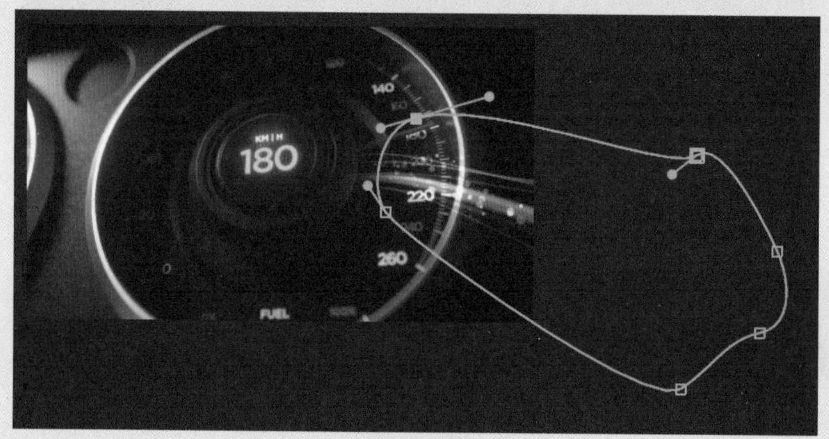

图3.2.31

⑩ 把【时间指示器】调整至0:00:00:10的位置，选中【蒙版】的控制点继续向左侧移动，如图3.2.32所示。

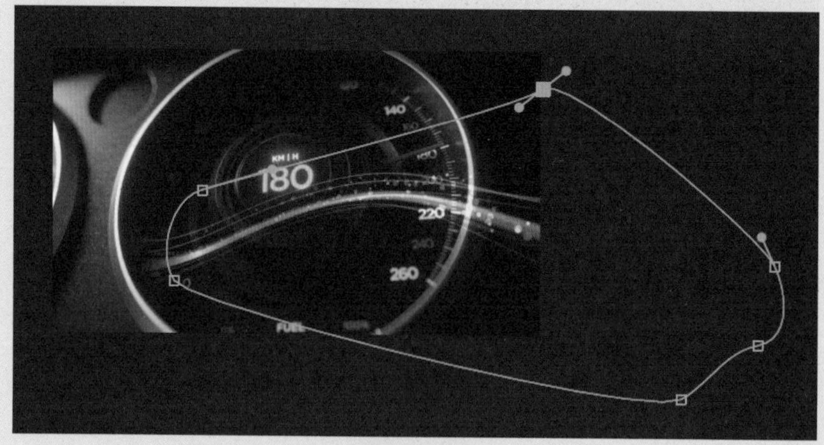

图3.2.32

⑪ 把【时间指示器】调整至0:00:00:15的位置，选中【蒙版】的控制点继续向左侧移动。光线将完全被显示出来，然后按下空格键，播放动画观察效果，可以看到光线从无到有划入画面，如图3.2.33所示。

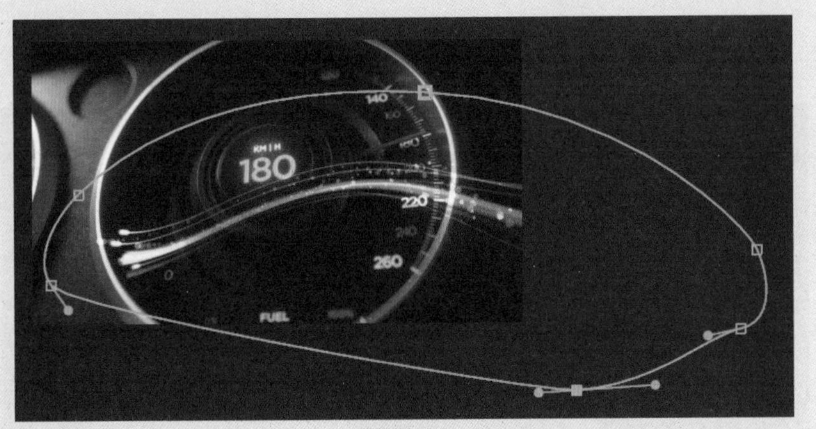

图3.2.33

⑫ 为了让图片产生光线飞速划过的效果，在光线被划入的同时，又要出现划出的效果。把【时间指示器】调整至0:00:00:10的位置，选中蒙版右侧的控制点向左侧移动，如图3.2.34所示。

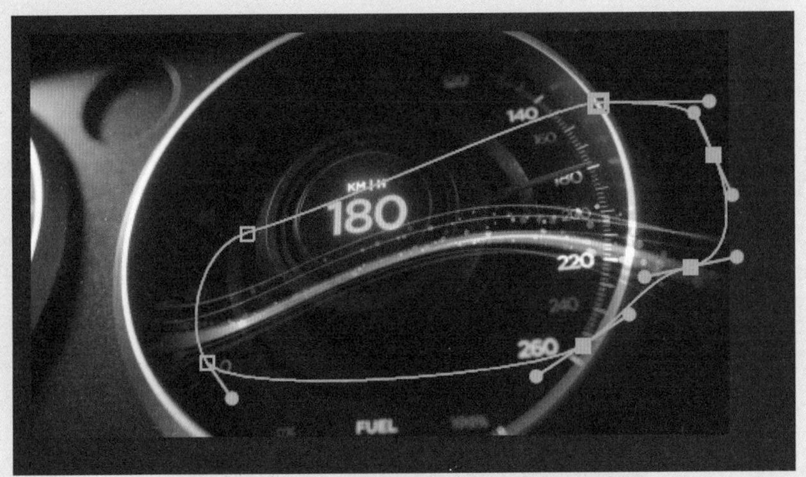

图3.2.34

⑬ 把【时间指示器】调整至0:00:00:15的位置，选中蒙版右侧的控制点继续向左侧移动，如图3.2.35所示。

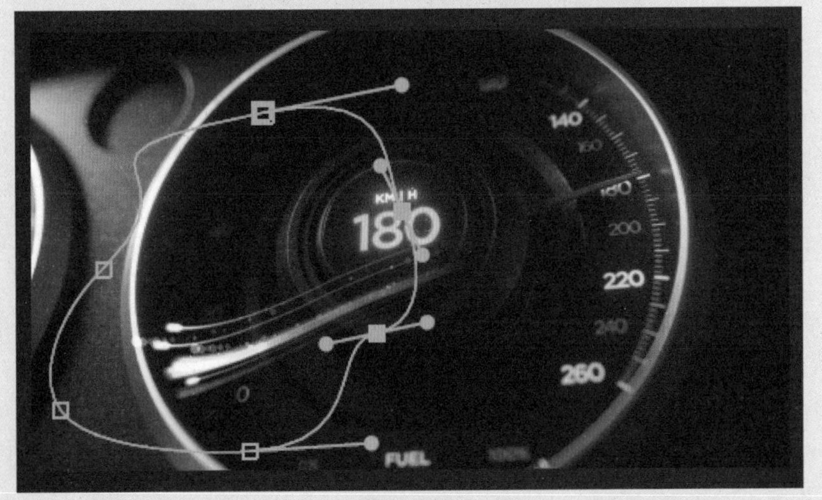

图3.2.35

⑭ 把【时间指示器】调整至0:00:00:20的位置，选中蒙版左侧的控制点继续向右侧移动，直到完全遮住光线，如图3.2.36所示。

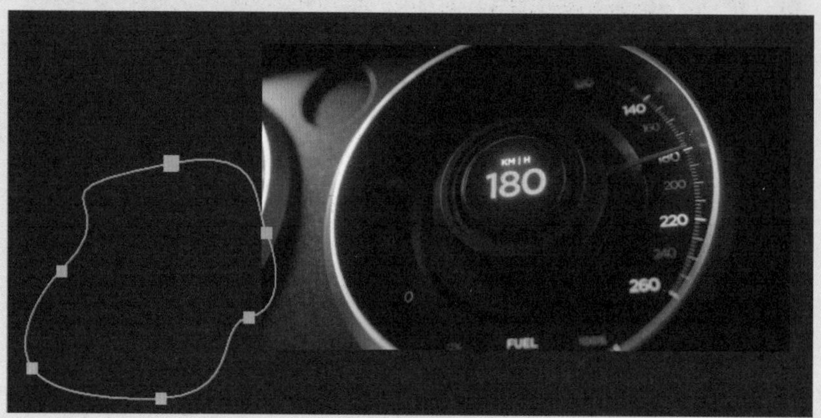

图3.2.36

⑮ 按下空格键，播放动画观察效果，可以看到光线划过画面。

使用一张静帧图片，利用【蒙版工具】，制作出光线划过的动画效果。如果想加快光线的节奏，直接调整关键帧的位置即可。

3.2.7 预合成

【预合成】命令主要用于建立合成中的嵌套层。当制作的项目越来越复杂时，用户可以利用该命令执行合成影像中的层，再建立一个嵌套合成影像层，以方便用户管理。在实际的制作过程中，每一个嵌套合成影像层用于管理一个镜头或效果，创建的嵌套合成影像层的属性可以重新编辑，如图3.2.37所示。

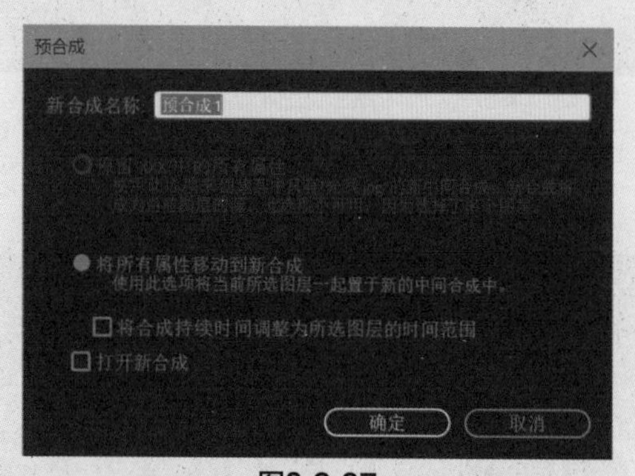

图3.2.37

- 保留“XXX”中的所有属性：创建一个包含选取层的新的嵌套合成影像，在新的合成影像中替换原始素材层，并且保持原始层在原合成影像中的属性和关键帧不变。
- 将所有属性移动到新合成：将当前执行的所有素材层都一起放在新的合成影像中，原始素材层的所有属性都转移到新的合成影像中，新合成影像的帧尺寸与原合成影像的相同。
- 打开新合成：创建后打开新的合成面板。

通过下面这个实例应用，可以了解预合成命令的基本使用方法。在实际应用中，我们会经常使用预合成来重新组织合成的结构模式。

01 执行菜单【合成】→【新建合成】命令，弹出【合成设置】面板，创建一个新的合成面板，并命名为“预合成”，如图3.2.38所示。

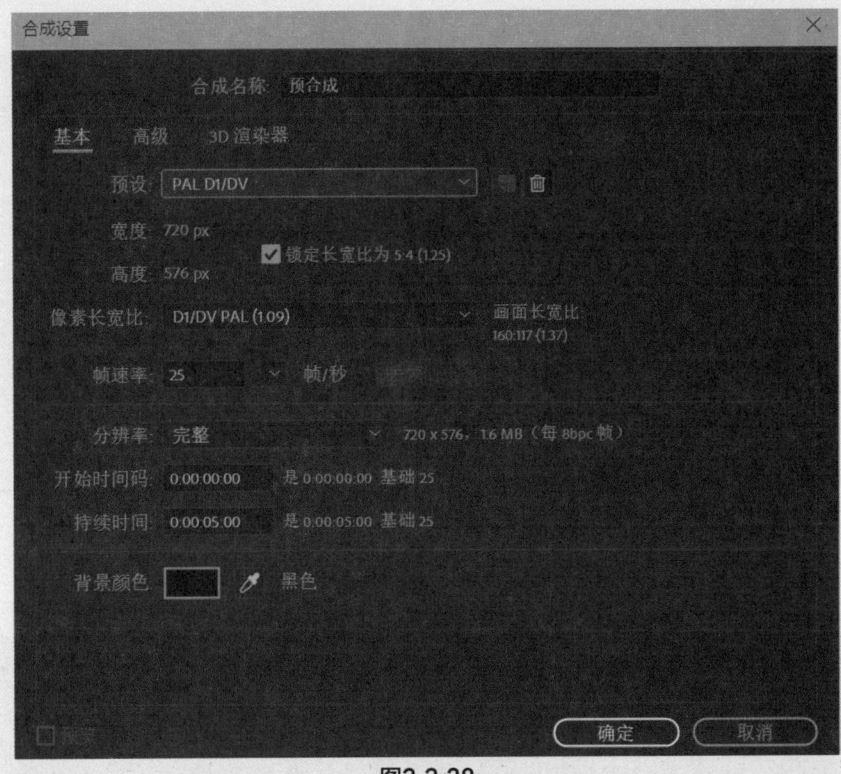

图3.2.38

02 执行菜单【文件】→【导入】→【文件】命令，导入素材文件，在【项目】面板选中导入的素材文件，将其拖入【时间轴】面板，图像被添加到合成影片中，在合成窗口中将显示出图像。

03 选择工具箱中的T【文字工具】，系统会自动弹出【字符】工具属性面板，将文字的颜色设为白色，其他参数设置如图3.2.39所示。

04 选择【文字工具】，在合成面板中单击并输入文字“YEAR”，在【字符】工具属性面板中将文字字体调整为“黑体”，并调整文字的大小到合适的位置，背景图片可以选择任意一张图片，如图3.2.40所示。

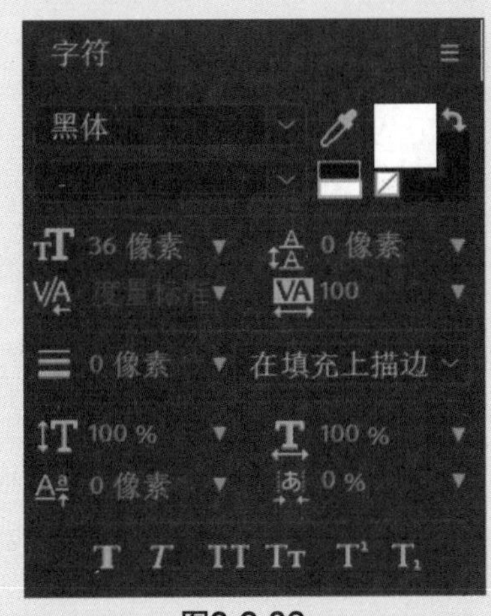

图3.2.39

图3.2.40

⑤ 再次执行【文字工具】，在合成面板中单击并输入文字“02/03/04/05/06/07/08/09”（使其成为一个独立的文字层），在【段落】工具属性面板中，将文字字体调整为“Impact”，并调整文字的大小到合适的位置，如图3.2.41和图3.2.42所示。

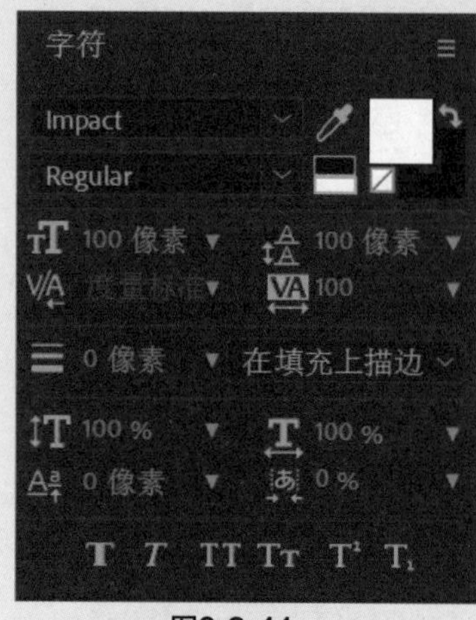

图3.2.41

图3.2.42

⑥ 在【时间轴】面板中展开数字文字层的【变换】属性，选中【位置】属性，单击属性左边的小钟表图标，为该属性设置关键帧动画，如图3.2.43所示。动画为文字层从02向上移动至09。

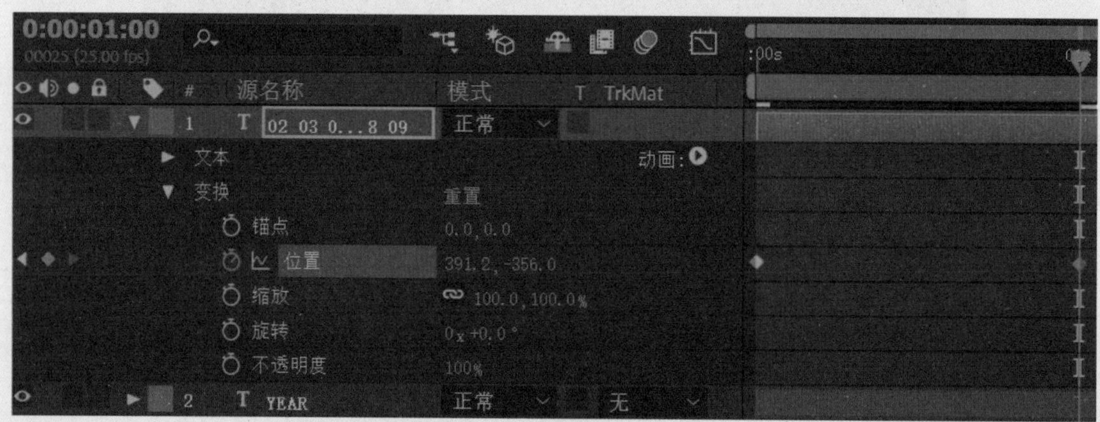

图3.2.43

⑦ 对动画进行预览，可以看到文字不断向上移动，如图3.2.44所示。

图3.2.44

⑧ 在【时间轴】面板选中数字文字层，按下快捷键Ctrl＋Shift＋C，弹出【预合成】面板，单击【确定】按钮，这样可以将文字层作为一个独立的合成出现，如图3.2.45所示。

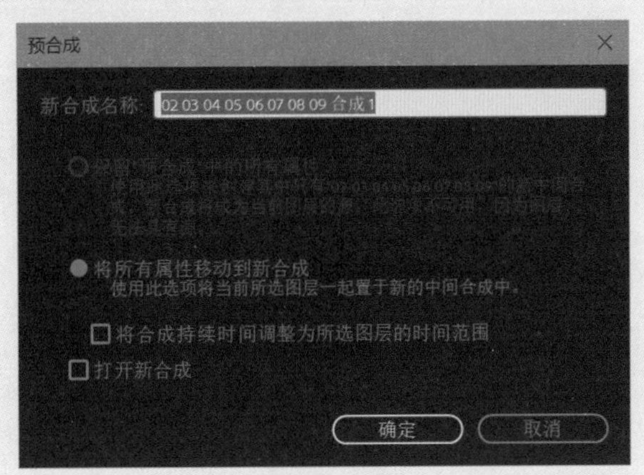

图3.2.45

⑨ 在【时间轴】面板中选中合成后的数字文字层，使用工具箱中的【矩形工具】，在【合成】面板中绘制一个矩形蒙版，如图3.2.46所示。

⑩ 对动画进行预览，可以看到文字出现了滚动动画效果，蒙版以外的文字将不会被显示出来，如图3.2.47所示。

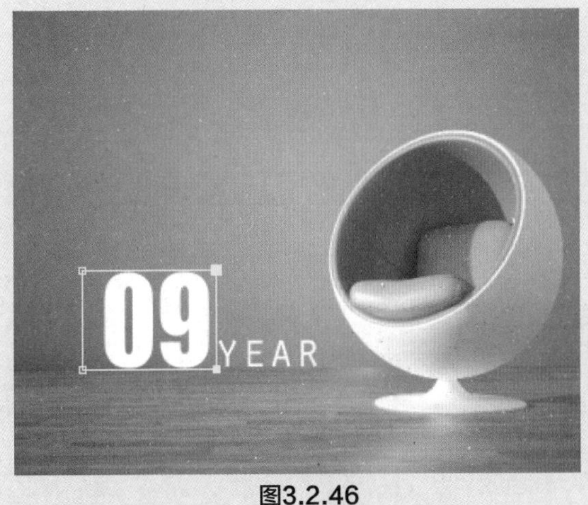

图3.2.46

图3.2.47

这个动画的制作体现了【预合成】的作用，读者可以试一下。如果不对数字文字层建立【预合成】，蒙版则会随着位置的移动而移动，也就是说【预合成】可以把整个图层制作成为一个独立的新图层，具有独立的动画属性，这样就会便于制作二次动画。

第4章

三维的应用

本章详细介绍After Effects中3D（三维）效果的概念与应用，以及三维图层中灯光和摄像机在实际操作中的应用。三维效果的应用可以大大激发设计者的创作灵感，在多变的三维空间中制作动画对于没有其他三维软件基础的用户是会有一定难度的，但三维效果可以帮助我们更好地把握画面的光感以及最终的效果，有了这些更加完美的工具配合其他三维软件，After Effects将发挥出更大的优势。

4.1 三维空间的基本概念

4.1.1 三维图层的概念

3D（三维）的概念是建立在2D（二维）的基础之上的，我们所看到的任何画面都是在二维空间中形成的，不论是静态还是动态的画面，到了边缘只有水平和垂直两种边界，但画面所呈现的效果可以是立体的，这是人们在视觉上形成的错觉。

在三维立体空间中，我们经常用X、Y、Z坐标来表示物体在空间中所呈现的状态，这一概念来自数学体系。X、Y坐标呈现出二维的空间，直观地说就是我们常说的长和宽。Z坐标是体现三维空间的关键，它代指深度，也就是我们所说的远和近。我们在三维空间中可以通过对X、Y、Z三个不同方向坐标值的调整，以确定一个物体在三维空间中所在的位置。现在市面上有很多优秀的三维软件，可以完成各种各样的三维效果。After Effects虽然是一款后期处理软件，但也有着很强的三维能力。在After Effects中可以显示2D图层，也可以显示3D图层，如图4.1.1所示。

图4.1.1

提示

在After Effects中可以导入和读取三维软件的文件信息，但不能像在三维软件中一样，随意地控制和编辑这些物体，也不能建立新的三维物体。这些三维信息在实际的制作过程中主要用来匹配镜头和做一些相关的对比工作。在After Effects CC中加入了C4D文件的无缝连接，大大加强了After Effects的三维功能。C4D这款软件这几年一直致力于在动态图形设计方向的发展，这次和After Effects的结合进一步确立了这方面的优势。

4.1.2 三维图层的基本操作

创建【3D图层】是一件很简单的事，与其说是创建，其实更像是在转换。执行菜单【合成】→【新建合成】命令创建一个合成。按Ctrl＋Y快捷键，新建一个【纯色】图层，设置颜色为紫色，这样方便观察坐标轴，然后缩小该图层到合适的大小，如图4.1.2所示。

图4.1.2

单击【时间轴】面板中【3D 图层】图标下对应的方框，方框内出现立方体图标，这时该层就被转换成3D图层，也可以通过执行菜单【图层】→【3D图层】命令进行转换。打开【纯色】图层的属性列表，用户会看到多出了许多属性，如图4.1.3所示。

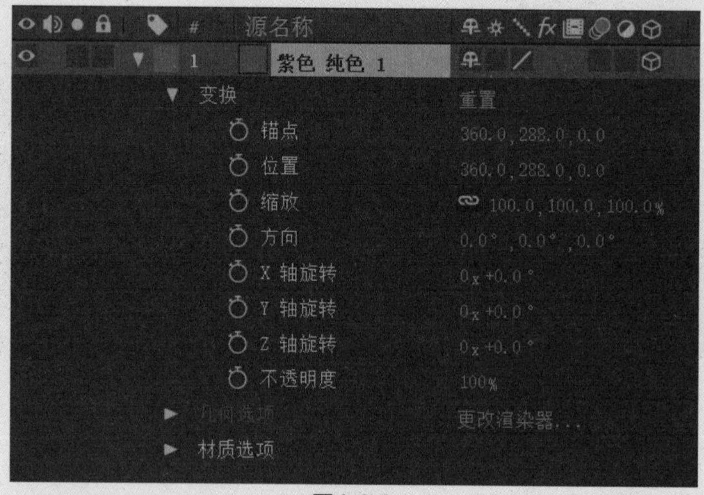

图4.1.3

使用【旋转工具】图标，在【合成】面板中旋转该图层，可以看到层的图像有了立体的效果，并出现了一个三维坐标控制器，红色箭头代表X轴（水平），绿色箭头代表Y轴（垂直），蓝色箭头代表Z 轴（深度），如图4.1.4所示。

同时在【信息】面板中，也出现了3D图层的坐标信息，如图4.1.5所示。

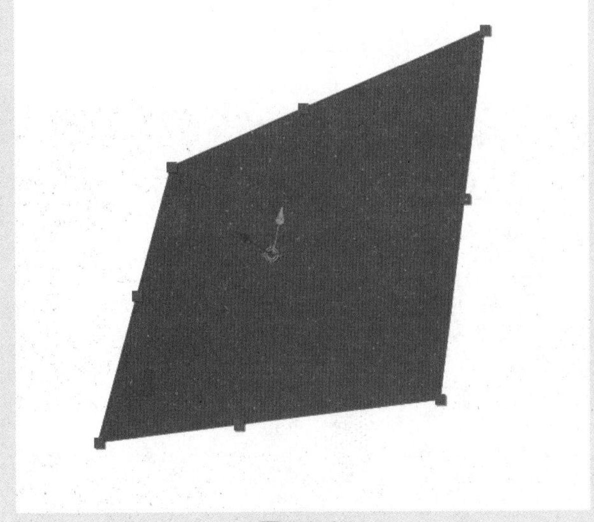

图4.1.4

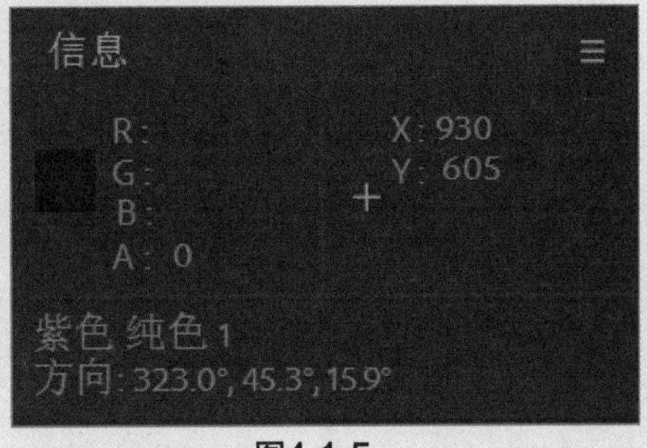

图4.1.5

◎提示·◦

如果在【合成】面板中没有看到坐标轴，可能是因为没有选择该层或软件没有显示控制器，执行菜单【视图】→【视图选项】命令，弹出【视图选项】对话框，执行【手柄】命令即可。

4.1.3 观察三维图层

我们知道在2D的图层模式下，图层会按照在【时间轴】面板中的顺序依次显示，也就是说位置越靠前，在【合成】面板中就会越靠前显示。而当图层打开3D模式时，这种情况就不存在了，图层的顺序完全取决于它在3D空间中的位置，如图4.1.6和图4.1.7所示。

图4.1.6

图4.1.7

这时用户必须通过不同的角度来观察3D图层之间的关系。单击【合成】面板中的 活动摄像机 图标，在弹出的菜单中选择不同的视图角度，也可执行菜单【视图】→【切换3D视图】命令切换视图。默认选择的视图为【活动摄像机】，还包括6种不同方位视图和3个自定义视图，如图4.1.8所示。

用户也可以在【合成】面板中同时打开4个视图，从不同的角度观察素材，如图4.1.9所示，单击【合成】面板的 1个视图▾【选择视图布局】图标，在弹出菜单中选择【四个视图】即可。

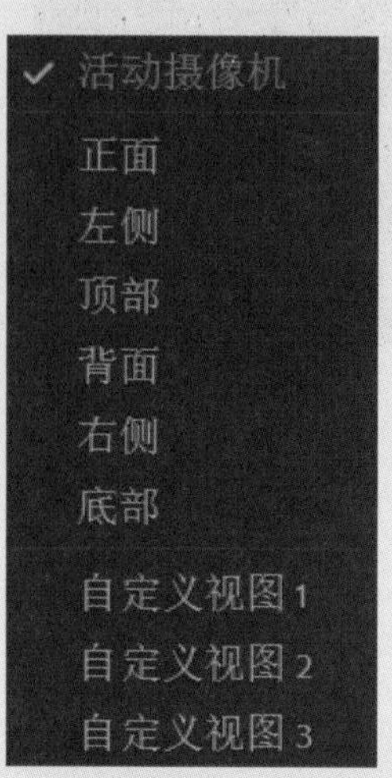

✓ 活动摄像机
正面
左侧
顶部
背面
右侧
底部
自定义视图1
自定义视图2
自定义视图3

图4.1.8

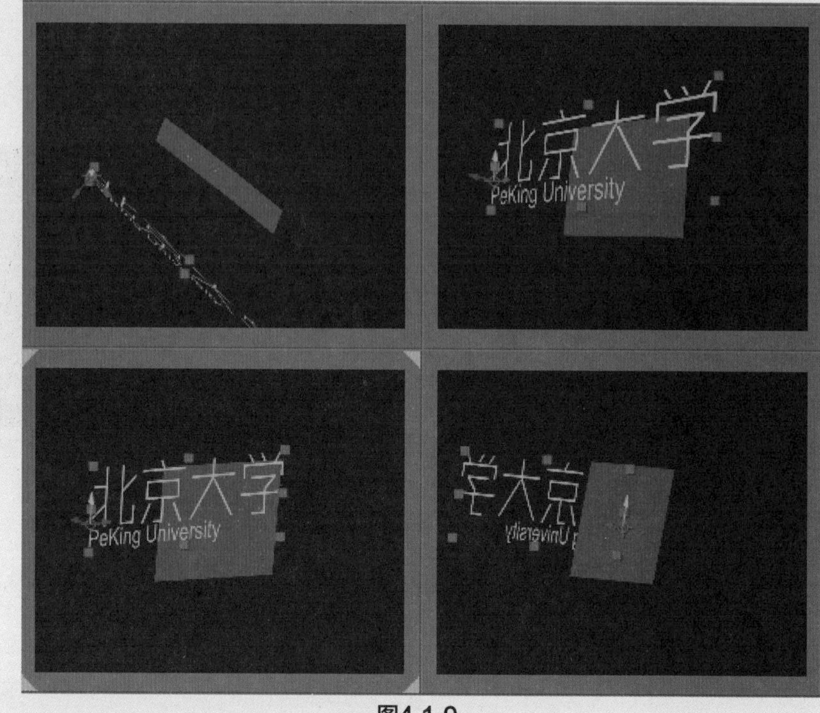

图4.1.9

在【合成】面板中可以对图层实施移动或旋转等操作，按住Alt键不放，图层在移动时会以线框的方式显示，如图4.1.10所示，这样方便用户与操作前的画面进行对比。

图4.1.10

提示

在实际的制作过程中会通过快捷键（F10、F11、F12等）在几个窗口之间切换，通过不同的角度观察素材，操作也会方便许多。按Esc键可以快速切换回上一次的视图。

4.2 灯光

灯光可以增加画面光感的细微变化，这是手工模拟所无法达到的。我们可以在After Effects中创建灯光，用来模拟现实世界中的真实效果。灯光在After Effects的3D效果中有着不可替代的作用，各种光线效果和阴影都有赖灯光的支持，灯光图层作为After Effects中的一种特殊图层，除了正常的属性值外，还有一组灯光特有的属性，我们可以通过对这些属性的设置来控制画面效果。

用户可以执行菜单【图层】→【新建】→【灯光】命令来创建一个灯光图层，同时会弹出【灯光设置】对话框，如图4.2.1所示。

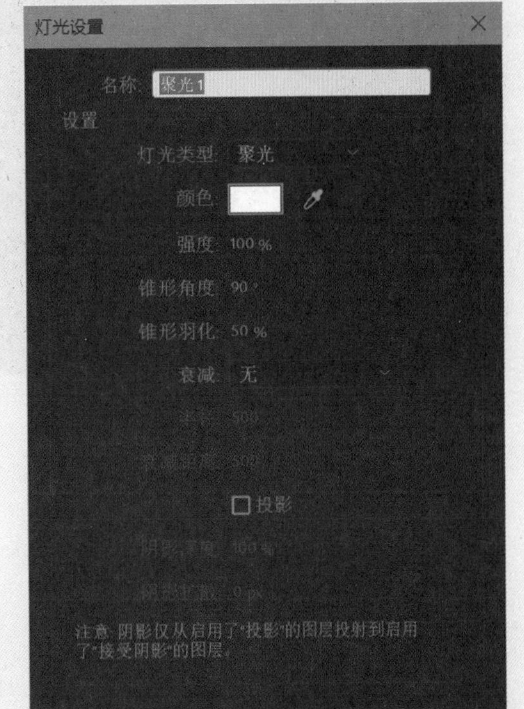

图4.2.1

4.2.1 灯光的类型

熟悉三维软件的用户对这几种灯光类型应该不会陌生，大多数三维软件都有这几种灯光类型，按照用户的不同需求，After Effects提供了4种光源，分别为：【平行】【聚光】【点】和【环境】。

- 平行：光线从某个点发射照向目标位置，光线平行照射，类似于太阳光，光照范围是无限远的，它可以照亮场景中位于目标位置的每一个物体或画面，如图4.2.2所示。
- 聚光：光线从某个点发射，以圆锥形呈放射状照向目标位置。被照射物体会形成一个圆形的光照范围，可以通过调整【锥形角度】来控制照射范围的面积，如图4.2.3所示。

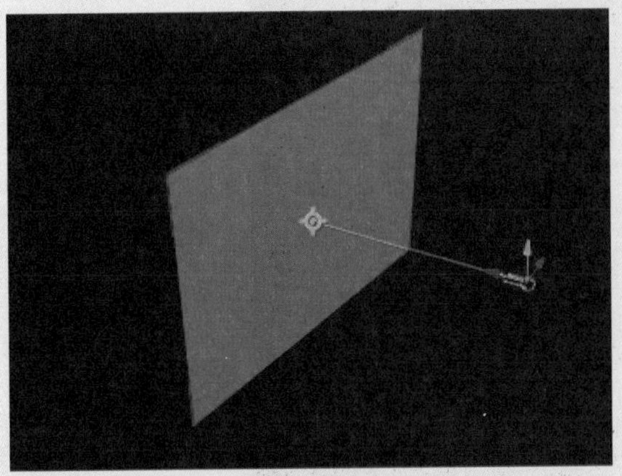

图4.2.2

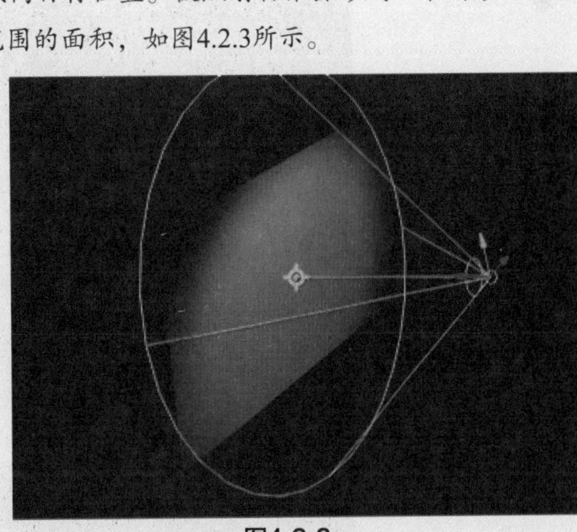

图4.2.3

- 点：光线从某个点发射，向四周扩散。随着光源距离物体的远近，光照的强度会衰减。其效果类似于平时我们所见到的人工光源，如图4.2.4所示。

■ 环境：光线没有发射源，可以照亮场景中的所有物体，但环境光源无法产生投影，可通过改变光源的颜色来统一整个画面的色调，如图4.2.5所示。

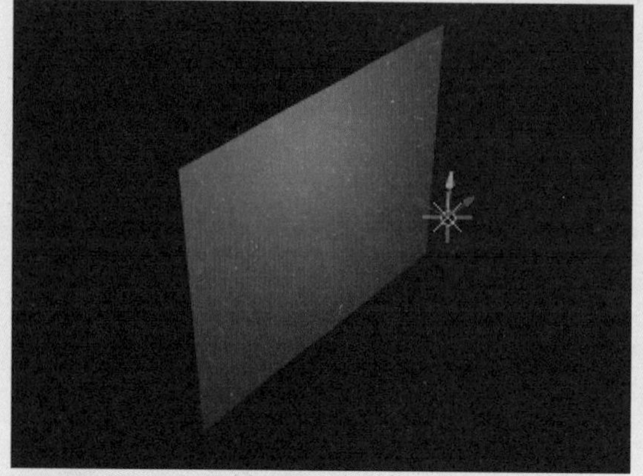

图4.2.4

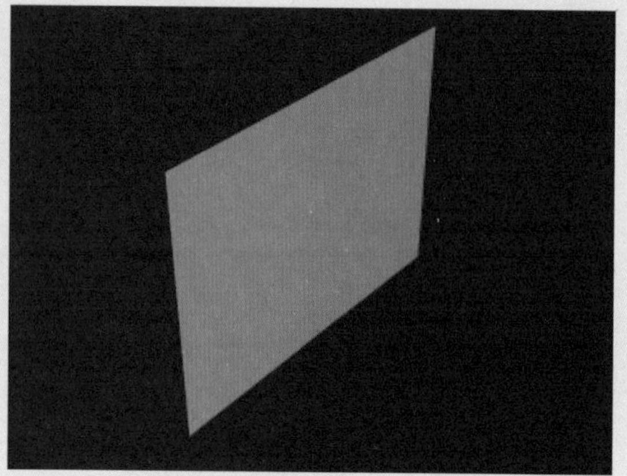

图4.2.5

4.2.2 灯光的属性

在创建灯光时可以定义灯光的属性，也可以创建后在属性栏里修改。下面介绍灯光的各个选项，如图4.2.6所示。

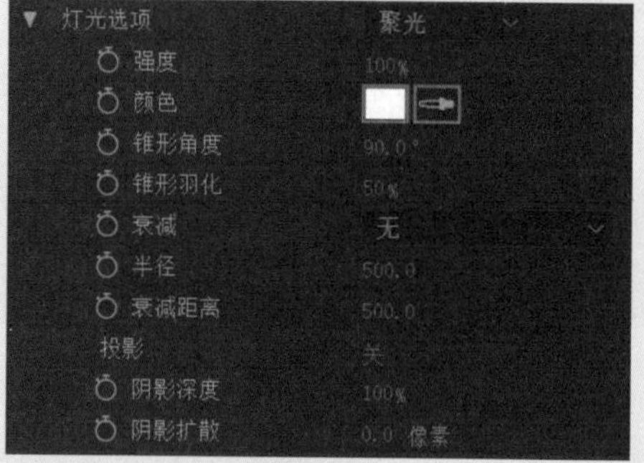

图4.2.6

■ 强度：控制灯光强度。强度越高，灯光越亮，场景受到的照射就越强。当把【强度】的值设置为0时，场景就会变黑。如果将场景设置为负值，可以去除场景中某些颜色，也可以吸收其他灯光的强度，如图4.2.7和图4.2.8所示。

图4.2.7

图4.2.8

- 颜色：控制灯光的颜色。
- 锥形角度：控制灯罩角度。只有【聚光】类型灯光有此属性，主要用来调整灯光照射范围的大小，角度越大，光照范围越广，如图4.2.9和图4.2.10所示。

图4.2.9

图4.2.10

■ 锥形羽化：控制灯罩范围的羽化值。只有【聚光】类型灯光有此属性，可以使聚光灯的照射范围产生一个柔和的边缘，如图4.2.11和图4.2.12所示。

图4.2.11

图4.2.12

■ 衰减：这个概念来源于现实的灯光，任何光线都带有衰减的属性，在现实中当一束灯光照射出去，站在十米以外和百米以外，所看到的光的强度是不同的，这就是灯光的衰减。而在After Effects系统中，如果不进行灯光设置是不会衰减的，会一直持续地照射下去，【衰减】方式可以设置开启或关闭。

■ 半径：设置【衰减】值的半径。

■ 衰减距离：设置【衰减】值的距离。

■ 投影：在【投影】选项右侧的下拉列表中选择【开】，灯光会在场景中产生投影。

■ 阴影深度：控制阴影的颜色深度。

■ 阴影扩散：控制阴影的扩散。主要用于控制图层与图层之间的距离产生的柔和的漫反射效果，注意图中的阴影变化，如图4.2.13和图4.2.14所示。

图4.2.13

图4.2.14

4.2.3 几何选项

当图层被转换为3D图层时，除了多出三维空间坐标的属性还会添加【几何选项】，不同的图层类型被转换为3D图层时，所显示的属性也会有所变化。如果使用【经典3D】渲染模式，【几何选项】是灰色的。必须在【合成设置】面板的高级选项中更改为CINEMA 4D渲染模式，才可以显示【几何选项】。CINEMA 4D合成渲染器是 After Effects 中新的3D 渲染器，用于文本和形状凸出的工具，也是3D凸出作品的首选渲染器，如图4.2.15所示。

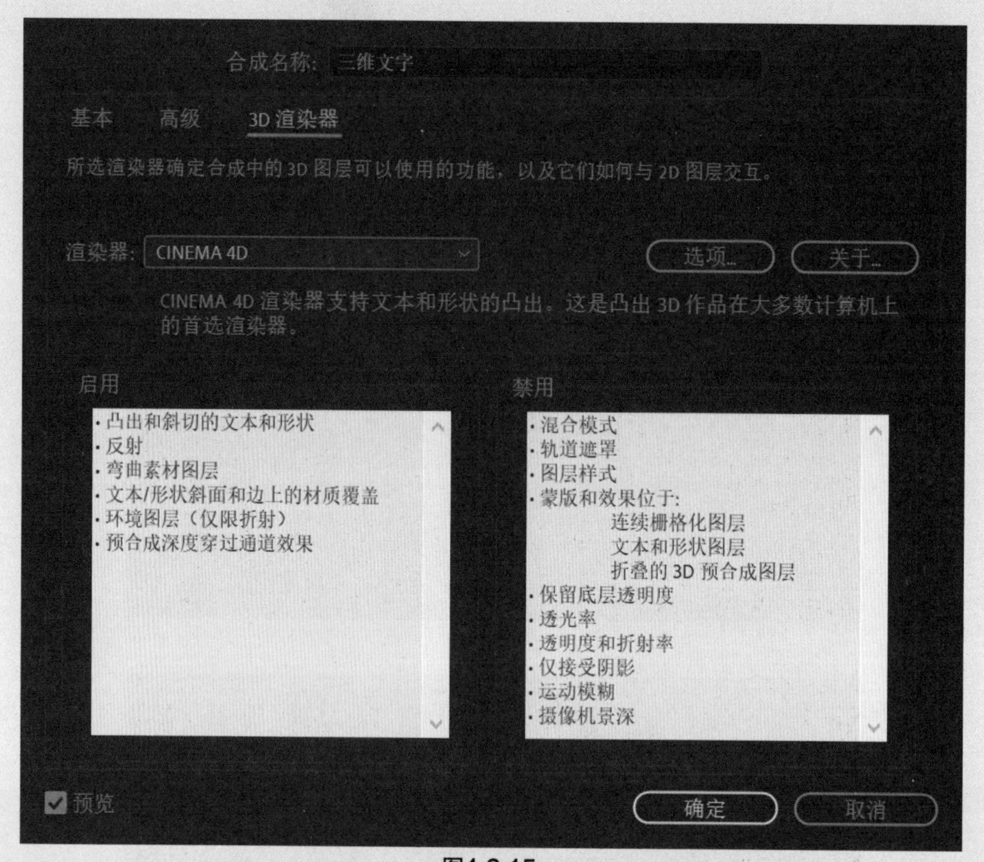

图4.2.15

【几何选项】（见图4.2.16）属性可以制作类似于三维软件中的文字倒角效果。

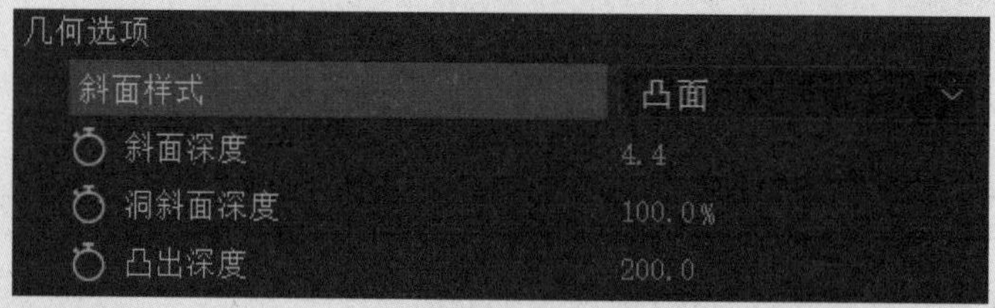

图4.2.16

- 斜面样式：斜面的形式，包括：【无】（默认值）、【尖角】、【凹面】、【凸面】。
- 斜面深度：斜面的大小（水平和垂直），以像素为单位。
- 洞斜面深度：文本字符内层部分斜面的大小，以百分比表示。
- 凸出深度：凸出的厚度，以像素为单位。侧（凸出的）表面垂直于前表面。

4.2.4 材质属性

当场景中创建灯光后，场景中的图层受到灯光的照射，图层中的属性需要配合灯光。当图层的3D属性打开时，【材质选项】属性将被开启。下面介绍该选项（当使用CINEMA 4D渲染器时，材质属性会发生变化），如图4.2.17所示。

材质选项	
投影	开
接受阴影	开
接受灯光	开
在反射中显示	开
环境	100%
漫射	50%
镜面强度	100%
镜面反光度	10%
金属质感	100%
反射强度	0%
反射锐度	100%
反射衰减	0%

图4.2.18

- 投影：主要控制阴影是否形成，就像一个开关，而阴影的角度和明度则取决于【灯光】，也就是说这个功能对应【灯光】图层，观察这个效果必须先创建一盏【灯光】，并打开【灯光】图层的【投影】属性。【投影】属性中【开】用于打开投影，【关】用于关闭投影，如图4.2.19和图4.2.20所示。（需要注意的是，【灯光】的【投影】选项也要打开才能投射阴影。）

图4.2.19

图4.2.20

■ 接受阴影：控制当前图层是否接受其他图层投射的阴影。

■ 接受灯光：控制当前图层本身是否接受灯光的影响，如图4.2.21和图4.2.22所示。

图4.2.21

图4.2.22

熟悉三维软件的用户对这几个属性不会陌生，这是控制材质的关键属性。因为是后期软件，这些属性所呈现出的效果并不像三维软件中那么明显。

■ 在反射中显示：控制图层是否显示在其他反射图层的反射中。

■ 环境：即反射周围物体的比率。

■ 漫射：控制接受灯光的物体发散比率。该属性决定图层中的物体受到灯光照射时，物体反射的光线的发散率。

■ 镜面强度：光线被图层反射出去的比率。100% 指定最多的反射，0% 指定无镜面反射。

■ 镜面反光度：控制镜面高光范围的大小。仅当“镜面”设置大于零时，此值才处于激活状态。100% 指定具有小镜面高光的反射。0% 指定具有大镜面高光的反射。

■ 金属质感：控制高光颜色。值为最大时，高光色与图层的颜色相同，反之，则与灯光颜色相同。

下面的【反射强度】等参数为After Effects独有的渲染属性。

■ 反射强度：控制其他反射的3D对象和环境映射在多大程度上显示在此对象上。

■ 反射锐度：控制反射的锐度或模糊度。较高的值会产生较锐利的反射，而较低的值会使反射较模糊。

■ 反射衰减：针对反射面，控制“菲涅尔”效果的量（即处于各个掠射角时的反射强度）。

不要小看这些数据的细微差别，影片中物体的细微变化，都是在不断的调试中得到的，只有细致地调整这些数据，才能得到想要达到的完美效果。结合【光线追踪3D】渲染器，通过调整图层的【几何选项】和【材质选项】，可以调整出三维软件才能制作出的金属效果，

4.2.5 三维文字案例

下面通过前面学习的三维基础知识学习创建三维文字效果，这样建立出来的文字可以自由调整字体和大小。

01 执行菜单【合成】→【新建合成】命令，弹出【合成设置】对话框，创建一个新的合成，并命名为“三维文字”，设置控制面板参数，【预设】设置为【HDTV 1080 25】，如图4.2.23所示。

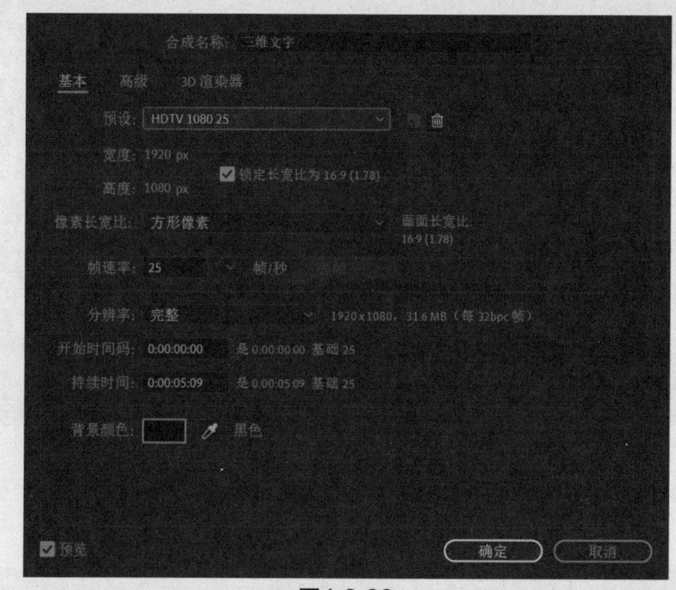

图4.2.23

02 使用【文字工具】创建一段文字，读者可以使用任何字体，注意字体不要太小，选择线条较粗的字体，这样方便观察三维效果，Impact是WIN默认安装的字体，很适合制作三维效果，如图4.2.24所示。

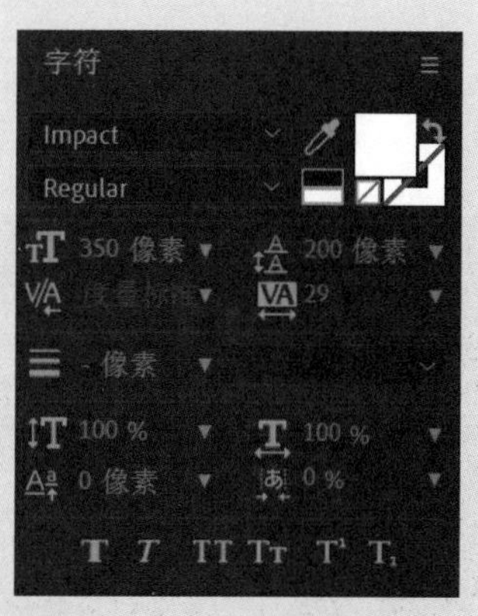

图4.2.24

03 按下快捷键Ctrl+K，打开【合成设置】面板，当建立一个合成以后，可以通过【合成设置】面板调整已经创建好的合成，可以调整包括时间与尺寸在内的多项参数，但需要注意的是调整尺寸后，项目中的素材并不会按比例调整，需要用户手动调整。在【合成设置】面板中，切换到【3D渲染器】选项卡，在【渲染器】类型中将其切换为CINEMA 4D模式，我们将使用CINEMA 4D进行三维制作，如图4.2.25所示。

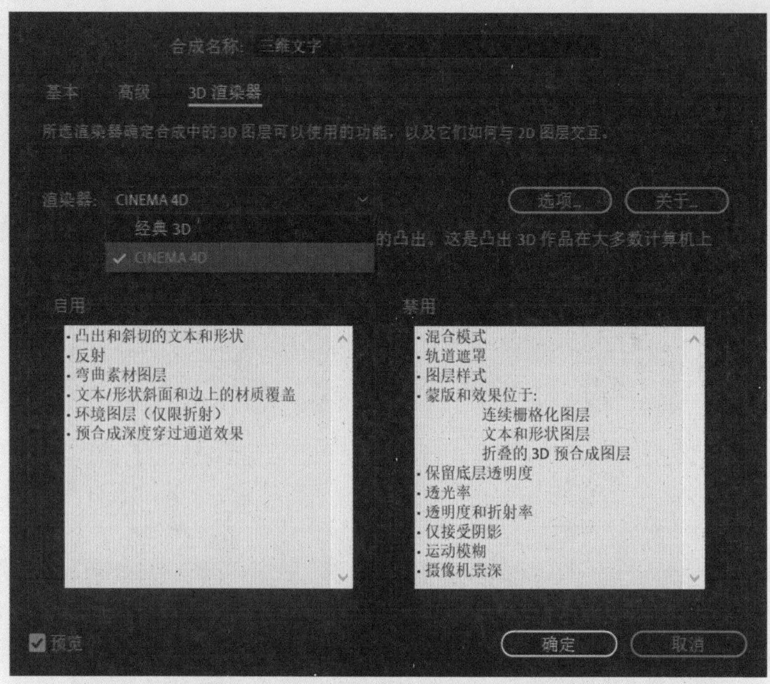

图4.2.25

04 在【时间轴】面板中，找到【3D图层】命令，激活【3D图层】选项，这样就激活了文字的三维属性，如图4.2.26所示。

图4.2.26

05 在【时间轴】面板中，展开文字层的【几何选项】属性，调整【斜面深度】为4.4，【凸出深度】为200.0，调整【Y轴旋转】的参数观察文字，已经形成了一定的厚度，但因为没有灯光，无法观察到厚度的变化，如图4.2.27和图4.2.28所示。

图4.2.27

图4.2.28

⑥ 还原【Y轴旋转】的参数，执行菜单【图层】→【新建】→【灯光】命令，创建一盏聚光灯，在【灯光设置】面板中将【灯光类型】切换为【聚光】，【强度】调整为100%，选中【投影】复选框。调整文字的大小，撑满画面即可，如图4.2.29和图4.2.30所示。

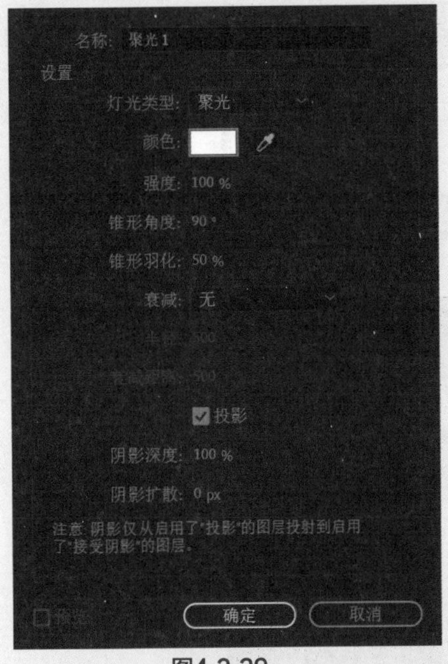

图4.2.29

图4.2.30

⑦ 执行菜单【图层】→【新建】→【摄像机】命令，创建一个新的摄像机，将【焦距】调整为30.00毫米，如图4.2.31所示。

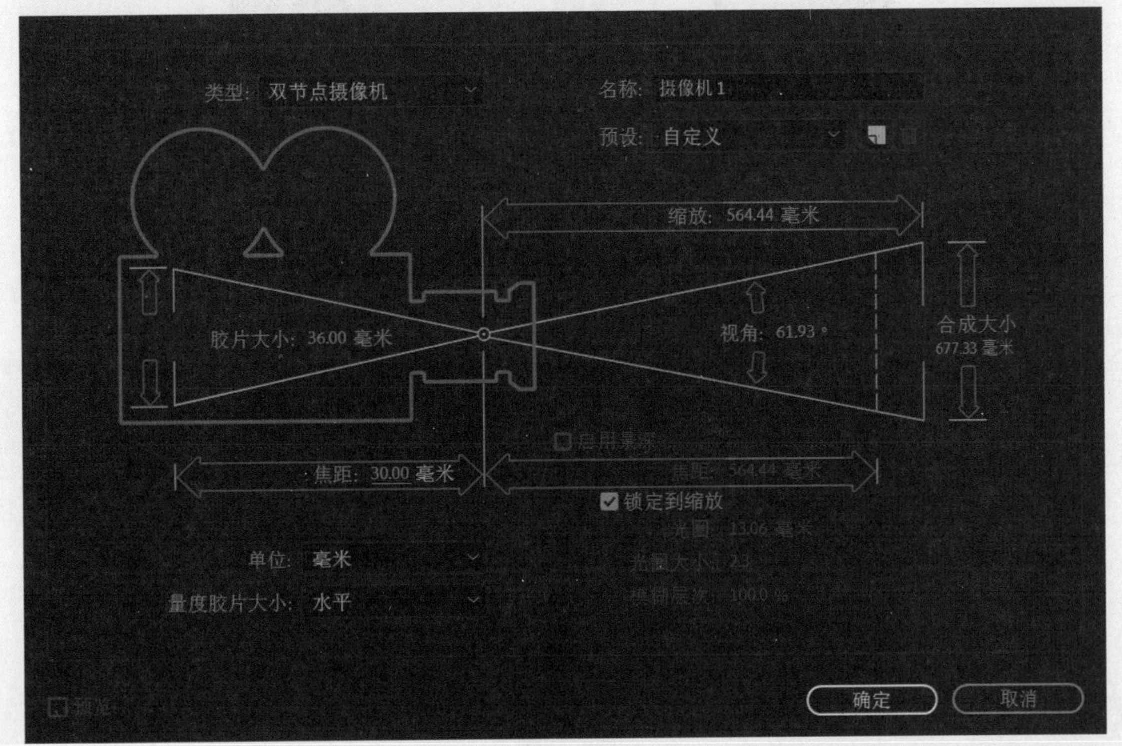

图4.2.31

⑧ 按下快捷键C，可以直接切换到摄像机调整模式调整镜头角度。也可以使用【统一摄像机工具】调整摄像机角度。在文字的【几何选项】中将【斜面样式】切换为【凸面】选项，适当调整【凸出深度】增加文字厚度，如图4.2.32和图4.2.33所示。

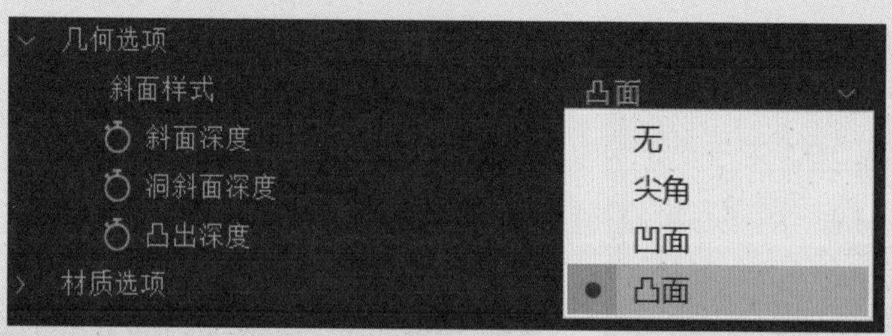

图4.2.32

图4.2.33

⑨ 选择灯光层，按下快捷键Ctrl+D，复制灯光，调整【灯光选项】的【颜色】参数，可以直接影响文字的颜色。可以多复制几个灯光，通过不同角度不同颜色，将三维文字塑造得更为立体，如图4.2.34所示。

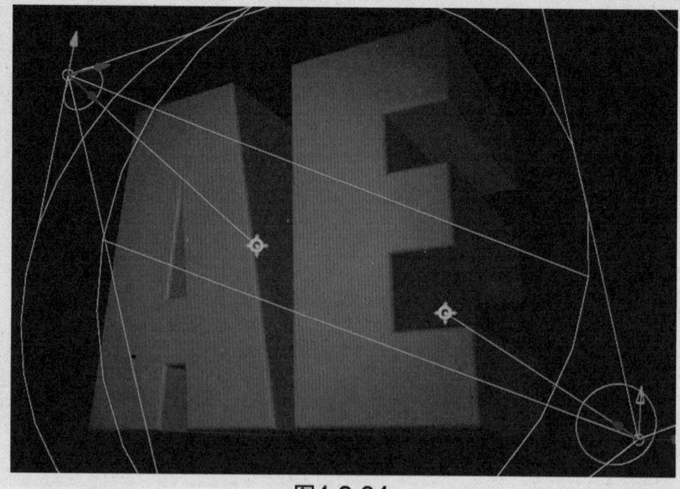

图4.2.34

⑩ 执行菜单【图层】→【新建】→【灯光】命令，创建一盏环境光。因为【环境光】没有方向，需要将【强度】参数调低，如图4.2.35和图4.2.36所示。

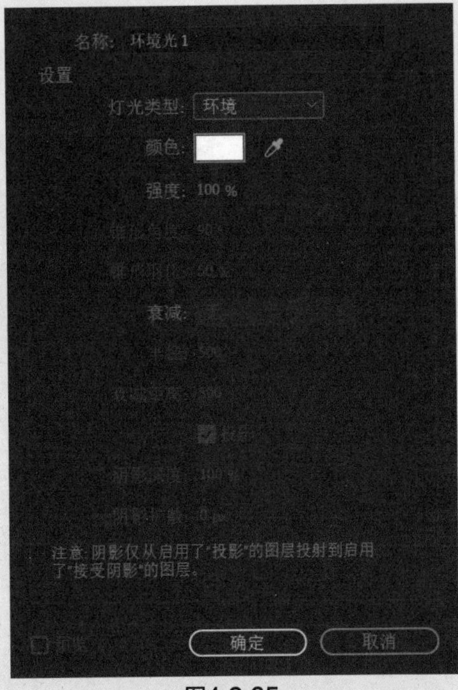

图4.2.35

图4.2.36

⑪ 在【时间轴】面板选中文字，展开【材质选项】，【投影】设置为【开】，调整【镜面强度】为100%，【镜面反光度】为20%，可以设置摄像机位移的动画，如图4.2.37和图4.2.38所示。

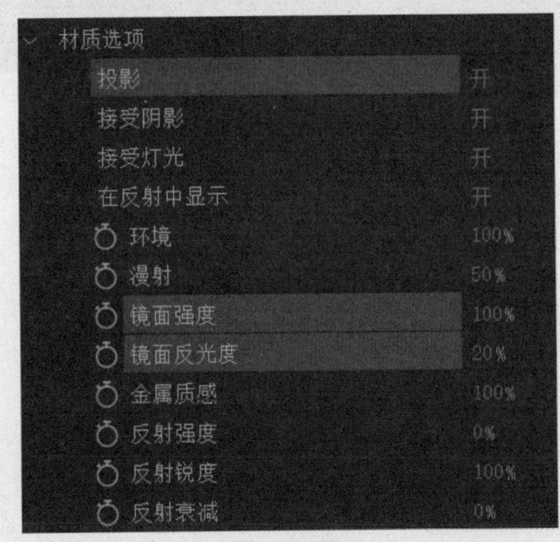

图4.2.37

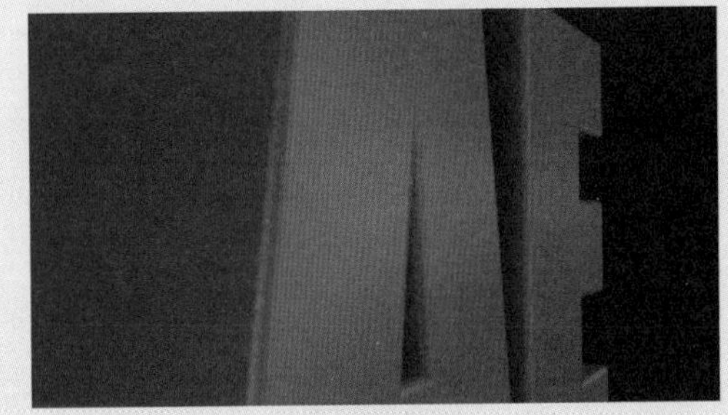

图4.2.38

4.3 摄像机

摄像机主要用来从不同的角度观察场景，当用户创建一个项目时，系统会自动建立一个摄像机，即【活动摄像机】。用户可以在场景中创建多个摄像机，为摄像机设置关键帧，可以得到丰富的画面效果。动画之所以不同于其他艺术形式，就在于它观察事物的角度有多种方式，给观众带来与平时不同的视觉刺激。

摄像机在After Effects中也是作为一个图层出现的，新建的摄像机被排在堆栈图层的最上方，用户可以通过执行菜单【图层】→【新建】→【摄像机】命令创建摄像机，这时会弹出【摄像机设置】对话框，如图4.3.1所示。

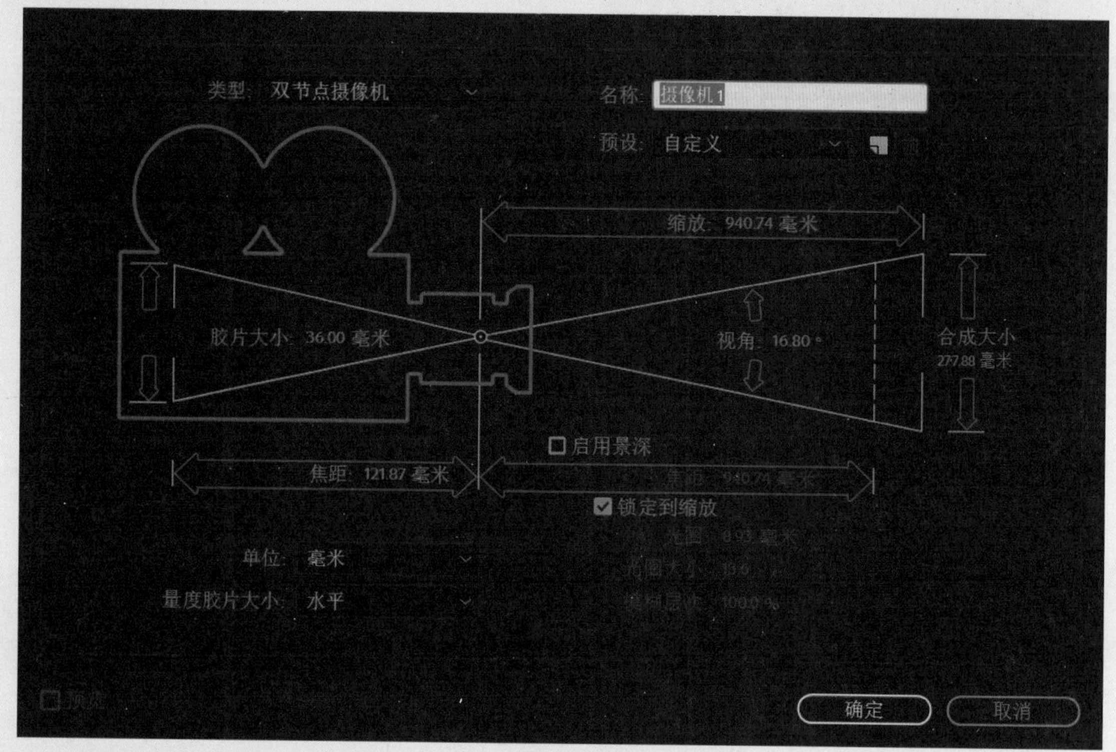

图4.3.1

After Effects中的摄像机和现实中的摄像机一样，用户可以调节镜头的类型、焦距和景深等。After Effects提供了9种常见的摄像机镜头。下面简单介绍其中的几个镜头类型。

- 15 mm广角镜头：镜头可视范围极大，但镜头会使看到的物体拉伸，产生透视上的变形，使画面变得很有张力，视觉冲击力很强。
- 200 mm鱼眼镜头：镜头可视范围极小，不会使看到的物体拉伸。
- 35 mm标准镜头：这是常用的标准镜头，和人们正常看到的图像是一致的。

其他的几种镜头类型都在15 mm和200 mm之间，选中某一种镜头时，相应的参数也会改变。【视角】的值可以控制可视范围的大小，【胶片大小】指定胶片用于合成图像的尺寸面积，【焦距】则指定焦距长度。当一个摄像机在项目里被建立以后，如图4.3.2所示，用户可以在【合成】面板中调整摄像机的参数。

用户要调节这些参数，必须在另一个摄像机视图中进行，不能在摄像机视图中选择当前摄像机。工具栏中的摄像机工具可以帮助用户调整视图角度。这些工具都是针对摄像机工具而设计的，所以在项目中必须有3D图层存在，这样这些工具才能起作用，如图4.3.3所示。

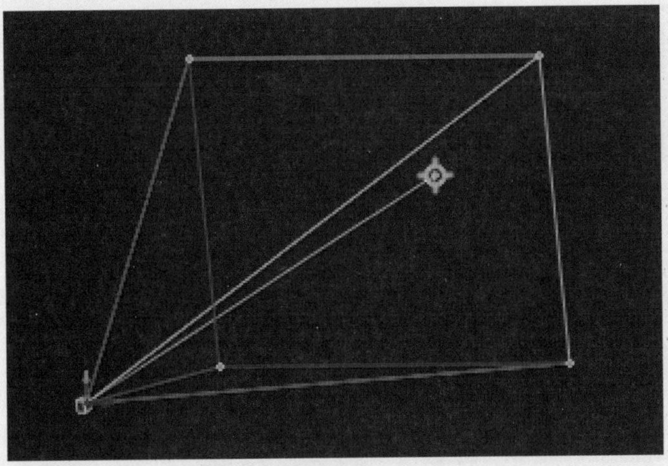

图4.3.2

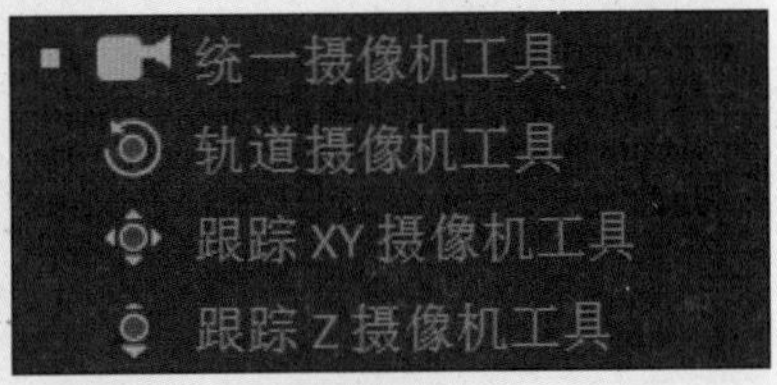

图4.3.3

统一摄像机工具包含下面三个工具。

- 【轨道摄像机工具】：主要用于向任意方向旋转摄像机视图，直至调整到用户满意的位置。
- 【跟踪 XY 摄像机工具】：主要用于水平或垂直移动摄像机视图。
- 【跟踪 Z 摄像机工具】：主要用于缩放摄像机视图。

下面具体介绍摄像机图层的主要摄像机选项，如图4.3.4所示。

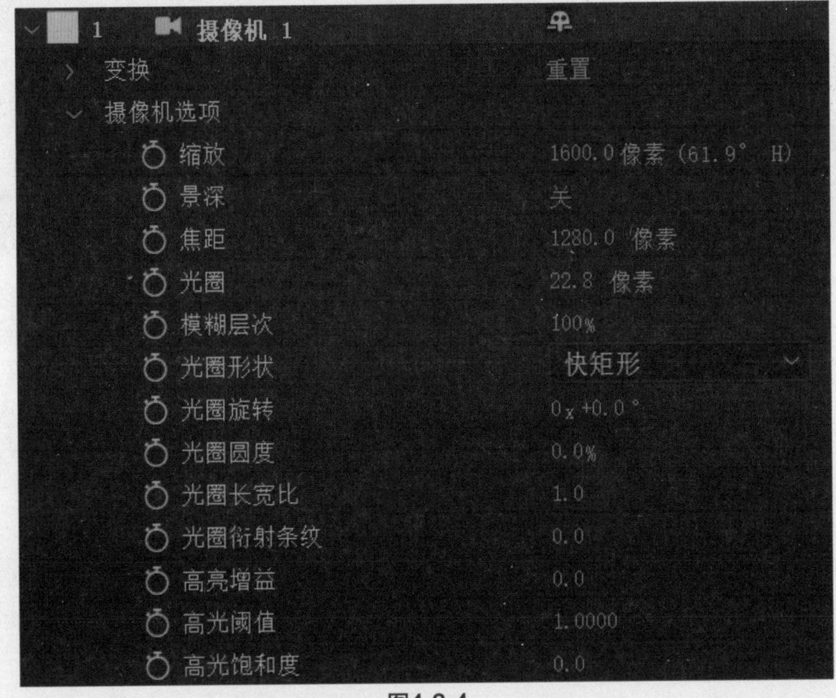

图4.3.4

- 缩放：控制摄像机镜头到镜头视线框间的距离。
- 景深：控制是否开启摄像机的景深效果。
- 焦距：控制镜头焦点的位置。该属性模拟了镜头焦点处的模糊效果，位于焦点的物体在画面中显得清晰，周围的物体会以焦点所在位置为半径，进行模糊，如图4.3.5和图4.3.6所示。

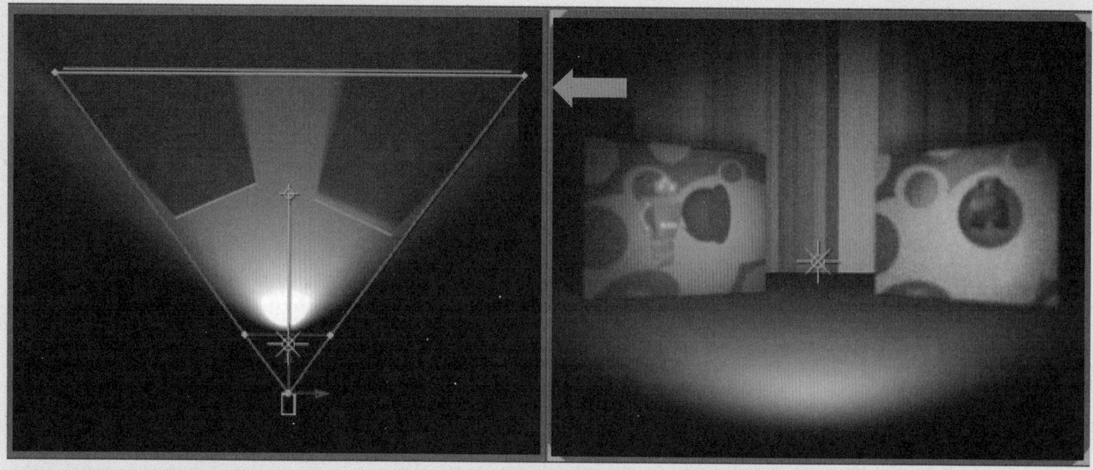

图4.3.5

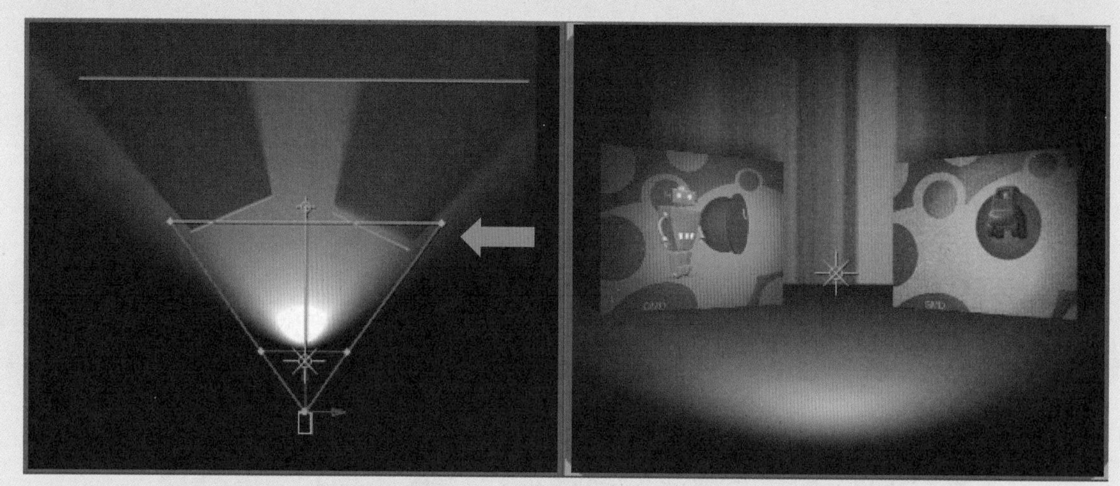

图4.3.6

- 光圈：控制快门尺寸。镜头光圈越大，受焦距影响的像素点就越多，模糊范围就越大。该属性与值相关联，为焦距到快门的比例。
- 模糊层次：控制聚焦效果的模糊程度。
- 光圈形状：控制模拟光圈叶片的形状模式，以多边形组成，从【三边】到【十边】形。
- 光圈旋转：控制光圈旋转的角度。
- 光圈圆度：控制模拟光圈形成的圆滑程度。
- 光圈长宽比：控制光圈图像的长宽比。
- 光圈衍射条纹、高亮增益、高光阈值、高光饱和度：这些属性只有在【经典3D】模式下才会显示，主要用于【经典3D】渲染器中高光部分的细节控制。

提示

After Effects中的3D效果在实际的制作过程中，都是用来辅助三维软件的，也就是说大部分三维效果都是用三维软件生成的。After Effects中的3D效果多用来完成一些简单的三维效果提高工作效率，同时模拟真实的光线效果，丰富画面的元素，使影片效果显得更加生动。

4.4 跟踪

4.4.1 点跟踪

通过运动跟踪，我们可以跟踪画面的运动，然后将该运动的跟踪数据应用于另一个对象（例如另一个图层或效果控制点）来创建图像和效果在其中跟随运动的合成。执行菜单【窗口】→【跟踪器】命令，打开【跟踪器】面板，如图4.4.1所示。

打开跟踪案例的工程文件，可以看到项目中有两个层，上面一个层是我们制作好的动态文字，下面这个层就是需要跟踪的素材画面，双击该素材，可以看到在【图层】面板素材被显示出来，如图4.4.2所示。

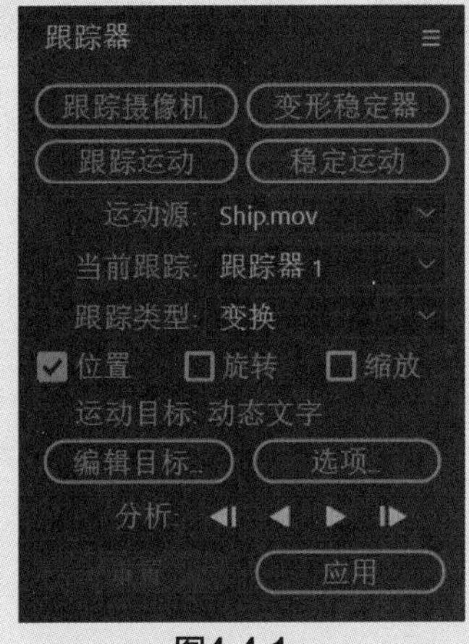

图4.4.1

图4.4.2

单击【跟踪器】面板中的【跟踪运动】按钮，在【图层】面板素材的中央会建立一个跟踪点，在【时间轴】面板展开【动态跟踪器】的属性，可以看到【跟踪点1】，如图4.4.3和图4.4.4所示。

图4.4.3

在我们使用了运动跟踪或稳定后，在素材上会出现一个跟踪范围的方框，如图4.4.5所示。

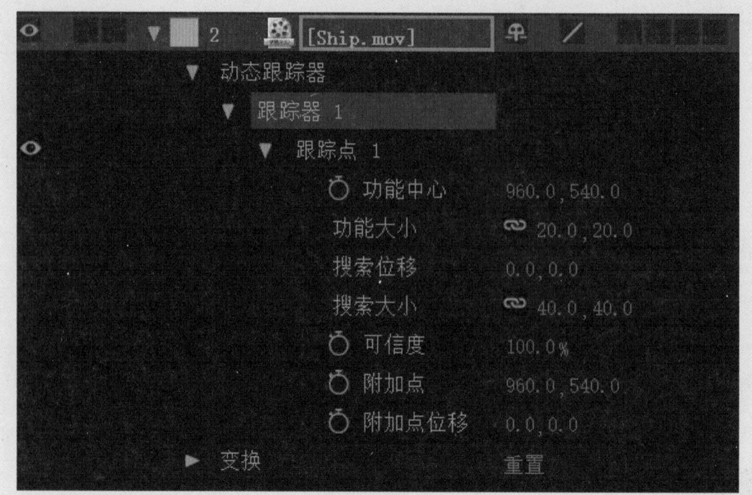

图4.4.4

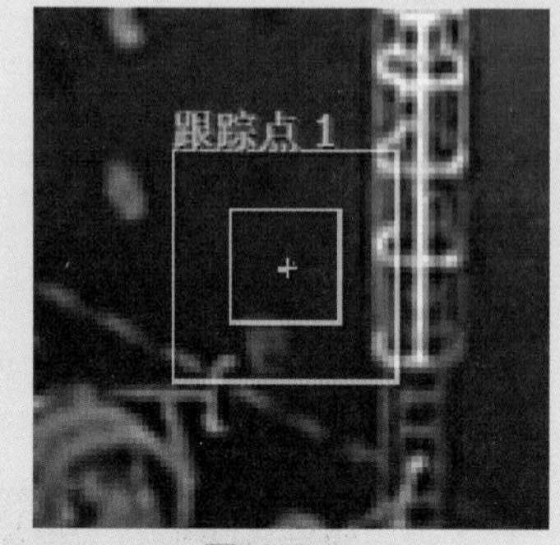

图 4.4.5

外面的方框为搜索区域，里面的方框为特征区域，一共有8个控制点，用鼠标可以改变两个区域的大小和形状。搜索区域的作用是定义下一帧的跟踪，搜索区域的大小与跟踪物体的运动速度有关，通常被跟踪物体的运动速度越快，两帧之间的位移就越大，这时搜索区域也要相应地增大。特征区域的作用是定义跟踪目标的范围，系统会记录当前跟踪区域中图像的亮度以及物体特征，然后在后续帧中以该特征进行跟踪，如图4.4.6所示。

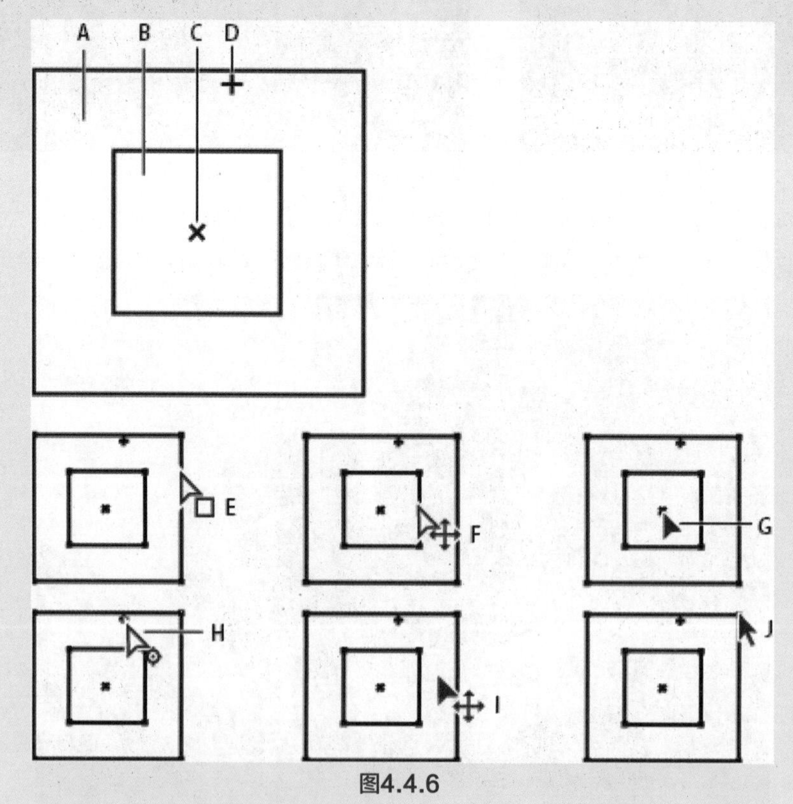

图4.4.6

A—搜索区域；B—特征区域；C—关键帧标记；D—附加点；E—移动搜索区域；F—同时移动两个区域；G—移动整个跟踪点；H—移动附加点；I—移动整个跟踪点；J—调整区域的大小。

当设置运动跟踪时，经常需要通过调整特征区域、搜索区域和附加点来调整跟踪点。可以使用【选择工具】分别或成组地调整这些项目的大小或对其进行移动。为了定义要跟踪的区域，在移动特征区域时，特征区域中的图像区域被放大到400%。

◎提示·○

在进行设置跟踪时，要确保跟踪区域具有较强的颜色和亮度特征，与周围有较强的对比度。如果有可能的话，要在前期拍摄时就定义好跟踪物体。

将【跟踪点】移动到需要跟踪的图像，需要保持该图像一直显示，并且该图像区别于周围的画面，我们选择船上的窗户作为跟踪对象，如图4.4.7所示。

图4.4.7

在【时间轴】面板把【时间指示器】移动到1 s的位置，也就是跟踪起始的位置，在【跟踪器】面板，单击【分析】右侧的▶图标，对画面进行跟踪分析。在【时间轴】面板可以看到跟踪点被逐帧地记录下来，如图4.4.8所示。

执行菜单【图层】→【新建】→【空对象】命令建立一个空对象，在【时间轴】面板可以看到一个【空1】的层被建立出来，如图4.4.9所示。

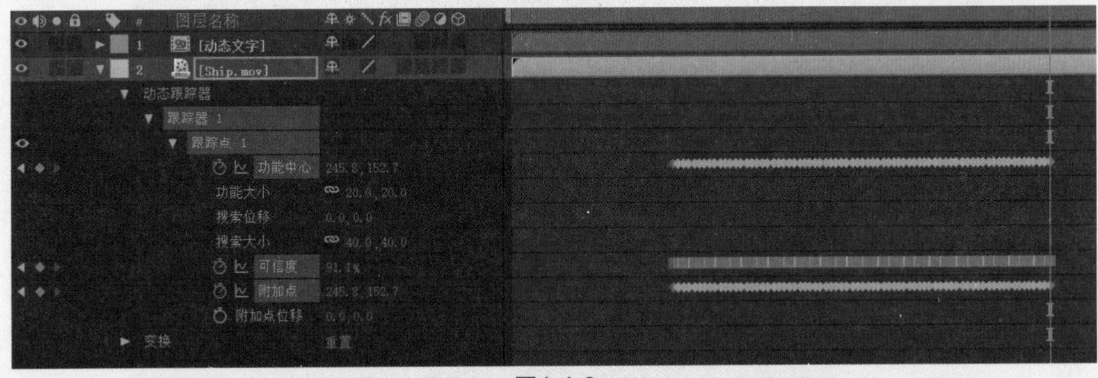

图4.4.8

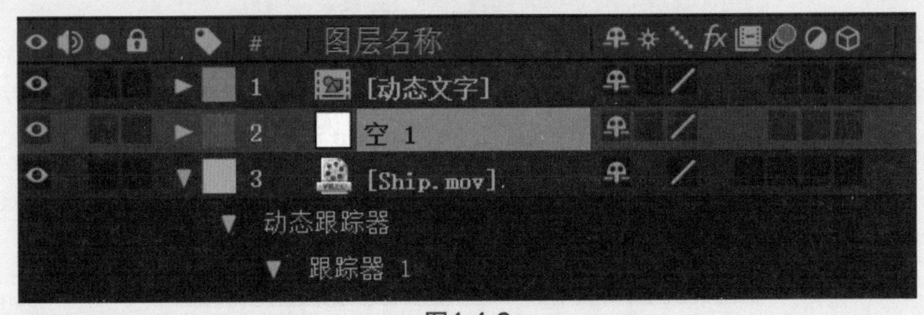

图4.4.9

空对象主要用来做被依附的父级物体，空对象的画面中不显示任何物体。在【跟踪器】面板中单击【编辑目标】按钮，在弹出的【运动目标】控制面板中选择空对象的图层。这样空对象所在的层就会跟随刚才的跟踪轨迹运动，如图4.4.10所示。

图4.4.10

单击【跟踪器】面板上的【应用】图标，弹出【动态跟踪器应用选项】控制面板，【应用维度】选择X和Y，单击【确定】按钮。在【时间轴】面板【源名称】栏右击，在弹出的菜单中选择【列数】→【父级和链接】命令，在【时间轴】面板会多出一个【父级和链接】选项。选中动态文字图层的螺旋图标，拖动鼠标至【空对象】所在的图层，如图4.4.11所示。这样动态文字的图层就会跟随【空对象】的图层运动。

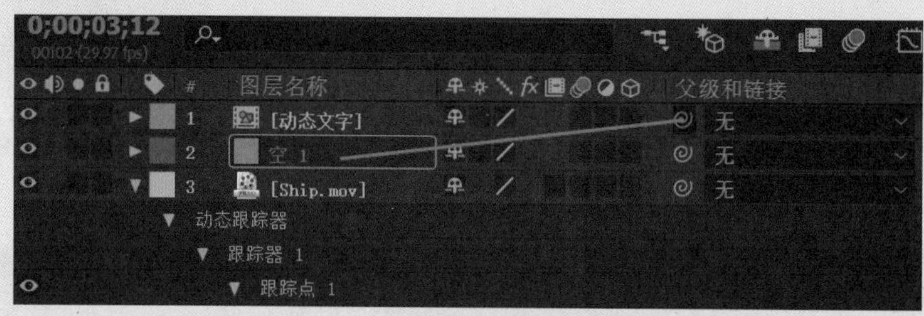

图4.4.11

在【合成】面板将动态文字移动到跟踪点的位置，按下空格键进行预览，可以看到动态文字一直跟随窗户进行移动，如图4.4.12所示。

图4.4.12

除了【单点跟踪】，After Effects还提供了如下多种选择。

- 单点跟踪：跟踪影片剪辑中的单个参考样式（小面积像素）来记录位置数据。
- 两点跟踪：跟踪影片剪辑中的两个参考样式，并使用两个跟踪点之间的关系来记录位置、缩放和旋转数据。

- 四点跟踪或边角定位跟踪：跟踪影片剪辑中的4个参考样式来记录位置、缩放和旋转数据。这4个跟踪器会分析4个参考样式（例如图片帧的各角或电视监视器）之间的关系。此数据应用于图像或剪辑的每个角，以固定剪辑，这样它便显示为在图片帧或电视监视器中被锁定。
- 多点跟踪：在剪辑中随意跟踪多个参考样式。用户可以在“分析运动”和“稳定”行为中手动添加跟踪器。当用户将一个“跟踪点”行为从“形状”行为子类别应用到一个形状或蒙版时，会为每个形状控制点自动分配一个跟踪器。

4.4.2 人脸跟踪器

我们也可以使用简单蒙版跟踪，并可以快速应用于人脸，选择颜色校正或模糊人的脸部等。通过人脸跟踪，可以跟踪人脸上的特定点，如瞳孔、嘴和鼻子，从而更精细地隔离和处理这些脸部特征。例如，更改眼睛的颜色或夸大嘴的移动，而不必逐帧调整。

首先，打开Face素材，或者使用自己拍摄的脸部素材。在【时间轴】面板选中素材，使用【椭圆工具】绘制一个【蒙版】，不需要十分精确，如图4.4.13所示。

执行菜单【窗口】→【跟踪器】命令，打开【跟踪器】面板。可以看到【跟踪器】面板和点跟踪时有所不同，展开【方法】右侧的菜单，选中【脸部跟踪（详细五官）】选项，如图4.4.14所示。单击【分析】右侧的▶图标，对画面进行跟踪分析。

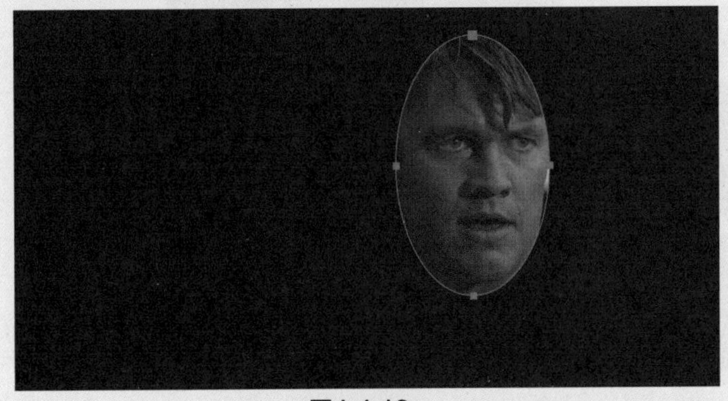

图4.4.13

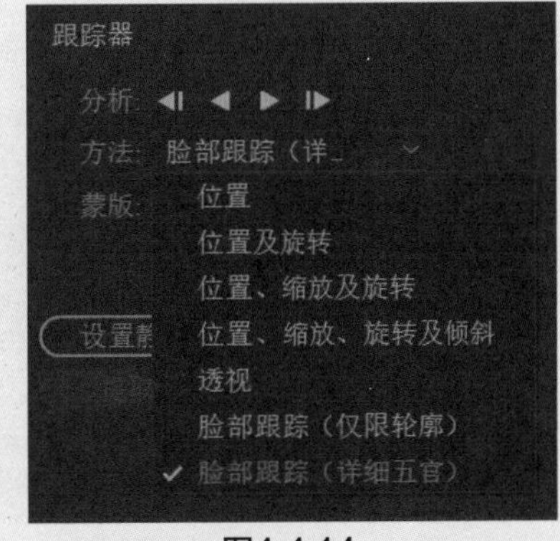

图4.4.14

在【合成】面板可以看到，系统自动设置了跟踪点，对五官进行详细的跟踪，如图4.4.15所示。

图4.4.15

在【时间轴】面板添加【效果】属性，展开【脸部跟踪点】可以看到系统自动地将五官进行细分，逐一进行跟踪，如图4.4.16所示。

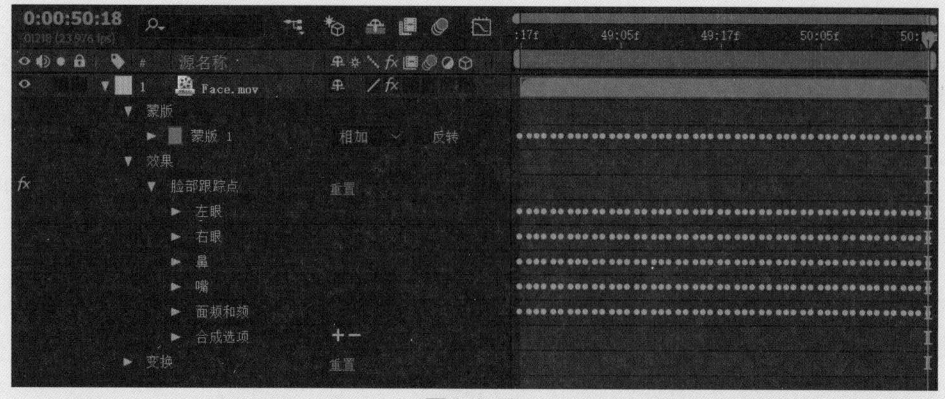

图4.4.16

如果再展开五官的属性，可以看到更为详细的参数，如图4.4.17所示。

在【效果控件】面板展开所有参数，也可以看到详细的参数，如图4.4.18所示。

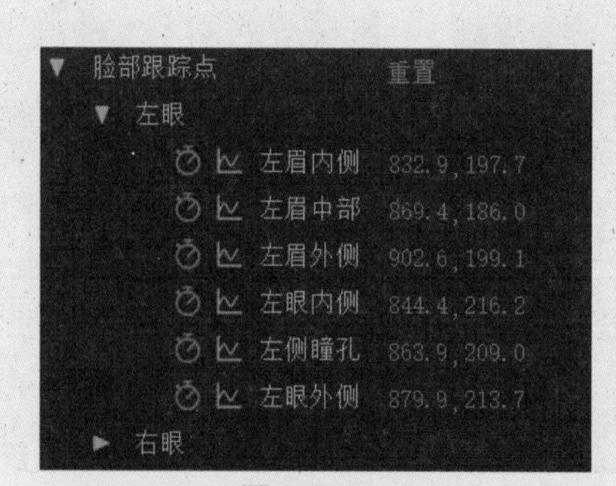

图4.4.17

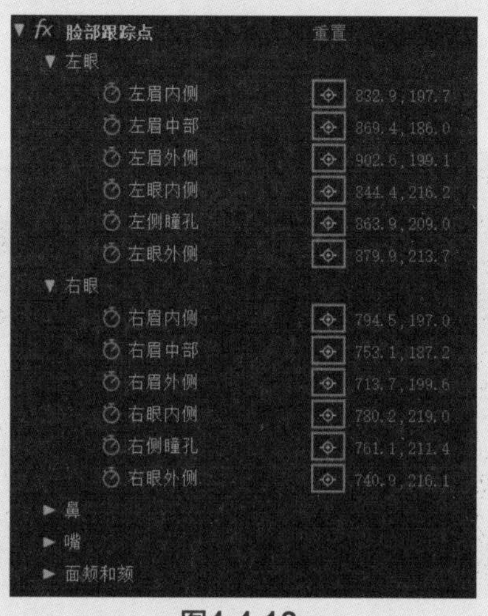

图4.4.18

调入眼镜PSD文件，给跟踪好的脸部素材加一个“社会人”的眼镜，并且让眼镜跟随脸部运动。调整眼镜的位置和大小，如图4.4.19所示。

图4.4.19

在【时间轴】面板展开眼镜图层的属性，找到并选中【位置】属性，执行菜单【动画】→【添加表达式】命令，可以看到【位置】属性下方出现【表达式：位置】属性，如图4.4.20所示。

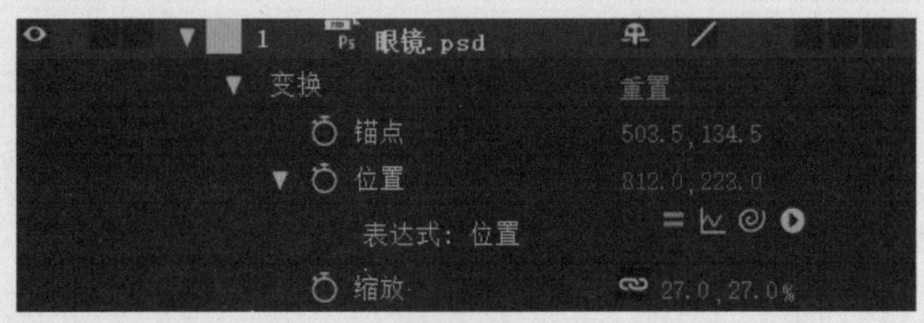

图4.4.20

选中【表达式：位置】属性右侧的螺旋图标，拖动到【效果控件】面板上的【鼻】属性下的【鼻梁】参数上，如图4.4.21所示。

可以看到【表达式：位置】右侧自动添加了【thisComp.layer("Face.mov").effect("脸部跟踪点")("鼻梁")】的表达式内容。按下空格键进行预览，可以看到眼镜一直跟随鼻梁进行移动，如图4.4.22所示。

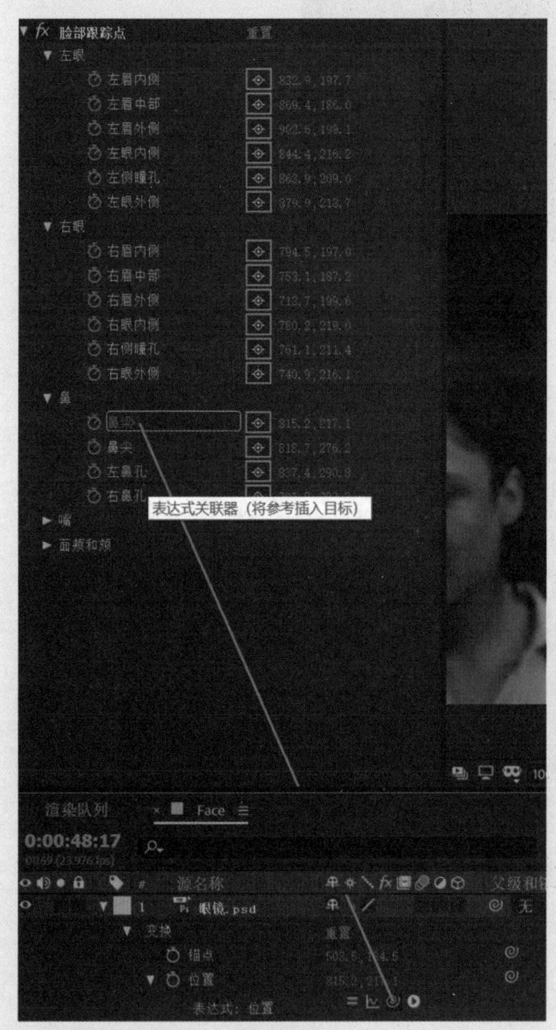

图4.4.21

图4.4.22

4.4.3 三维跟踪

三维跟踪可以通过分析素材，计算出摄像机所在的位置，在After Effects里建立三维图像时可以匹配摄像机镜头。分析的过程就是提取摄像机运动和 3D 场景数据。3D 摄像机运动允许基于 2D 素材正确合成 3D 元素。

打开3D跟踪素材，在【时间轴】面板中选中素材图层，通过以下两种方式都可以激活三维跟踪：

选择【动画】→【跟踪摄像机】命令，或者从图层上下文菜单中选择【跟踪摄像机】命令。

选择【效果】→【透视】→【3D 摄像机跟踪器】命令，如图4.4.23所示。

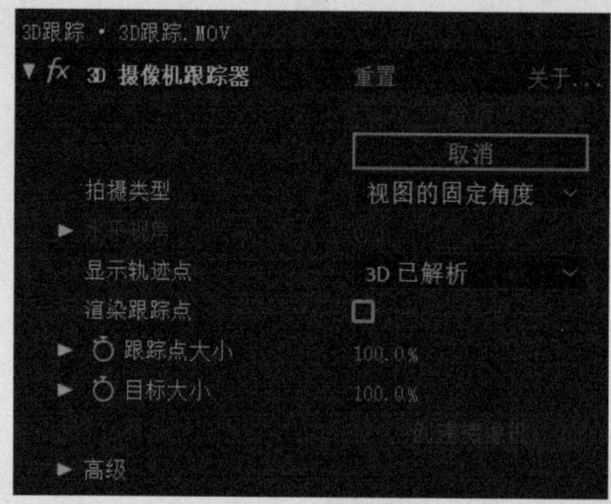

图4.4.23

当激活三维跟踪器时，系统即开始对画面进行分析，如图4.4.24所示。需要注意的是拍摄的视频镜头的移动需要一定幅度，如果变化不大或者完全不动，分析会出现失败的情况。

图4.4.24

后台分析完成以后，可以看到画面中有很多渲染好的跟踪点。在画面上移动鼠标，可以看到一个圆形的图标用于显示所有可以模拟出的面，每个面都至少有三个渲染跟踪点，用于形成跟踪的面，如图4.4.25所示。

图4.4.25

如果看不太清跟踪点和目标，如图4.4.26所示，可以调整【效果控件】面板中【3D摄像机跟踪器】上的【跟踪点大小】和【目标大小】的参数。

图4.4.26

选中一个需要跟踪的面，在画面中右击，在弹出的快捷菜单中选择需要建立的图层类型，如图4.4.27所示。

图4.4.27

选择第一项【创建文本和摄像机】，可以看到画面中会直接出现文本层，同时会建立一个【3D跟踪.MOV】，如图4.4.28和图4.4.29所示。

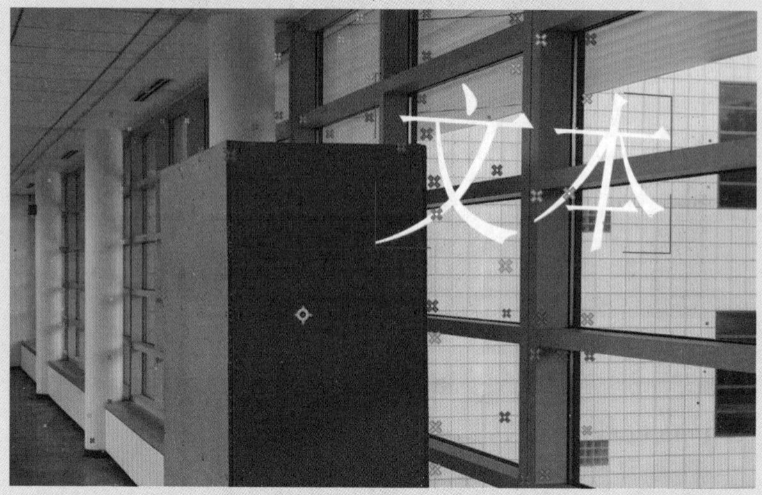

图4.4.28

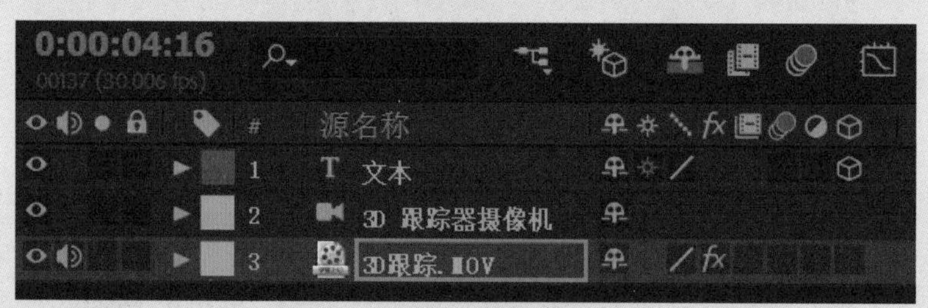

图4.4.29

选择第二项【创建实底和摄像机】，系统会自动创建一个【纯色】层并命名为【跟踪实底1】。画面中会出现一个方形的色块，如图4.4.30所示。

图4.4.30

用户可以随意移动【纯色】图层的大小和在三维空间中的位置而不会影响跟踪的结果，如图4.4.31所示。

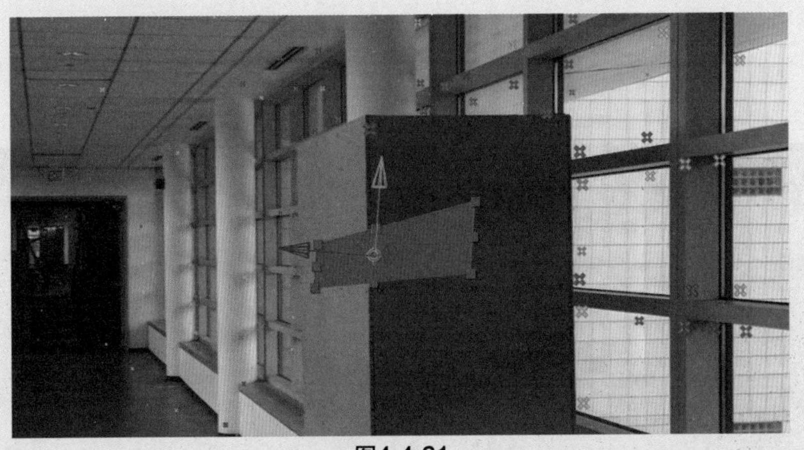

图4.4.31

用户也可以使用图层遮罩为跟踪区域添加效果。例如，若要在画面某一个区域进行模糊，首先在【时间轴】面板选中【3D跟踪.MOV】素材图层，按下快捷键Ctrl+D复制出一个新的素材层，将素材层的【3D 跟踪器摄像机】删掉，也就是在【时间轴】面板把复制出的【3D跟踪.MOV】素材层的【效果】属性删掉，选中该属性直接按下Delete键，如图4.4.32所示。

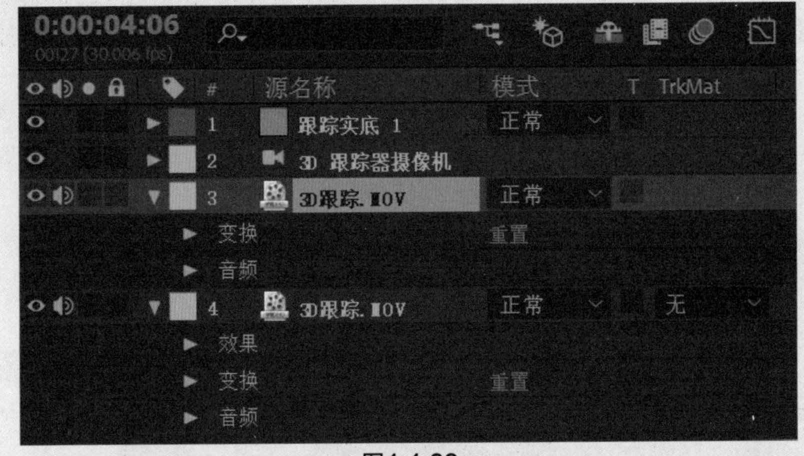

图4.4.32

选中【3D跟踪】素材层，移动至【跟踪实底1】的下方，按下快捷键F4，切换出模式栏，在复制素材层的【TrkMat】菜单中选中【Alpha遮罩“跟踪实底1”】命令，如图4.4.33所示。

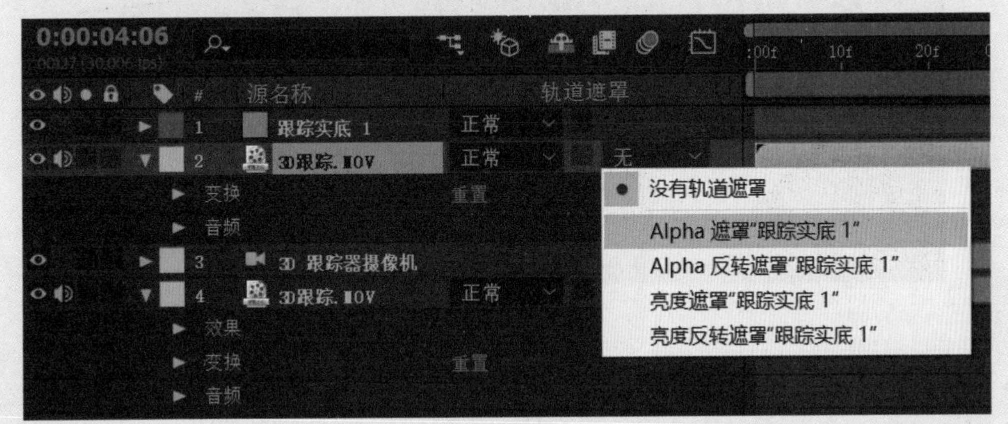

图4.4.33

从画面中可以看到跟踪实底不见了，其实它已经被转化为【Alpha遮罩】，选中复制出的素材层，执行菜单【效果】→【模糊和锐化】→【高斯模糊】命令，在【时间轴】面板将【模糊度】调整为40.0，如图4.4.34所示。

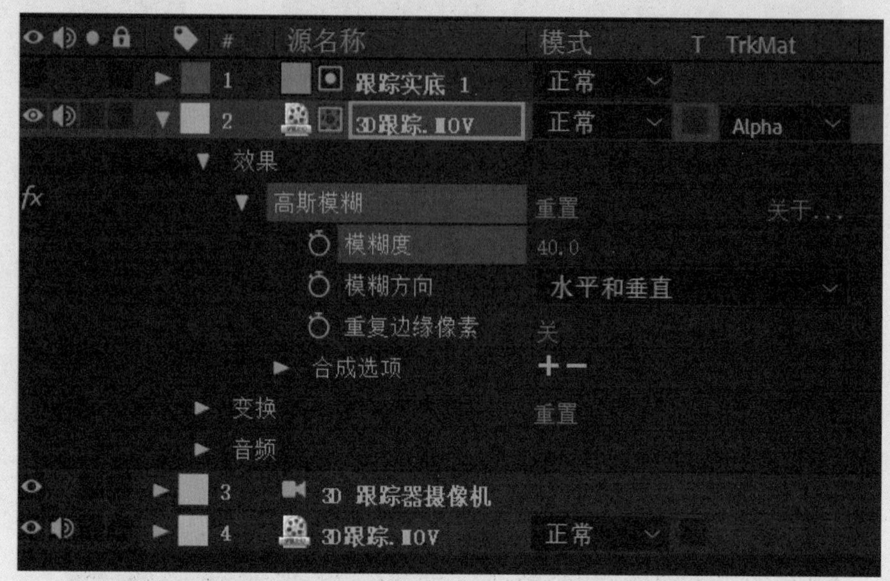

图4.4.34

观察画面效果，在原有的【跟踪实底1】所在位置，形成了一块模糊的区域，如图4.4.35所示。我们用这种方法对动态图像部分区域添加效果，例如，对一块车牌进行模糊处理，或者提亮某一块标识牌的亮度。

图4.4.35

对系统提供的跟踪点所形成的面，如果不满意，可以自定义形成跟踪面的点。在【时间轴】面板选中【3D跟踪】图层，在画面中看到红色的目标圆盘出现，按下Shift键，选中多个跟踪点，就会形成一个面，画面中颜色一致的点是在一个基本面上，如图4.4.36所示。

图4.4.36

用户也可以拖动鼠标选择多个点，这样很容易误操作。其实在跟踪画面拍摄时，在需要跟踪的面贴一些对比较为明显的跟踪点会有助于后期的跟踪，这些前期贴上的跟踪点都可以通过后期处理去掉，如图4.4.37所示。

图4.4.37

第5章 效果与预设

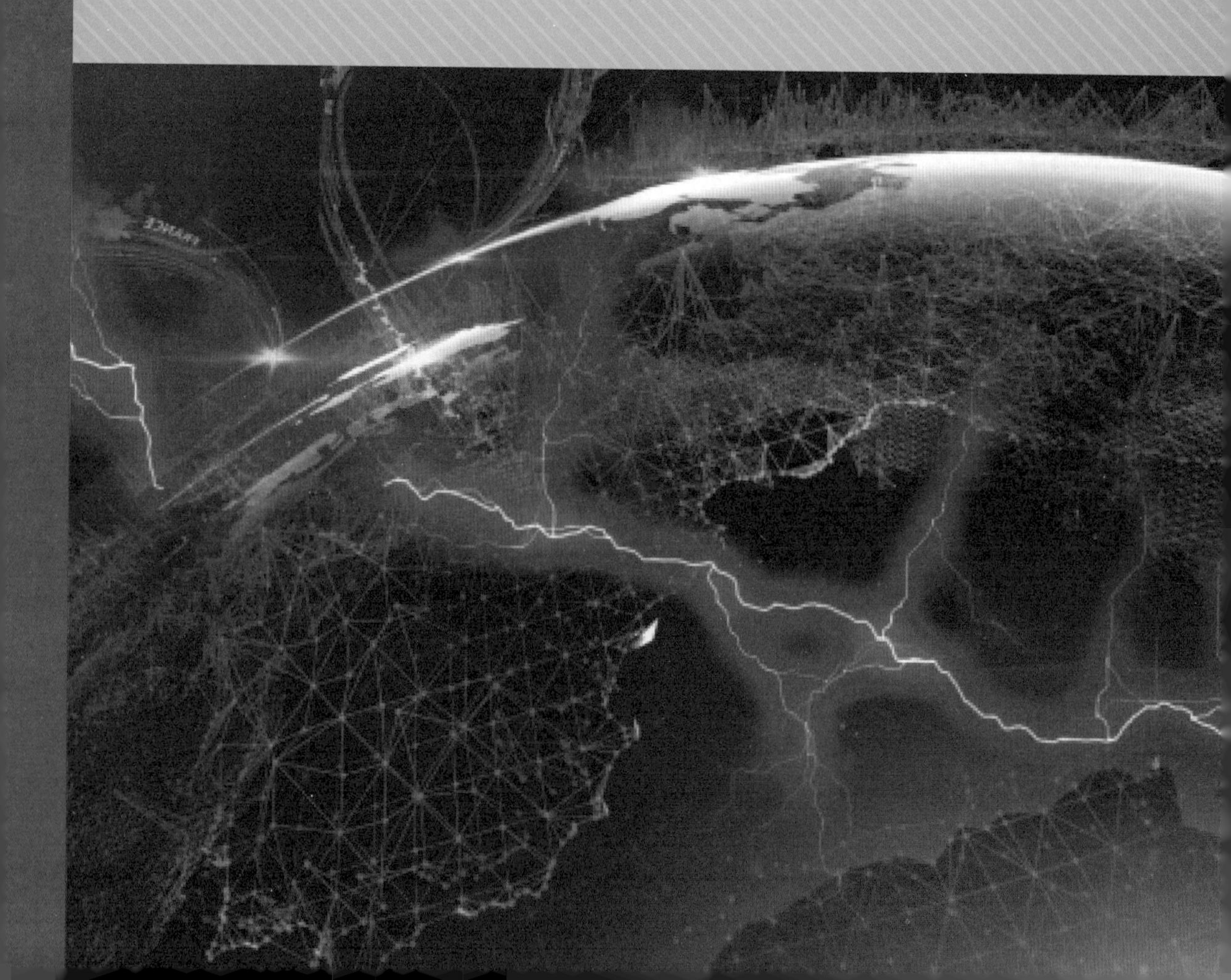

通过学习本节内容，我们将了解效果的基本操作。After Effect 中的所有效果都罗列在【效果】下拉菜单中，也可以使用【效果和预设】面板来快速选择所需效果。当对素材中的一个层添加了效果后，【效果控件】面板将自动打开，同时该图层所在的【时间轴】中的效果属性也会出现一个已添加效果的图标。我们可以单击这个fx图标来任意打开或关闭该层效果。也可以通过【时间轴】中的效果控制或【效果控件】面板对所添加效果的各项参数进行调整。

After Effects中既有本软件的【效果】，也有CC效果系列的【效果】，CC效果原来只是一个Cycore Systems外挂插件，由于优秀的性能很早就被内置在After Effects中，由于篇幅限制在本章节会选择最为常用的【效果】来进行讲解。

5.1 效果操作

After Effects包含多种效果（见图5.1.1），用户可以选中图层来添加或修改图像、视频和音频的效果。效果有时被误称为滤镜。滤镜和效果之间的主要区别是：滤镜可永久修改图像或图层的其他特性，而效果及其属性可随时被更改或删除。换句话说，滤镜有破坏作用，而效果没有破坏作用。After Effects中专门使用效果，因此更改没有破坏性。更改效果属性的直接结果是，属性可随时间改变，或进行动画处理。

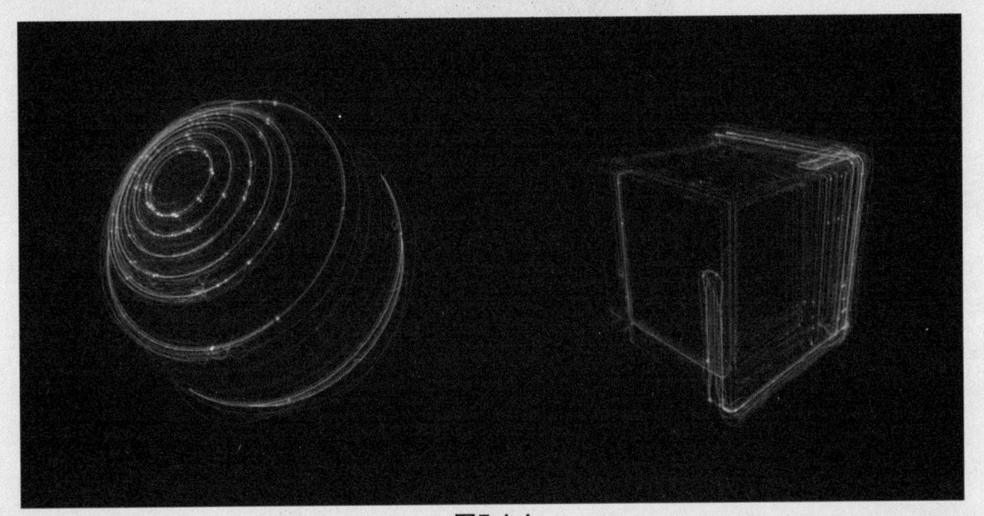

图5.1.1

5.1.1 应用效果

首先选取需要添加效果的素材，然后单击【时间轴】面板中已经建立的项目中层的名称，也可以在【合成】面板中直接选取相应层的素材。

可以通过两种方式为素材层添加效果。

- 在【效果】下拉菜单中选择一种你所需要添加的效果类型，再选择所需类型中的具体效果。
- 在【效果和预设】面板中单击所需效果的类型名称前的三角图标，出现相应效果列表，再将所选效果拖曳到目标素材层上或直接双击效果名称。

在After Effect 中无论是利用【效果】下拉菜单还是【效果和预设】面板，如图5.1.2所示，我们都能为同一层添加多种效果。如果要为多个层添加同一种效果，只需要先选择所需添加效果的多个素材层，然后按上面的步骤添加即可，然后用户可以单独调整每个层效果的参数。如果想让不同层通过参数相同来达到相同的效果，只需要对调整层添加效果，其所属的层也将拥有相同的效果。

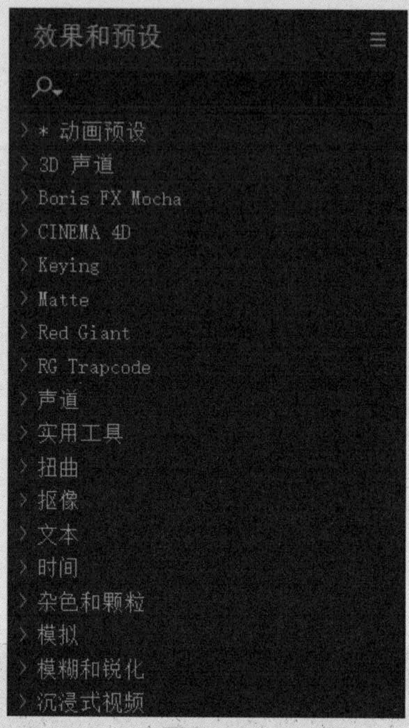

图5.1.2

5.1.2 复制效果

After Effect 中允许用户在不同层间复制和粘贴效果。在复制过程中，原层的调整效果参数也将保存并被复制到其他层中。

通过以下方式复制效果。首先在【时间轴】面板中选择一个需要复制效果的素材层，然后在【效果控件】面板中选取复制层的一个或多个效果，执行菜单【编辑】→【复制】命令。

复制完成后，在【时间轴】面板中选择所需粘贴的一个或多个层，然后执行菜单【编辑】→【粘贴】命令，这样就完成了一个层对一个层，或一个层对多个层的效果的复制和粘贴。如果用户所设置好的效果需要多次使用，并在不同的电脑上应用的话，可以将设置好的效果数值保存，当以后需要使用时，选择调入就可以了。

5.1.3 关闭与删除效果

当我们为层添加一种或多种效果后，电脑在计算效果时将占用大量时间，特别是只需要预览一个素材上的部分效果，或对比多个素材上的效果时，又要关闭或删除其中一个或多个效果。但关闭效果或删除效果带来的结果是不一样的。

关闭效果只是在【合成】面板中暂时地不显示效果，这时进行预览或渲染都不会添加关闭的效果。如需显示关闭的效果，可以通过【时间轴】面板或【效果控件】面板打开，或在【渲染队列】面板中选取渲染层的效果。该方法常用于素材添加效果的前后对比，或多个素材添加效果后，对单独的素材关闭效果的对比。

如果想逐个关闭层包含的效果，可以通过单击【时间轴】面板中素材层前的三角图标，展开【效果】选项，然后单击所要关闭效果前的黑色图标，图标消失表示不显示该效果，如果想恢复效果，只需要再在原位置单击一次。当关闭素材上的某个效果后，会节省该素材的预览计算时间，但重新打开之前关闭的效果时，计算机将重新计算该效果对素材的影响，因此对于一些需要占用较长处理时间的效果，请用户慎重选择效果显示状态，如图5.1.3所示。

图5.1.3

如果想一次关闭该层所有效果，则单击该层【效果】图标。当再次选择打开全部效果时，将重新计算所有效果对素材的影响，特别是效果之间出现穿插，会互相影响时，将占用更多时间，如图5.1.4所示。

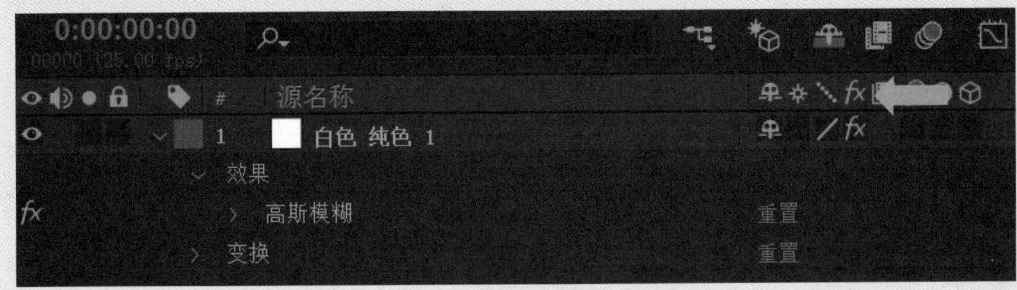

图5.1.4

删除效果将使所在层永久失去该效果，如果以后需要就必须重新添节和调整。可以通过以下方式删除效果。首先在【效果控件】面板选择需要删除的效果名称，然后按Delete键，或执行菜单【编辑】→【清除】命令。

如果需要一次删除层中的全部效果，只需要在【时间轴】面板或【合成】面板中选择层所包括的全部效果，然后执行菜单【效果】→【全部移除】命令。特别要注意的是，执行菜单【全部移除】命令后会同时删除包含效果的关键帧。如果用户错误删除层的所有效果，可以执行菜单【编辑】→【撤销】命令来恢复效果和关键帧。

5.1.4 效果参数设置

为一个图层添加效果后，效果就开始产生作用了，默认情况下效果会一直与图层并存，我们也可以设置效果的开始和结束时间和参数。

为图层添加一种效果后，在【时间轴】面板中的【效果】列表和【效果控件】面板中，就会列出该效果的所有属性控制选项。要注意的是并不是每种效果都包含了我们所列出的参数，比如【彩色浮雕】效果有【方向】角度设置，而没有【颜色】参数设置。【保留颜色】效果有【要保留的颜色】设置，而没有角度参数设置，如图5.1.5所示。

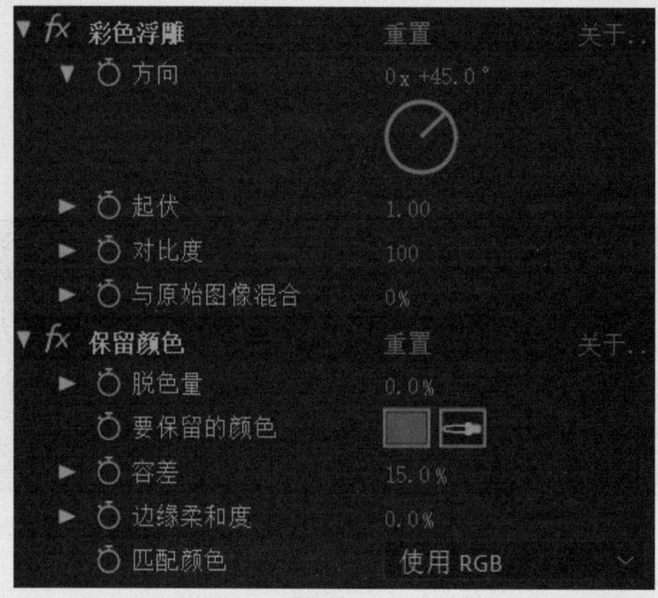

图5.1.5

可以通过【时间轴】面板和【效果控件】面板两种方式设置效果的参数。接下来介绍各种参数的设置方法。

1. 设置带有下画线的参数

带下画线的参数是效果中最常出现的参数种类，可以通过两种方式设置这种参数。

第一种，单击需要调节的效果名称，如果效果属性未展开，则单击效果名称前的三角图标，展开属性参数直接调节。将鼠标移到带下画线的参数值上，鼠标箭头变成一只小手，小手两边有向左和向右的箭头。此时按住鼠标再向左或向右移动，参数随移动的方向而变化，向左变小，向右则变大。这种调节方式可以动态观察素材在效果参数变化情况下的各类效果。

第二种，输入数值调节参数。将鼠标移到带下画线的参数值上，使原数值处于可编辑状态，只需输入想要的值，然后按Enter键即可。当需要某个精确的参数时，就按这种方式直接输入。当输入的数值大于最大数值上限，或小于最小数值下限的时候，After Effects将自动给该属性赋值为最大或最小值。

2. 设置带角度控制器的参数

通过两种方式对带有角度控制的参数进行设置。第一种是调节参数带下画线的数值，第二种是调节圆形的角度控制按钮。如果需要精确调节效果角度参数，直接单击带下画线的数值，然后输入想要的角度值即可。这种调节方式的好处是快速且精确。

如果比较不同角度的效果，可以直接在圆形的角度控制按钮上任意单击鼠标，角度数值会自动变换到那个位置对应的数值上；或按住圆形的角度控制按钮上的黑色指针，然后按逆时针或顺时针方向拖动鼠标，如图5.1.6所示，逆时针方向可以减小角度，顺时针方向可以增加角度。这种调节方式适合动态比较效果，但不精确。

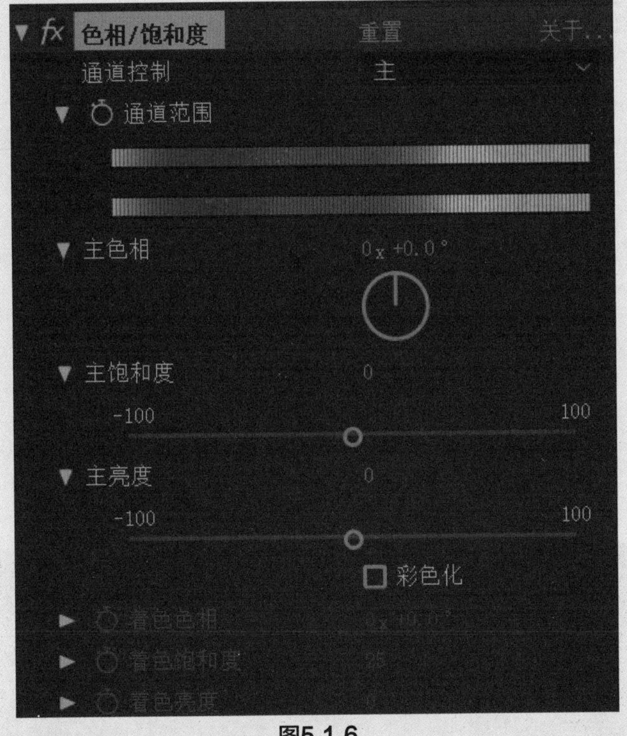

图5.1.6

3. 设置效果的色彩参数

对于需要设置颜色参数的效果，先单击【颜色样品】按钮，将弹出【颜色选择器】对话框，然后从中选取需要的颜色，单击【确定】按钮。或利用【颜色样品】按钮后的【吸管】工具，如图5.1.7所示，在画面中单击吸取需要的颜色。

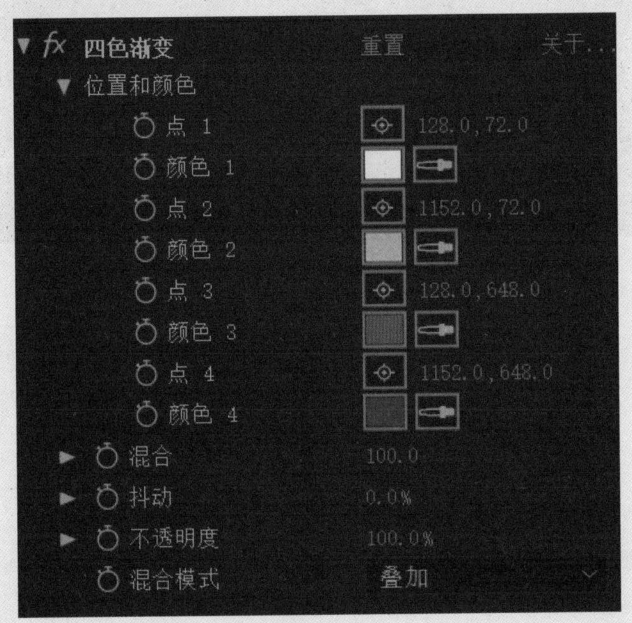

图5.1.7

当设置好参数后，如果恢复效果参数初始状态，只需单击效果名称右边的【重置】按钮。如果了解该效果的相关信息，则单击【关于...】按钮。

5.2 颜色校正

经常使用Photoshop的读者对颜色校正系列的【效果】不会陌生，因为这几个色彩调整方式在Photoshop中也会经常被用到。影视后期中专业调色的插件和软件层出不穷，功能强大但基本的工作模式其实大致相同，下面这几个工具可以简单地完成对于色彩的调整，如果需要更为优秀的光影效果，可以求助于更为强大的插件和工具，但掌握这些基础工具是入门的基础。

5.2.1 色阶

【色阶】效果用于将输入的颜色范围重新映射到输出的颜色范围，还可以改变灰度系数曲线，是所有用来调节图像通道的效果中最精确的工具。【色阶】效果中调节灰度可以在不改变阴影区和加亮区的情况下，改变灰度中间范围的亮度值，如图5.2.1所示。

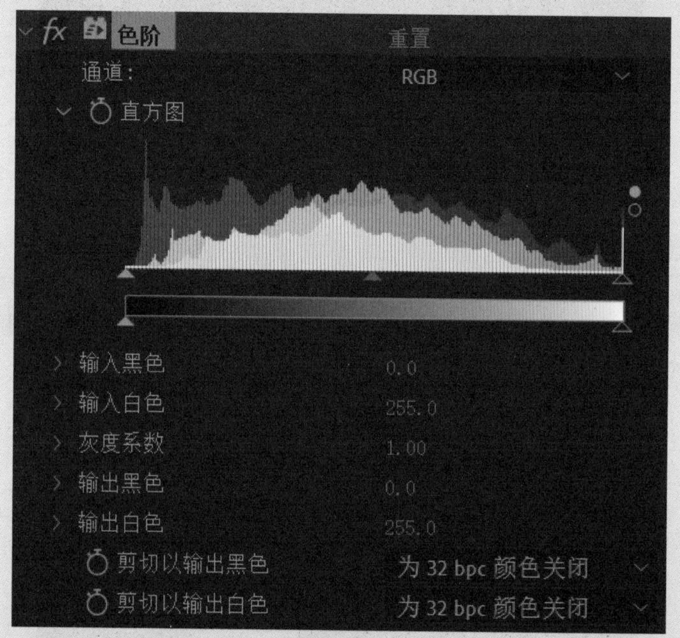

图5.2.1

【色阶】效果中的主要参数介绍如下。

- 通道：选择需要修改的通道，分为5种，有RGB、红色、绿色、蓝色、Alpha。
- 直方图：显示图像中像素的分布状态。水平方向表示亮度值，垂直方向表示该亮度值的像素数量。
- 输入黑色：用于设置输入图像黑色值的极限值。
- 输入白色：用于设置输入图像白色值的极限值。
- 灰度系数：设置灰度系统的值。
- 输出黑色：用于设置输出图像黑色值的极限值。
- 输出白色：用于设置输出图像白色值的极限值。

调整画面的色阶是实际工作中经常使用到的命令，当画面对比度不够时，可以通过拖动左右的三角图标来调节画面的对比度，使灰度区域或者那些对比度不够强烈的区域画面得到加强，如图5.2.2和图5.2.3所示。

图5.2.2

图5.2.3

5.2.2 色相/饱和度

【色相/饱和度】主要用于细致地调整图像色彩。这也是After Effects最为常用的效果，能专门针对图像的色调、饱和度、亮度等做细微的调整，如图5.2.4所示。

【色相/饱和度】效果中的主要参数介绍如下。

- 通道控制：图像通道分为7种，分别有主、红色、黄色、绿色、青色、蓝色、洋红。在这里用户可以控制颜色改变的范围，例如选中红色通道，调节参数时将只会改变画面中红色区域部分的颜色，其他颜色将不受影响。

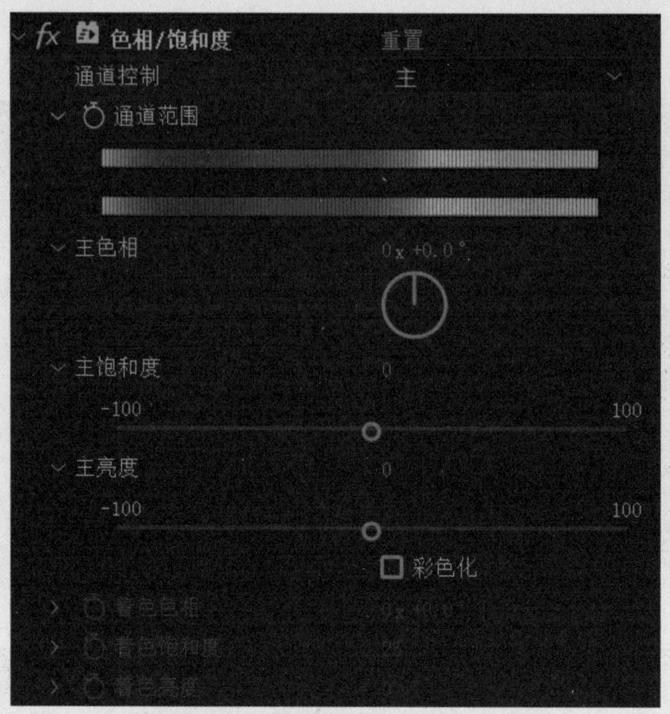

图5.2.4

- 通道范围：设置色彩范围。色带显示颜色映射的谱线。上面的色带表示调节前的颜色，下面的色带表示在全饱和度下调节后所对应的颜色。
- 主色相：设置色调的数值，也就是改变某个颜色的色相，调整这个参数可以使图像变换颜色，前提是画面中并没有其他颜色存在，如果有会同时改变。
- 主饱和度：设置饱和度数值。数值为-100时，图片转为灰度图；数值为+100时，图片将呈现像素化效果。
- 主亮度：设置亮度数值。数值为-100时，画面全黑；数值为+100时，画面全白。
- 彩色化：当选中该复选框后，画面将呈现出单色效果。选中后下面3个选项会被激活。
  - 着色色相：设置前景的颜色，也就是单色的色相。
  - 着色饱和度：设置前景饱和度。
  - 着色亮度：设置前景亮度，如图5.2.5和图5.2.6所示。

图5.2.5

图5.2.6

5.2.3　曲线

【曲线】效果（见图5.2.7）通过改变效果窗口的曲线来改变图像的色调，从而调节图像暗部和亮部的平衡，能在小范围内调整RGB数值。曲线的控制能力较强，能利用“亮区”“阴影”和“中间色调”3个变量进行调节，还可以控制画面的不同色调进行调整。

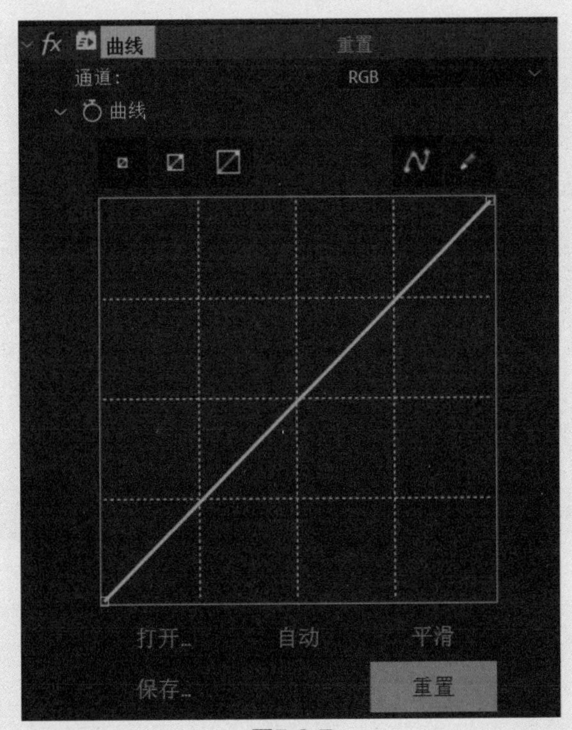

图5.2.7

【曲线】效果中的主要参数介绍如下。

- 通道：选择色彩通道。共5种，包括RGB、红色、绿色、蓝色和Alpha。
- ：主要用于控制曲线面板的大小。
- ：单击曲线上的点，拖动点来改变曲线形状，图像色彩也跟着改变。
- ：可以使用铅笔工具在绘图区域绘制任意形状的曲线。
- 打开：文件夹选项。单击后将打开文件夹，方便导入之前设置好的曲线。

- 自动：单击后自动建立一条曲线，对画面进行处理。
- 平滑：平滑处理图标。比如用铅笔工具绘制一条曲线，再单击平滑图标，可以让曲线形状更规则。多次平滑的结果是曲线将成为一条斜线，平滑后的图像效果如图5.2.8和图5.2.9所示。

图5.2.8

图5.2.9

5.3 模糊

5.3.1 高斯模糊

【高斯模糊】效果（见图5.3.1）主要用于模糊和柔化图像，可以去除杂点，层的质量设置对高斯模糊没有影响。高斯模糊效果能产生比其他效果更细腻的模糊效果。

高斯模糊　重置
模糊度　0.0
模糊方向　水平和垂直
重复边缘像素

图5.3.1

【高斯模糊】效果中的主要参数介绍如下。

- 模糊度：用于设置模糊的强度。通常使用该工具时，都会配合【遮罩】工具使用，这样可以局部调整模糊值。
- 模糊方向：调节模糊方位，包括水平和垂直、水平方位、垂直方位3种选择。
- 重复边缘像素：选中此复选框后，边缘的黑边会消失，如图5.3.2和图5.3.3所示。

图5.3.2

图5.3.3

5.3.2　定向模糊

【定向模糊】效果（见图5.3.4）是由最初的动态模糊效果发展而来。它比动态模糊效果更加强调不同方位的模糊效果，使画面带有强烈的运动感。

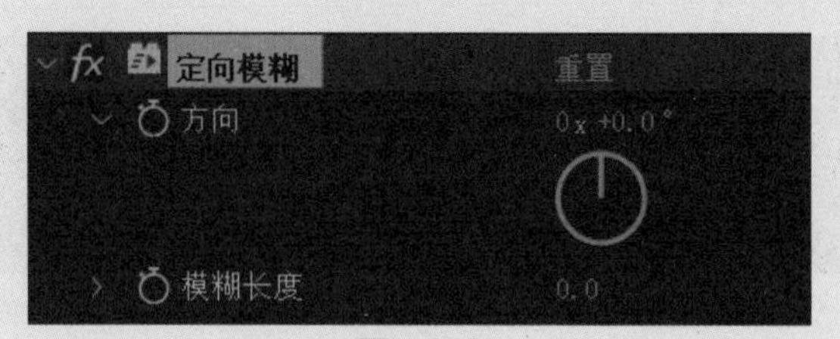

图5.3.4

【定向模糊】效果中的主要参数介绍如下。

- 方向：调节模糊方向。控制器非常直观，指针方向就是运动方向也就是模糊方向。当设置度数为0°或180°时，效果是一样的。如果在度数前加负号，模糊的方向将为逆时针。
- 模糊长度：调节模糊的长度，也就是强度，如图5.3.5和图5.3.6所示。

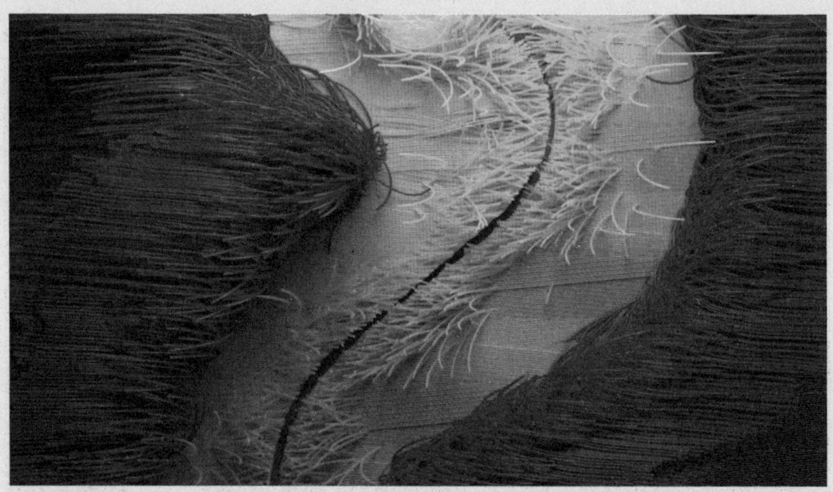

图5.3.5

图5.3.6

5.3.3 径向模糊

【径向模糊】是一个常用的效果，能围绕一个点产生模糊，可以模拟出摄像机推拉和旋转的效果，如图5.3.7所示。

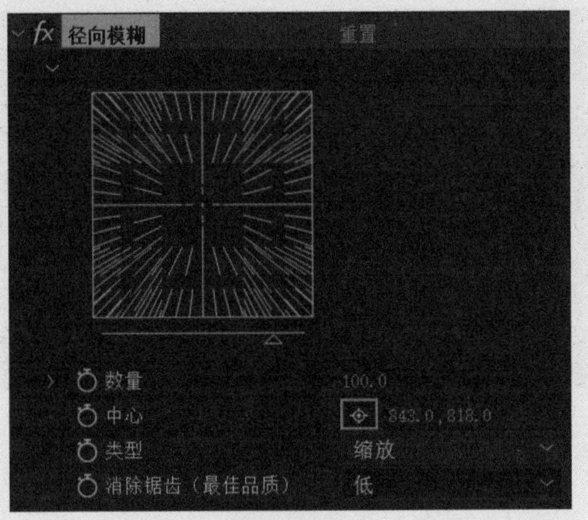

图5.3.7

【径向模糊】效果中的主要参数介绍如下。

- 数量：调整画面模糊的程度。
- 中心：设置模糊中心在画面中的位置。
- 类型：设置模糊类型，共两种，分别为旋转和缩放。
- 消除锯齿（最佳品质）：设置锯齿品质，共两种，分别为高和低，如图5.3.8和图5.3.9所示。

图5.3.8

图5.3.9

5.4 生成

5.4.1 梯度渐变

【梯度渐变】（见图5.4.1）是最实用的AE 内置插件之一，多用于制作双色的渐变颜色贴图。类似于Photoshop中的渐变工具，需要注意的是，无论素材是什么颜色或样式，素材都将被渐变色覆盖。

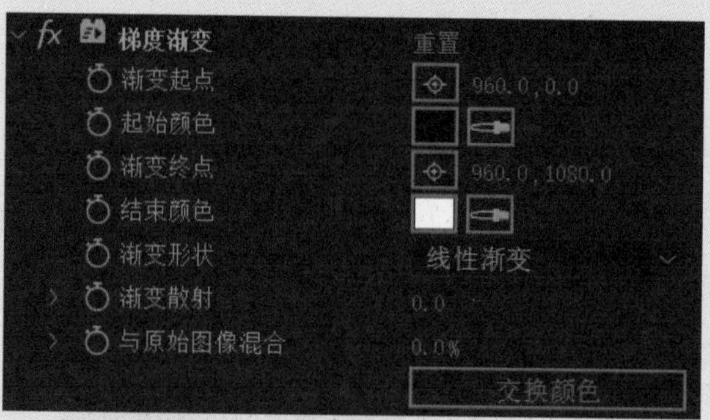

图5.4.1

【梯度渐变】效果中的主要参数介绍如下。

- 渐变起点：设置渐变在画面中的起始位置。
- 起始颜色：设置渐变的起始颜色。
- 渐变终点：设置渐变在画面中的结束位置。
- 结束颜色：设置渐变的结束颜色。
- 渐变形状：调整渐变模式，包括线性渐变和径向渐变。
- 渐变散射：调整渐变区域的分散情况，参数较高时会使渐变区域的像素散开，产生类似于毛玻璃的感觉。
- 与原始图像混合：调整渐变效果和原始图像的混合程度。
- 交换颜色：将起始颜色和结束颜色进行交换。

5.4.2 四色渐变

【四色渐变】（见图5.4.2）多用于制作多色的渐变颜色贴图，能够快速制作出多种颜色的渐变图，可以模拟霓虹灯、流光异彩等效果。【四色渐变】效果的颜色过渡相对平滑，但是不如单独的固态层控制自由。

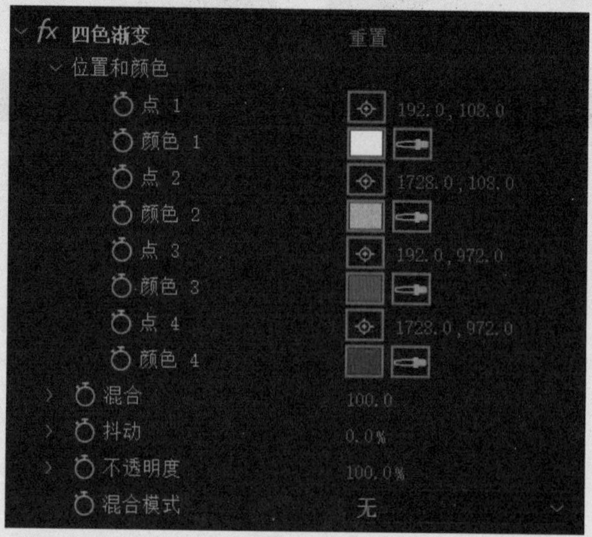

图5.4.2

【四色渐变】效果中的主要参数介绍如下。

- 位置和颜色：用来设置4种颜色的中心点和各自的颜色，并且可以设置位置动画和色彩动画，组合设置可以制作出复杂的效果。
- 混合：调整颜色过渡的层次数，参数越高颜色之间过渡得也就越平滑。
- 抖动：调整颜色过渡区域（渐变区域）的抖动（杂色）数量。
- 不透明度：调整颜色的不透明度。
- 混合模式：控制4种颜色之间的混合模式，共18种，包括无、正常、相加、相乘、滤色、叠加、柔光、强度、颜色减淡、颜色加深、变暗、变亮、差值、排除、色相、饱和度、颜色、发光度，制作的效果如图5.4.3和图5.4.4所示。

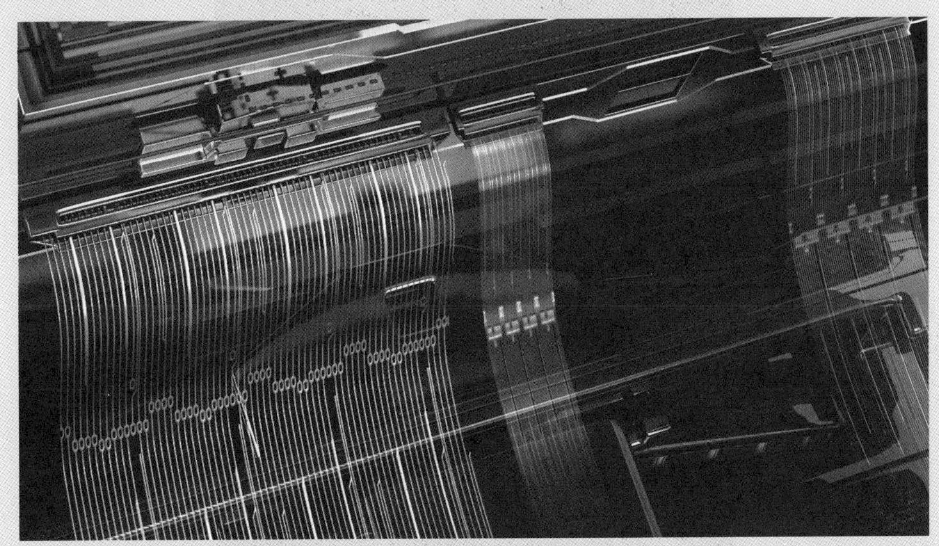

图5.4.3

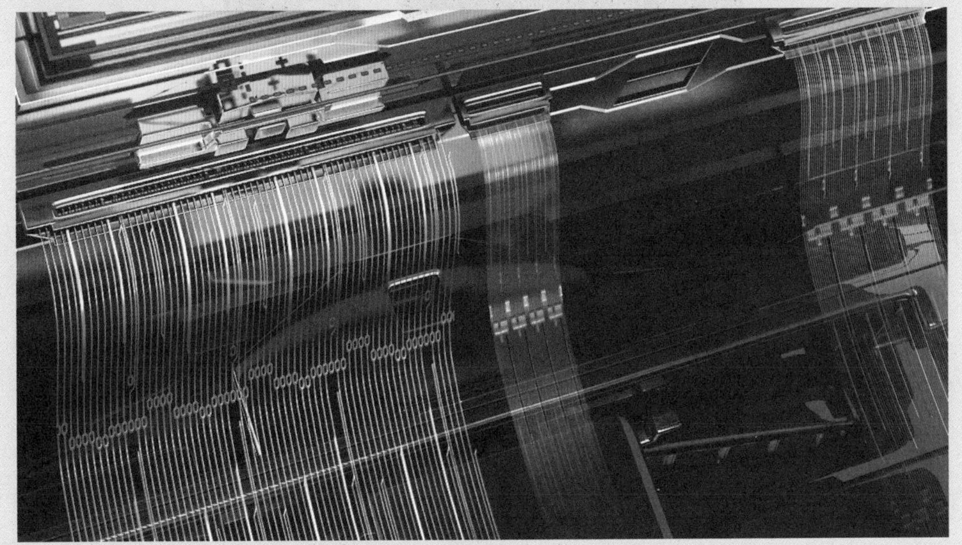

图5.4.4

5.4.3 高级闪电

【高级闪电】（见图5.4.5）用于模拟自然界中的闪电效果。

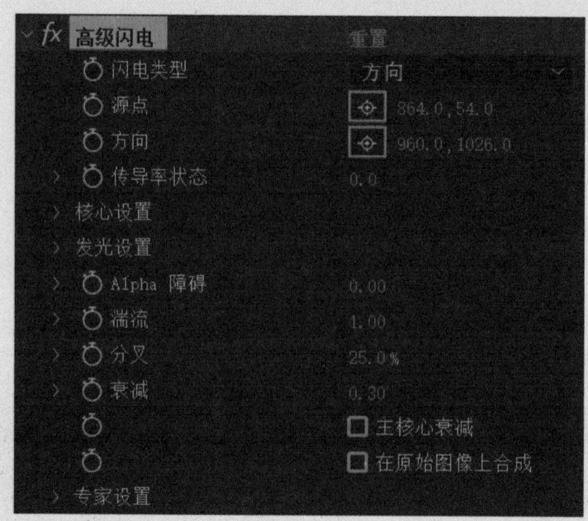

图5.4.5

【高级闪电】效果中的主要参数介绍如下。

- 闪电类型：共8种，包括方向、打击、阻断、回弹、全方位、随机、垂直、双向打击。
- 源点：设置闪电源点在画面中的位置。
- 方向：调整闪电源点在画面中的方向或者闪电的外径。
- 传导率状态：调整闪电的状态。
- 核心设置：设置闪电核心的颜色、半径和不透明度，如图5.4.6所示，有以下3个选项。

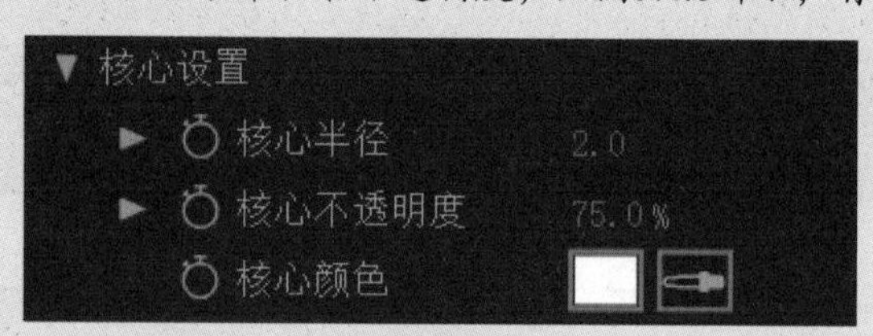

图5.4.6

  - 核心半径：调整闪电核心的半径。
  - 核心不透明度：调整闪电核心的不透明度。
  - 核心颜色：调整闪电核心的颜色。
- 发光设置：设置闪电外围辐射的颜色、半径和不透明度，如图5.4.7所示。

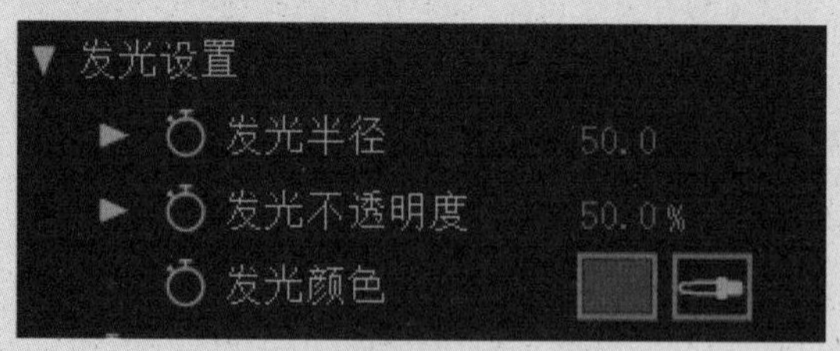

图5.4.7

  - 发光半径：调整闪电外围辐射的半径。
  - 发光不透明度：调整闪电外围辐射的不透明度。
  - 发光颜色：调整闪电外围辐射的颜色。
- Alpha 障碍：闪电会受到当前图层Alpha通道的影响。
- 湍流：调整闪电的混乱程度，参数越高闪电的分叉越复杂。

■ 分叉：调整闪电的分支。

■ 衰减：设置闪电的衰减。

■ 专家设置：对闪电进行高级设置，如图5.4.8所示。

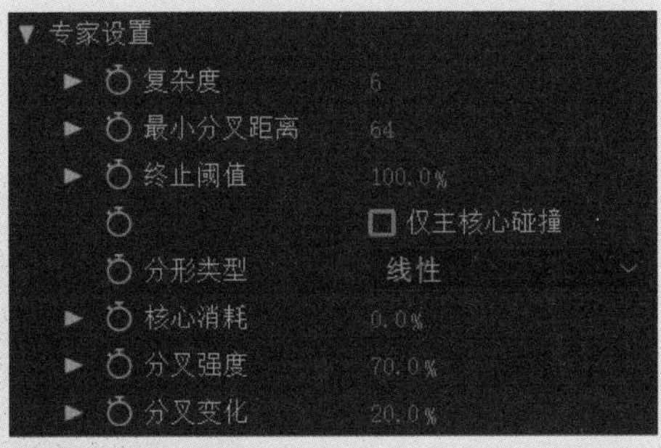

图5.4.8

➢ 复杂度：调整闪电的复杂程度。

➢ 最小分叉距离：调整闪电分叉之间的距离。

➢ 终止阈值：为低值时闪电更容易终止。如果设置了【Alpha障碍】则反弹的次数会减少。

➢ 核心消耗：创建分支从核心消耗能量的多少。

➢ 分叉强度：调整分叉从主干汲取能量的力度。

➢ 分叉变化：调整闪电的分叉变化，如图5.4.9和图5.4.10所示。

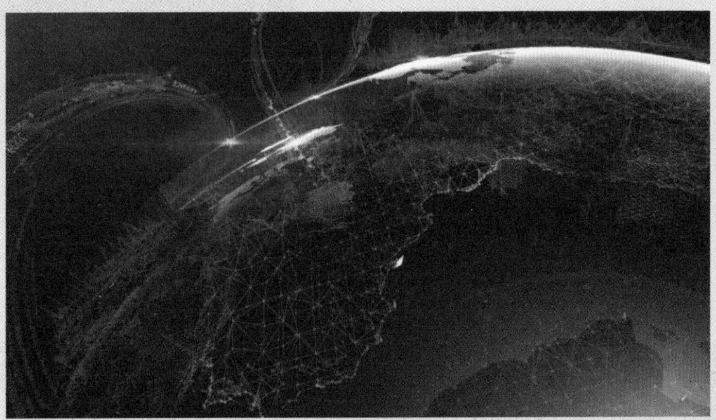

图5.4.9

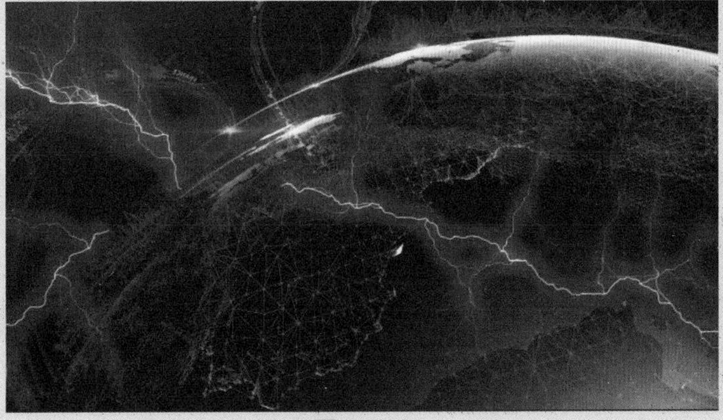

图5.4.10

5.5 风格化

5.5.1 发光

【发光】效果经常用于图像中的文字和带有Alpha通道的图像，使其产生发光效果，如图5.5.1所示。

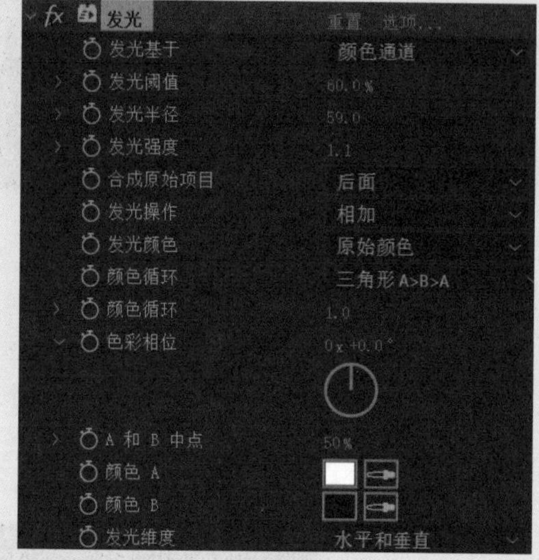

图5.5.1

【发光】效果中的主要参数介绍如下。

- 发光基于：选择发光作用通道。共有两种，分别为Alpha通道和颜色通道。
- 发光阈值：调整发光的程度。
- 发光半径：调整发光的半径。
- 发光强度：调整发光的强度。
- 合成原始项目：原画面合成。
- 发光操作：选择发光模式，类似层模式的选择。
- 发光颜色：选择发光颜色。
- 颜色循环：选择颜色循环。
- 颜色循环下拉列表：选择颜色循环方式。
- 色彩相位：调整颜色相位。
- A和B中点：颜色A和B中点的百分比。
- 颜色A：选择颜色A。
- 颜色B：选择颜色B。
- 发光维度：选择发光作用方向，共3种，分别为水平，垂直，水平和垂直。

发光效果如图5.5.2和图5.5.3所示。

图5.5.2

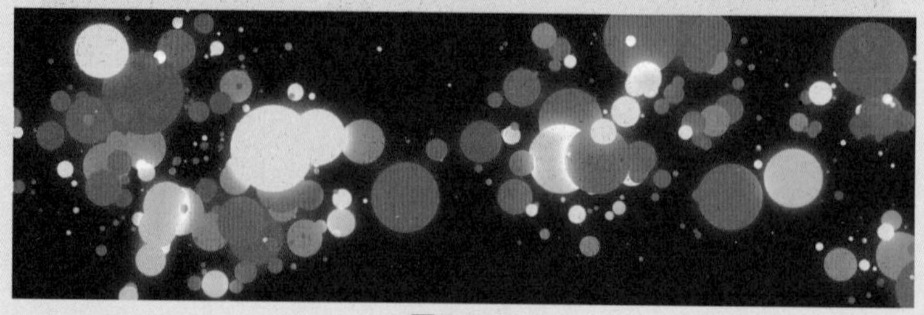
图5.5.3

5.5.2 毛边

【毛边】效果（见图5.5.4）是通过计算层的边缘的Alpha通道数值产生粗糙的效果。如果通道带有动画效果，则可以根据Alpha通道数值，模拟被腐蚀过的纹理或溶解的效果。

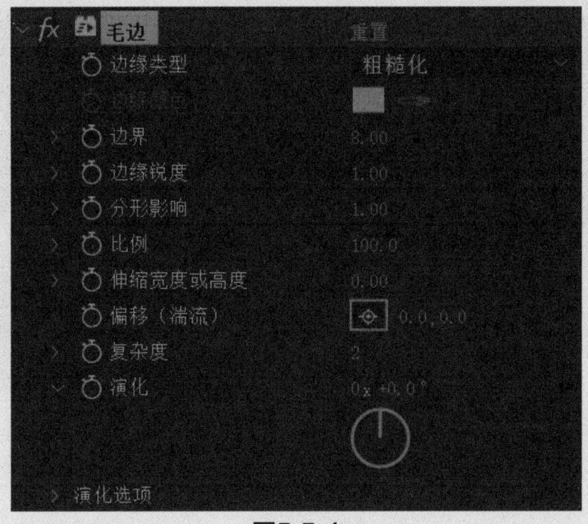

图5.5.4

【毛边】效果中的主要参数介绍如下。

- 边缘类型：选择处理边缘的方式。【粗糙化】是模拟照片时间久了边缘变得破旧，并且图像色彩也会随边缘腐蚀的程度呈现出旧照片一样的效果；【颜色粗糙化】是为粗糙化的边缘添加彩色的边；【剪切】的粗糙效果与粗糙化相同，但图像色彩不变；【刺状】是模拟出边缘被尖的东西刮过的效果；【生锈】是模拟生锈效果；【生锈颜色】是为生锈的边缘添加色彩；【影印】是模拟影印的效果；【影印颜色】是为影印部分添加色彩。
- 边缘颜色：设置边缘颜色。只有边缘类型选择了带颜色的选项时才被激活。
- 边界：设置边缘范围。默认数值范围为0.0到32.0，最大不能超过500.0。数值越大，对图像的影响范围越广。
- 边缘锐度：设置轮廓的锐化程度。数值为1.00是正常效果，0.00到1.00之间是羽化效果。默认数值范围为0.00到2.00，最大不能超过10.00。
- 分形影响：设置边缘粗糙的不规则程度。数值范围为0.0到1.0。当数值为0.0时，边缘会变光滑。边缘光滑程度与边界的数值有关。
- 比例：对边缘粗糙效果的缩放处理，数值越小，边缘越琐碎。默认数值范围为20.0到300.0，最大不能超过1000.0。数值为100.0是正常状态，数值越大越呈现出一种溶解的效果。
- 伸缩宽度或高度：设置粗糙边缘宽度和高度的拉伸程度。数值为正时，在水平方向拉伸；数值为负时，在垂直方向拉伸。默认数值范围为-5.00到+5.00，最小不能低与-100.0，最大不能高于+100.0。数值为0.00，则不在任何方向拉伸。
- 偏移（湍流）：设置边缘的偏移点。可以在合成面板任意位置设置偏移点。
- 复杂度：设置边缘粗糙效果的复杂程度。默认数值范围为1到6时，最大不能超过10。数值为2是正常状态，数值为1到2时呈现羽化效果；数值越大粗糙效果越细致。
- 演化：设置边缘的粗糙变化角度。通过动画设置，能够实现动态变化的粗糙边缘效果。

【演化】选项展开后的设置如下。

- 循环（旋转次数）：设置循环旋转的次数。必须执行循环演化命令才能激活该选项。默认数值范围为1到30，最大不能超过88。
- 随机植入：设置随机种子速度，默认数值范围为0到1000，最大不能超过100000，效果如图5.5.5和图5.5.6所示。

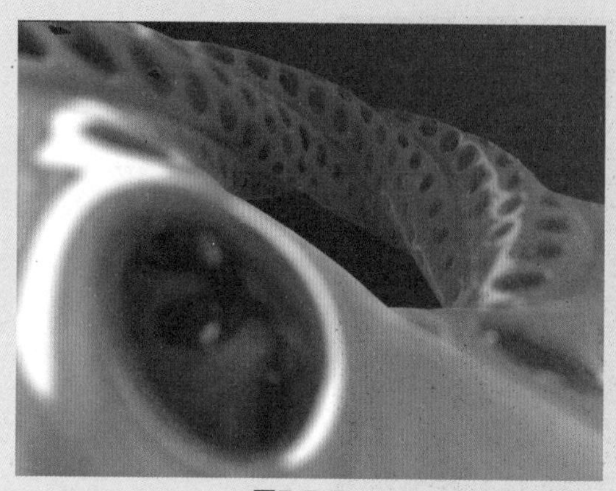
图5.5.5

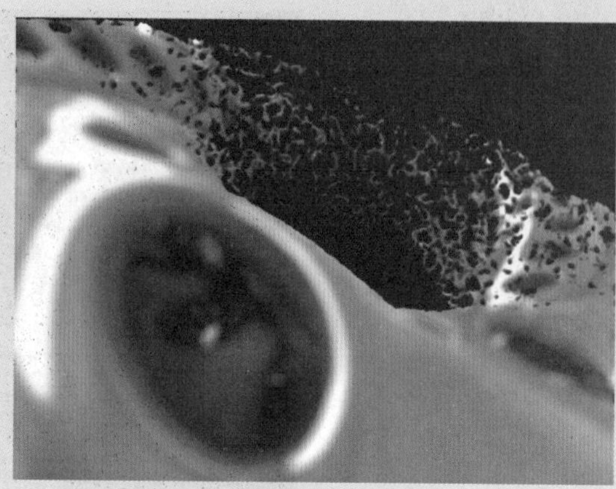
图5.5.6

5.5.3 卡通

【卡通】效果（见图5.5.7）主要通过使影像中对比度较低的区域进一步降低，或使对比度较高的区域中的对比度进一步提高，从而形成色彩的阶段差，然后得到有趣的卡通效果。

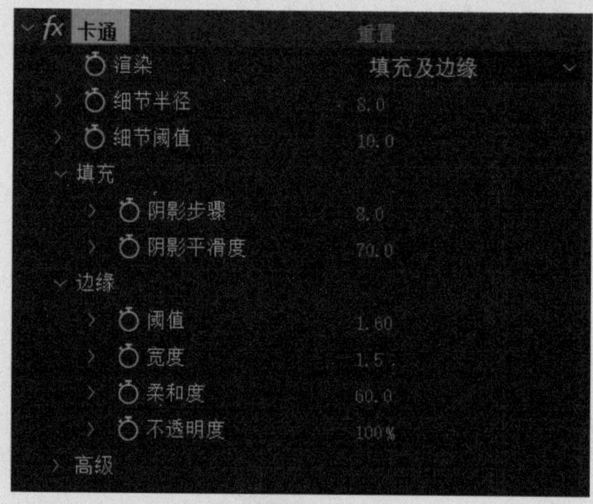

图5.5.7

【卡通】效果中的主要参数介绍如下。

- 渲染：设置渲染之后的显示方式，其中【填充及边缘】是显示填充和边缘，而【填充】是只显示填充，【边缘】是只显示边缘。
- 细节半径：设置画面细节的模糊程度，数值越高，画面越模糊。
- 细节阈值：这个参数可以更加细微地调整画面，较低时数值可以保留更多细节，相反则可以使画面更具卡通效果。
- 填充：调整图像高光填充部分的过渡值和亮度值。图像的明亮度值根据【阴影步骤】和【阴影平滑度】属性的设置进行量化（色调分离）。如果【阴影平滑度】值为0，则结果与简单的色调分离非常相似。较高的【阴影平滑度】值可使各种颜色更自然地混合在一起，色调分离值之间的过渡更缓和，并保持渐变。平滑阶段需考虑原始图像中存在的细节量，使平滑的区域（如渐变的天空）不进行量化，除非【阴影平滑度】值较低。

- 边缘：控制画面中边缘的各种数值，有以下4个选项。
  - 阈值：调节边缘的可识别性。
  - 宽度：调节边缘的宽度。
  - 柔和度：调节边缘的柔和度。
  - 不透明度：调节边缘的不透明度。
- 高级：控制边缘和画面的进阶设置，有以下3个选项。
  - 边缘增强：调节此数值，使边缘更加锐利或者模糊。
  - 边缘黑色阶：边缘的黑度。
  - 边缘对比度：调整边缘的对比度，效果如图5.5.8和图5.5.9所示。

图5.5.8

图5.5.9

5.6 过渡

5.6.1 渐变擦除

【渐变擦除】效果的主要功能是让画面柔和地过渡，使得画面转场不显得过于生硬，其界面如图5.6.1所示。

图5.6.1

【渐变擦除】效果中的主要参数介绍如下。

- 过渡完成：调整渐变的完成度。
- 过渡柔和度：调整渐变过渡的柔和度。
- 渐变图层：选择需要渐变的图层。
- 渐变位置：选择渐变位置，包括【拼贴渐变】【中心渐变】【伸缩渐变以适合】。
- 反转渐变：反转渐变顺序，效果如图5.6.2～图5.6.4所示。

图5.6.2

图5.6.3

图5.6.4

5.6.2 块溶解

【块溶解】效果能够随机产生板块来溶解图像，达到图像转换，其界面如图5.6.5所示。

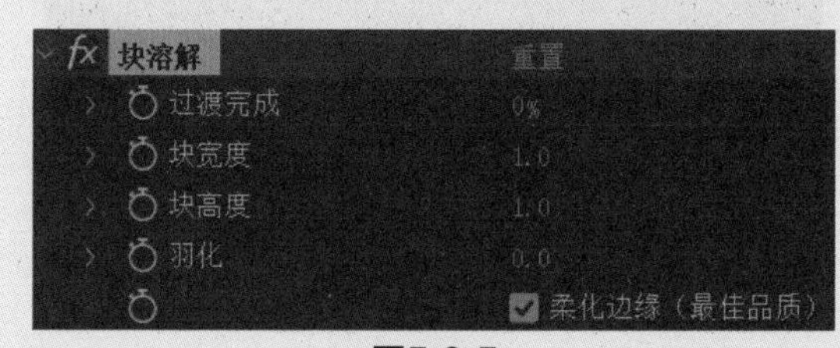

图5.6.5

【块溶解】效果中的主要参数介绍如下。

- 过渡完成：转场完成百分比。
- 块宽度：调整块宽度。
- 块高度：调整块高度。
- 羽化：调整板块边缘羽化。
- 柔化边缘（最佳品质）：选择后能使边缘柔化，如图5.6.6所示。

图5.6.6

5.6.3 卡片擦除

【卡片擦除】效果可以模拟出一种由众多卡片组成的图像，并通过翻转每张卡片变换为另一张卡片得到一种过渡效果。卡片擦除能产生动感最强的过渡效果，属性也是最复杂的，包含了灯光、摄影机等的设置。通过设置属性，可以模拟出百叶窗和纸灯笼的折叠变换效果，其界面如图5.6.7所示。

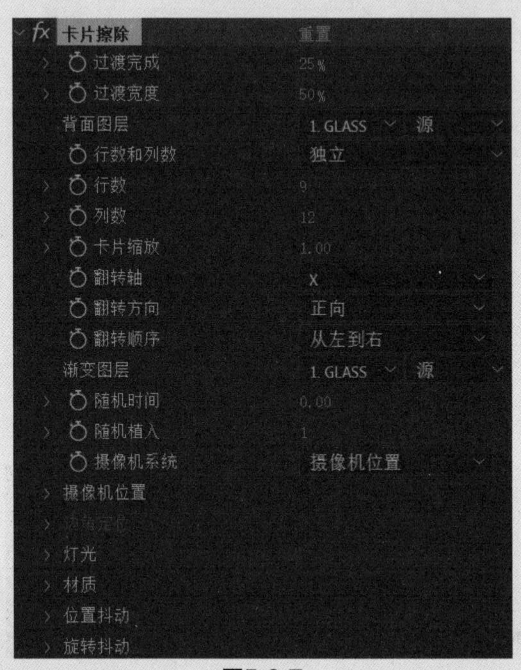

图5.6.7

【卡片擦除】效果中的主要参数介绍如下。

- 过渡完成：设置过渡效果的完成程度。
- 过渡宽度：设置原图像和底图之间动态转换区域的宽度。
- 背面图层：选择过渡效果后将显示背景层。如果背景层是另外一张图像，并且被应用了其他效果，则最终只显示原图像，其应用的效果不显示。过渡区域显示的图像是原图像层下一层的图像。如果原图像层下一层图像和过渡层图像应用的效果一样，则过渡区域显示的是应用了效果的图像，如果希望最终图像保留原来应用的效果，背景图层选【无】。
- 行数和列数：设置横竖两列卡片数量的交互方式，包括【独立】和【列数受行数控制】两个选项。【独立】选项允许单独调整行数和列数各自的数量；【列数受行数控制】选项只允许调整行数的数量，并且行数和列数的数量相同。
- 行数：设置行数属性的数值。
- 列数：设置列数属性的数值。
- 卡片缩放：设置卡片的缩放比例。数值小于1.0，卡片与卡片之间出现空隙；大于1.0，出现重叠效果。通过与其他属性配合，能模拟出其他过渡效果。
- 翻转轴：设置翻转变换的轴。【X】是在X轴方向变换；【Y】是在Y轴方向变换；【随机】是给每个卡片一个随机的翻转方向，从而产生变幻的翻转效果，也更加真实自然。
- 翻转方向：设置翻转变换的方向。当翻转轴为X时，【正向】是从上往下翻转卡片，【反向】是从下往上翻转卡片；当翻转轴为Y时，【正向】是从左往右翻转卡片，【反向】是从右往左翻转卡片；【随机】是随机设置翻转方向。

- 翻转顺序：设置卡片翻转的先后次序。共有9种选择，分别为从左到右、从右到左、自上而下、自下而上、左上到右下、右上到左下、左下到右上、右下到左上、渐变。渐变是按照原图像的像素亮度值来决定变换次序，黑的部分先变换，白的部分后变换。
- 渐变图层：设置渐变层，默认是原图像。可以自己制作渐变效果的图像来设置成渐变层，这样就能实现无数种变换效果。
- 随机时间：设置一个偏差数值来影响卡片转换开始的时间，按原精度转换，数值越高，时间的随机性越高。
- 随机植入：用来改变随机变换时的效果，通过在随机计算中插入随机植入数值来产生新的结果。卡片擦除模拟的随机变换与通常的随机变换还是有区别的，通常我们说的随机变换往往是不可逆转的，但在卡片擦除中却可以随时查看随机变换的任何过程。卡片擦除的随机变换其实是在变换前就确定一个非规则变换的数值，但确定后就不再改变，每个卡片就按照各自的初始数值变换，过程中不再产生新的变换值。而且两个以上的随机变换属性重叠使用的效果并不明显，通过设置随机插入数值能得到更加理想的随机效果。在不使用随机变换的情况下，随机植入对变换过程没有影响。
- 摄像机系统：通过设置摄像机位置、边角定位以及合成摄像机3个属性，能够模拟出三维的变换效果。【摄像机位置】是设置摄影机的位置；【边角定位】是自定义图像4个角的位置；【合成摄像机】是追踪摄像机轨迹和光线位置，并在层上渲染出3D图像。
- 摄像机位置：设置摄像机的具体位置，展开后的参数如图5.6.8所示。

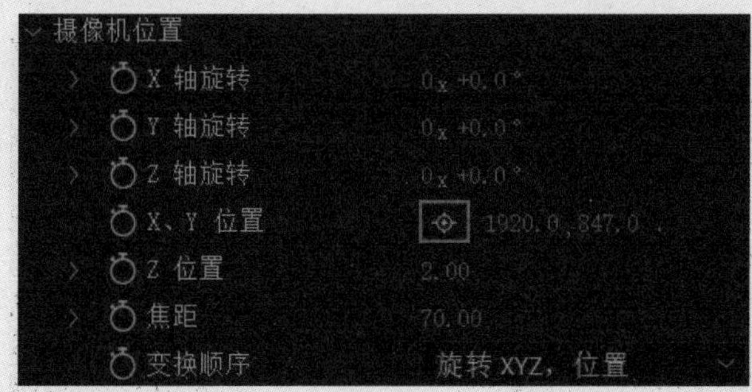

图5.6.8

  - X轴旋转：围绕X轴的旋转角度。
  - Y轴旋转：围绕Y轴的旋转角度。
  - Z轴旋转：围绕Z轴的旋转角度。
  - X、Y 位置：设置X、Y的交点位置。
  - Z位置：设置摄像机在Z轴的位置。数值越小，摄像机离层的距离越近；数值越大，离得越远。
  - 焦距：设置焦距。数值越大越近，数值越小越远。
  - 变换顺序：设置摄像机的旋转坐标系和在施加其他摄像机控制效果的情况下，摄像机位置和旋转的优先权。
- 灯光：设置灯光的效果，如图5.6.9所示。

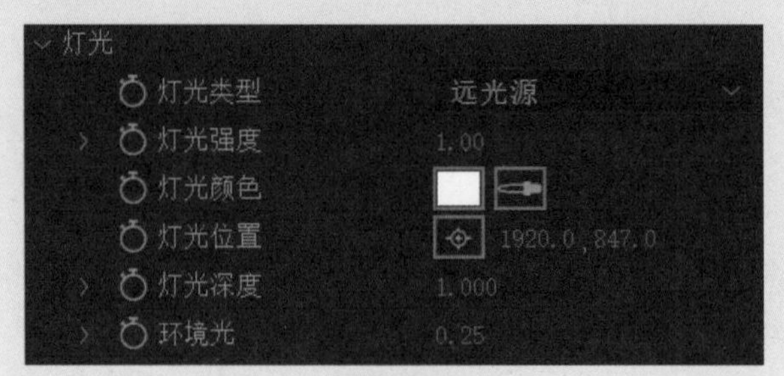

图5.6.9

- 灯光类型：设置灯光类型。共3种，包括点光源、远光源、合成光源，首选合成光源。
- 灯光强度：设置光的强度。数值越高，光的强度越大。
- 灯光颜色：设置光线的颜色。
- 灯光位置：在X，Y轴的平面上设置光线位置。可以单击灯光位置的靶心标志，然后按住键盘上的Alt键在合成窗口上移动鼠标，光线随鼠标移动而变换，可以动态对比出哪个位置更好，但比较耗资源。
- 灯光深度：设置光线在Z方向的位置。负数情况下光线移到层背后。
- 环境光：设置环境光效果，将光线分布在整个层上。

- 材质：设置卡片的光线反馈值。
- 位置抖动：设置在整个转换过程中，在X、Y和Z轴上附加的抖动量和抖动速度。
- 旋转抖动：设置在整个转换过程中，在X、Y和Z轴上附加的旋转抖动量和旋转抖动速度，效果如图5.6.10所示。

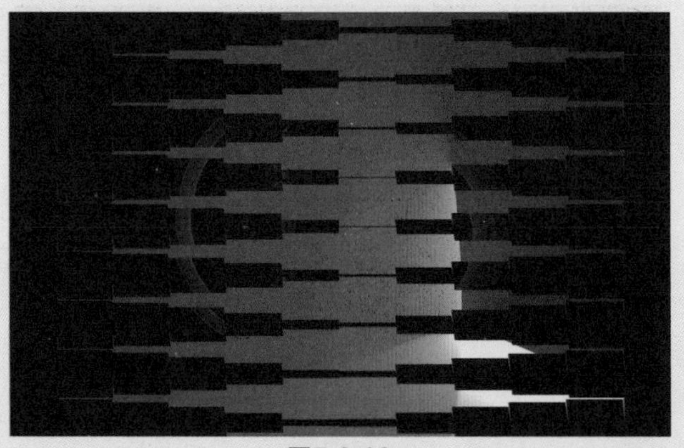
图5.6.10

5.7 杂色和颗粒

5.7.1 杂色Alpha

【杂色Alpha】效果能够在画面中产生黑色的杂点图像，配合饱和度的降低可以产生老旧黑白照片的效果，界面如图5.7.1所示。

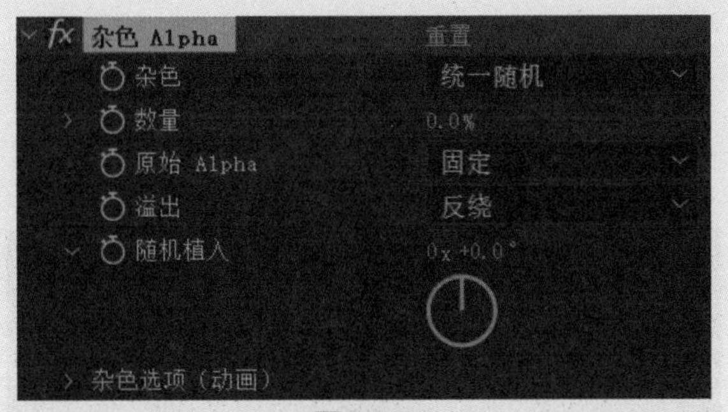

图5.7.1

【杂色Alpha】效果中的主要参数介绍如下。

- 杂色：选择杂色和颗粒模式，共4种模式，分别为统一随机、方形随机、统一动画、方形动画。
- 数量：调整杂色和颗粒的数量。
- 原始 Alpha：共4种模式，分别为相加、固定、缩放、边缘。
- 溢出：设置杂色和颗粒图像色彩值的溢出方式，共3种，分别为剪切、反绕、回绕。
- 随机植入：调整杂色和颗粒的方向。
- 杂色选项（动画）：调整杂色和颗粒的旋转次数，效果如图5.7.2和图5.7.3所示。

图5.7.2

图5.7.3

5.7.2 分形杂色

【分形杂色】效果主要用于模拟气流、云层、岩浆、水流等效果，这是After Effects最为重要的效果，界面如图5.7.4所示。

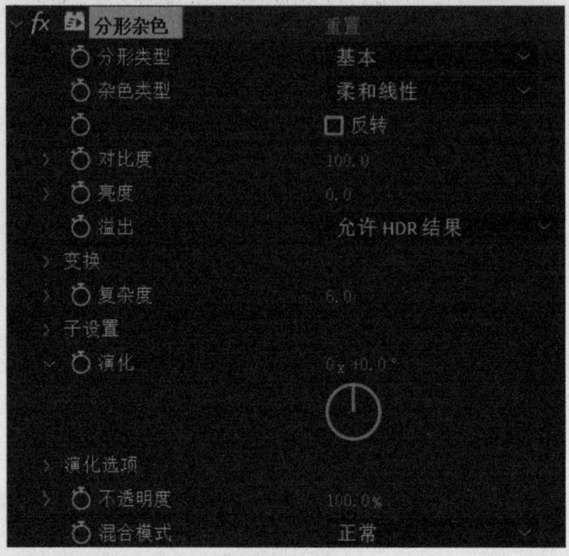

图5.7.4

【分形杂色】效果中的主要参数介绍如下。

- 分形类型：生成杂色和颗粒类型。
- 杂色类型：设置分形杂色类型，共4种，分别为【块】【线性】【柔和线性】和【样条】，其中【块】为最低级，【样条】为最高级，其噪点平滑度最高，但是渲染时间最长。
- 反转：反转图像亮度。
- 对比度：调整杂色和颗粒图像的对比度。
- 亮度：调整杂色和颗粒图像的亮度。
- 溢出：设置杂色和颗粒图像色彩值的溢出方式。
- 变换：设置图像的旋转、缩放、位移等属性，如图5.7.5所示，其各选项说明如下。

图5.7.5

> 旋转：旋转杂色和颗粒纹理。

> 统一缩放：选中此复选框以后能锁定缩放时的长宽比。取消选中状态后，能分别独立地调整缩放的长度和宽度。

> 缩放：缩放杂色和颗粒纹理。

➢ 偏移（湍流）：杂色和颗粒纹理中点的坐标。移动坐标点，可以使图像形成简单的动画。

■ 复杂度：设置杂色和颗粒纹理的复杂度。

■ 子设置：设置一些杂色和颗粒纹理的子属性，如图5.7.6所示，其中4个选项如下所述。

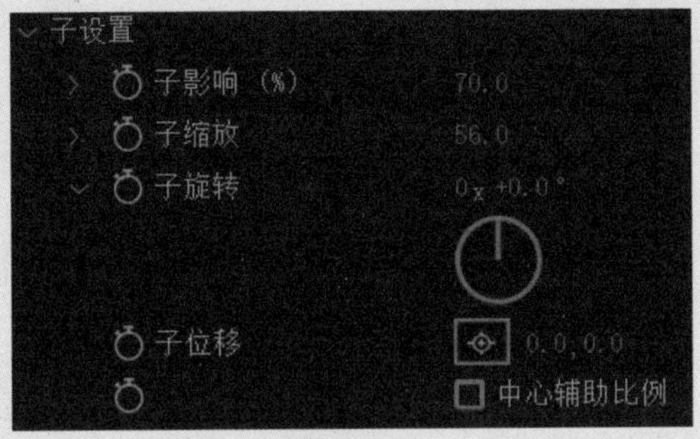

图5.7.6

➢ 子影响：设置杂色和颗粒纹理的清晰度。

➢ 子缩放：设置杂色和颗粒纹理的次级缩放。

➢ 子旋转：设置杂色和颗粒纹理的次级旋转。

➢ 子位移：设置杂色和颗粒纹理的次级位移。

■ 演化：设置使杂色和颗粒纹理变化，而不是旋转（一般通过该属性设置动画）。

■ 演化选项：设置一些杂色和颗粒纹理的变化度的属性，比如随机种子数、扩展圈数等。

■ 不透明度：设置杂色和颗粒图像的不透明度。

■ 混合模式：调整杂色和颗粒纹理与原图像的混合模式，效果如图5.7.7和图5.7.8所示。

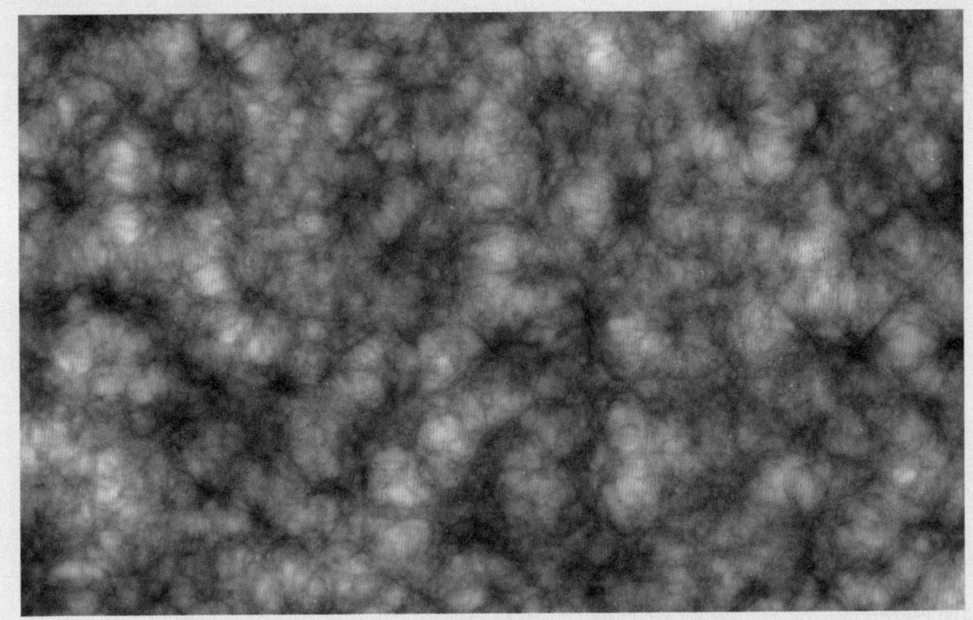

图5.7.7

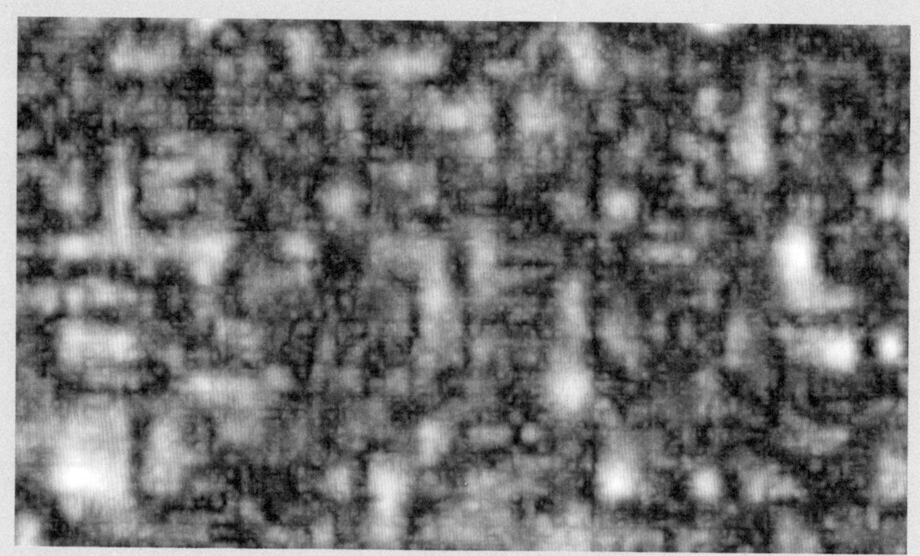

图5.7.8

5.8 模拟

5.8.1 CC Bubbles

CC Bubbles效果可以在选定图层创建一个泡沫的效果，泡沫的色彩源于选定图层的色彩，其界面如图5.8.1所示。

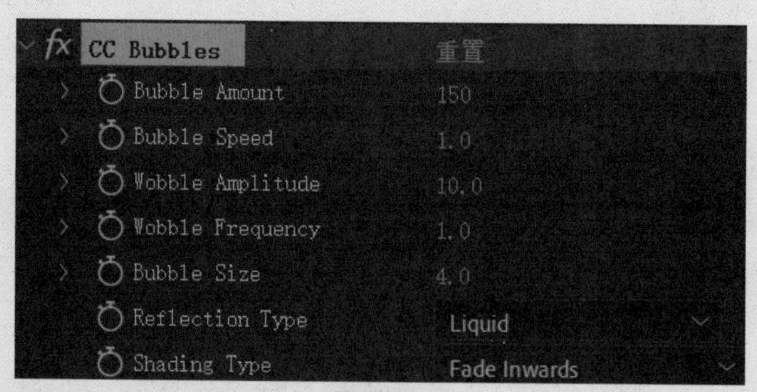

图5.8.1

CC Bubbles效果中的主要参数介绍如下。

- Bubble Amount：确定气泡数，在源层出现的气泡数可能不符合实际该出现的数目。
- Bubble Speed：确定泡沫的移动速度。设置为正值使气泡上升，设置为负值使气泡下降。
- Wobble Amplitude：确定添加到泡沫运动的抖动数量。
- Wobble Frequency：确定泡沫摆动的频率。该值越高，泡沫从左向右移动的速度越快。
- Bubble Size：确定气泡的尺寸。
- Reflection Type：选择反射式的泡沫。

- Shading Type：使用着色类型气泡选择底纹样式，包括以下选项。
  - None：完全不透明的气泡，无褪色或透明度。
  - Lighten：气泡逐渐褪去了颜色成为白色气泡的外围 。
  - Darken：气泡逐渐褪去了颜色成为黑色气泡的外围。
  - Fade Inwards：使中心的气泡出现透明，像肥皂泡。
  - Fade Outwards：使气泡的边缘出现透明，效果如图5.8.2所示。

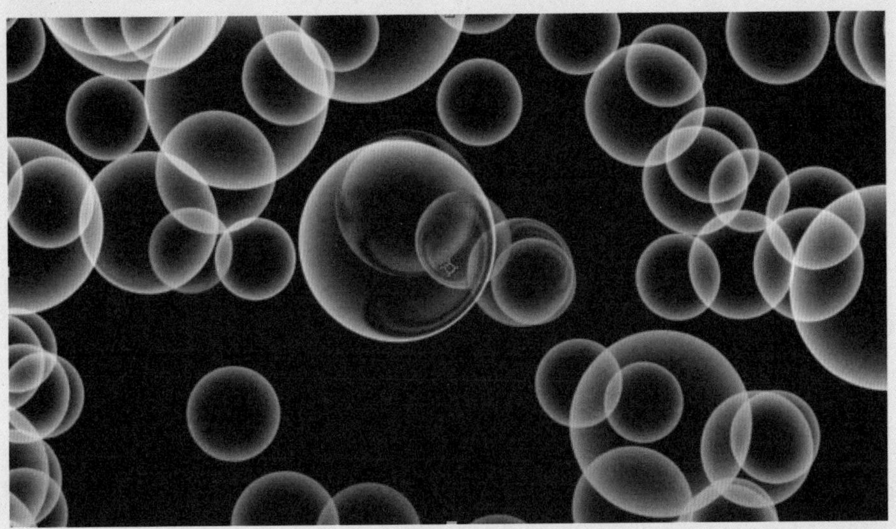

图5.8.2

5.8.2 CC Drizzle

CC Drizzle效果可以创建圆形波纹涟漪，看起来像一个池塘里雨滴扰乱了水面。Drizzle是一个粒子发生器，随着时间的推移会出现环状的传播，其界面如图5.8.3所示。

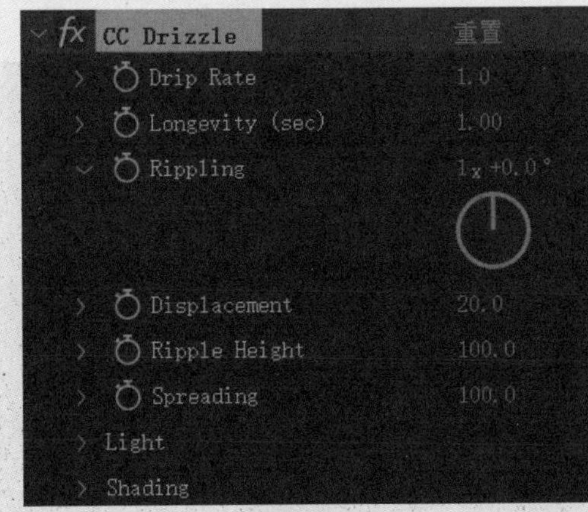

图5.8.3

CC Drizzle效果中的主要参数介绍如下。

- Drip Rate：确定下降的比率，较低的值产生的较少，较高的值产生的较多。
- Longevity（sec）：设置波纹的动画时长。波纹膨胀的半径对应寿命的设置，半径由扩散控制确定。

- Rippling：确定各波纹环的数量。
- Displacement：确定位移量，较高的值产生更大的纹理。
- Ripple Height：确定波纹高度的外观，高度影响位移和阴影的外观。
- Spreading：使用此控件的大小来确定涟漪扩展（该控件具有扩展范围）。
- Light：设置涟漪光照效果，包括以下选项。
  - Using：决定是否使用Effect Light效果光源或AE Light AE灯光。
  - Light Intensity：利用光亮度滑块来控制灯光的强度，较高的值产生更明亮的结果。
  - Light Color：选择灯光的颜色。
  - Light Type：选择使用哪种类型的灯光，从弹出菜单选择以下选项之一。
    - Distant Light：这种类型的灯光模拟太阳光从自定义的距离和角度照射在源层。所有的光线从相同的角度照射图层。
    - Point Light：这种类型的灯光在用户定义的距离和位置的层上模拟一个灯泡挂在前面。光线打到层定义的光位置。
    - Light Height：基于Z坐标确定从源层到光源的距离。当使用负值时，光源是照射背后的源层。
    - Light Position：基于X、Y轴坐标使用此控件位置的点光源层。
    - Light Direction：设置光源的方向。
- Shading：设置涟漪阴影材质，包括以下选项。
  - Ambient：确定环境光的反射程度。
  - Diffuse：确定漫反射值。
  - Specular：确定高光的强度。
  - Roughness：设置材质表面的粗糙程度。粗糙度会影响镜面高光，设置更高的表面粗糙度值，会减少材质光泽。
  - Metal：控制突出显示的颜色。设置值为100时反映出高光层的颜色，如金属。设置值为0时反映出高光光源的颜色，如塑料。效果如图5.8.4所示。

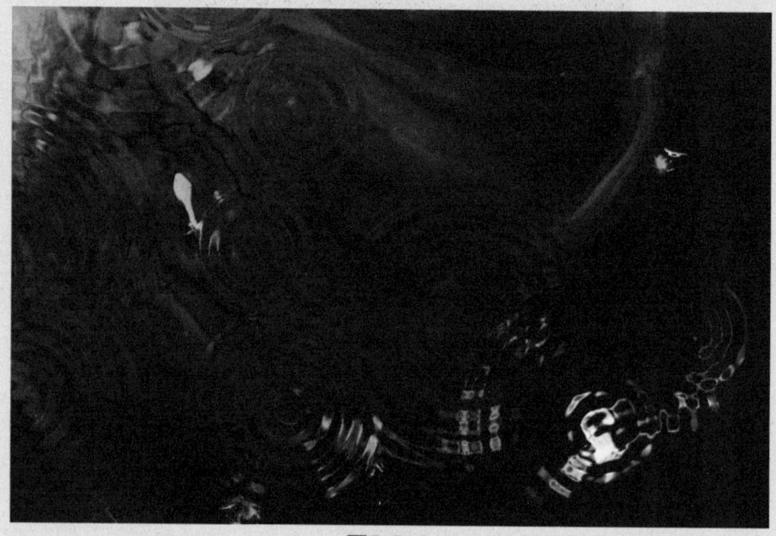

图5.8.4

5.8.3 CC Rainfall

CC Rainfall效果可以产生类似液体的粒子来模拟降雨效果。创建的雨滴可以包含嵌入视频的透明度，可以用反射（或折射）匹配或控制画面，其界面如图5.8.5所示。

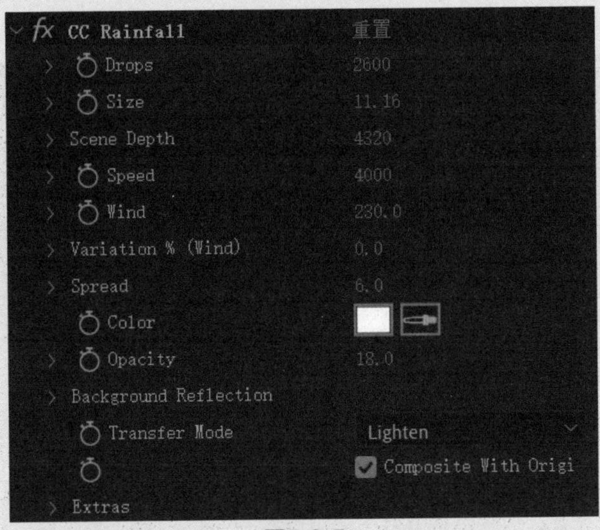

图5.8.5

CC Rainfall效果中的主要参数介绍如下。

- Drops：确定雨滴数量。
- Size：确定雨滴的大小。
- Scene Depth：设置下雨场景的空间深度。
- Speed：确定滴落的速度。
- Wind：添加风并控制它的力量。这将影响到所有雨滴下降时的垂直度。
- Variation %(Wind)：设置特定范围雨滴的随机性，影响到有些水滴可能偏离为单个水滴。
- Spread：设置随机方向上雨滴的量。
- Color：选择水滴的颜色。使用Background Reflection时，这个颜色会与反射的颜色混合。
- Opacity：确定水滴的不透明度。
- Background Reflection：呈现所有不是相同反射(或折射)的雨滴，该控件可以让水滴反映(或折射)源层。
- Transfer Mode：选择在使用效果和源层之间合成方法。每个选项都提供一个不同的结果。
- Composite With Original：选中此复选框以合成水滴源层。
- Extras：控件的集合，是比较专业的控件设置。

界面中还包括下列选项，向下拖动即可显示。

- Appearance：选择水滴外观。可以选择Refracting和Soft Solid两个选项之一。Refracting使得雨滴下降更加符合物理原理，因为光从侧面折射将会出现更多的“透明”的中心。Soft Solid与平面反射光的效果相似。这两个选项之间雨滴的差异非常明显。
- Offset：偏移整个水滴位置。当使用平移摄像机画面时，这种控制可以用来平移水滴配合镜头进行相匹配的运动。
- Ground Level %：设置水滴消失的地方，可以用于匹配源层。

- Embed Depth %：确定在某个场景内嵌入源水滴。从立即在前面的相机(0%)到最远的距离相机(100%)。
- Random Seed：设置一个独特的随机种子值来影响所有控件使用。可以轻松使用到多个图层，如需使用相同降雨动画，只要修改每个图层的随机种子值就能得不同的外观。这种控制不能被设计成动画，效果如图5.8.6所示。

图5.8.6

第6章

渲染与输出

本章详细介绍After Effects中渲染输出的应用。在After Effects中用户可以从一个合成影像中创建多种输出类型，可以输出为视频，电影，CD-ROM，GIF动画，FLV动画和HDTV等格式成品。渲染的画面效果直接影响最终影片的画面效果，所以渲染输出的相关设置用户一定要能熟练应用。

6.1 After Effects的视频格式

After Effects在电视和电影的后期制作软件中都占有一席之地，虽然不少电影都是在After Effects中完成后期效果的工作，但是相对于它在电视节目制作中的地位，还是稍稍逊色的。由于使用After Effects的用户大部分是为了满足电视制作的需要。我们将重点讲解一些和After Effects相关的电视制作和播出的基本概念。

6.1.1 电视制式

在制作电视节目之前要清楚客户的节目在什么地方播出，不同的电视制式在导入和导出素材时的文件设置是不一样的。执行菜单【合成】→【新建合成】命令，弹出【合成设置】对话框，如图6.1.1所示。

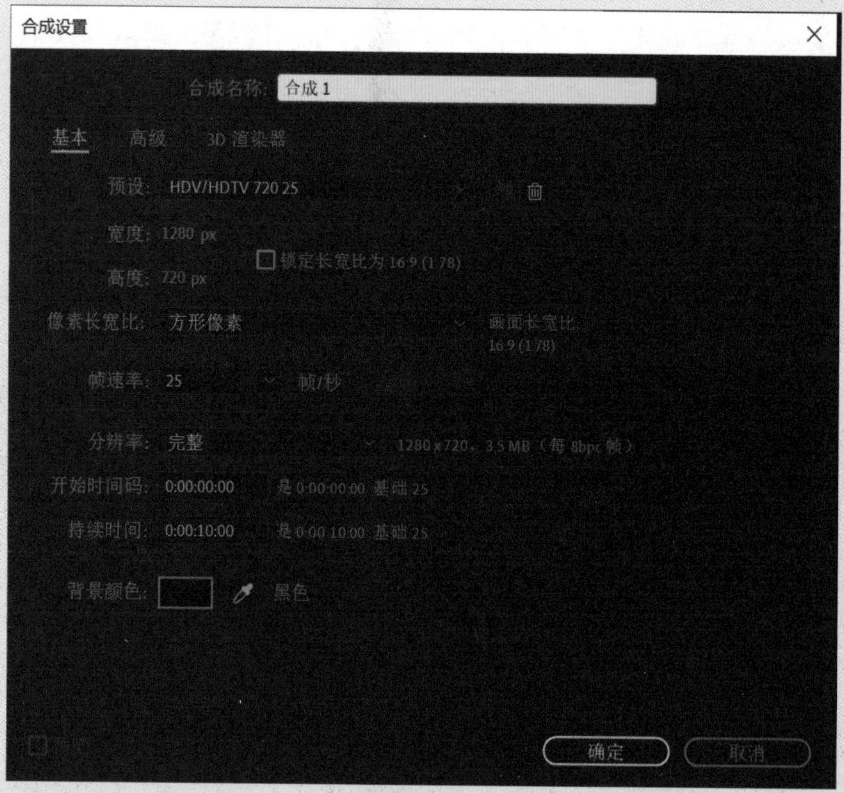

图6.1.1

打开对话框【预设】设置的下拉菜单，可以看到关于不同制式文件格式的选项。当选择一种制式模板，相应的文件【尺寸】和【帧速率】都会发生相应的变化，如图6.1.2所示。

目前各国的电视制式不尽相同，制式的区分主要在于其帧频（场频）、分解率、信号带宽、载频、色彩空间的转换关系的不同，等等。早期彩色电视制式有三种：NTSC（National Television System Committee）制（简称N制）、PAL（Phase Alternation Line）制和SECAM制。现在大部分电视台已经更新为高清电视制式。

NTSC彩色电视制式：它是1952年由美国国家电视标准委员会指定的彩色电视广播标准，它采用正交平衡调幅的技术方式，故也称为正交平衡调幅制。美国、加拿大等大部分西半球国家以及日本、韩国、菲律宾等均采用这种制式。

PAL制式：它是德国在1962年指定的彩色电视广播标准，它采用逐行倒相正交平衡调幅的技术方法，克服了NTSC制相位敏感造成色彩失真的缺点。德国、英国等一些西欧国家，新加坡、澳大利亚、新西兰等国家采用这种制式。PAL制式根据不同的参数细节，又可以进一步划分为G、I、D等制式，其中PAL-D制是我国采用的制式。

SECAM制式：SECAM是法文的缩写，意为顺序传送彩色信号与存储恢复彩色信号制，是由法国在1956年提出，1966年制定的一种新的彩色电视制式。它也克服了NTSC制式相位失真的缺点，但采用时间分隔法来传送两个色差信号。使用SECAM制的国家主要集中在法国、东欧和中东一带。

随着电视技术的不断发展，After Effects不但有PAL等标清制式的支持，对高清晰度电视（HDTV）和胶片（Film）等格式也有提供支持，可以满足客户的不同需求。

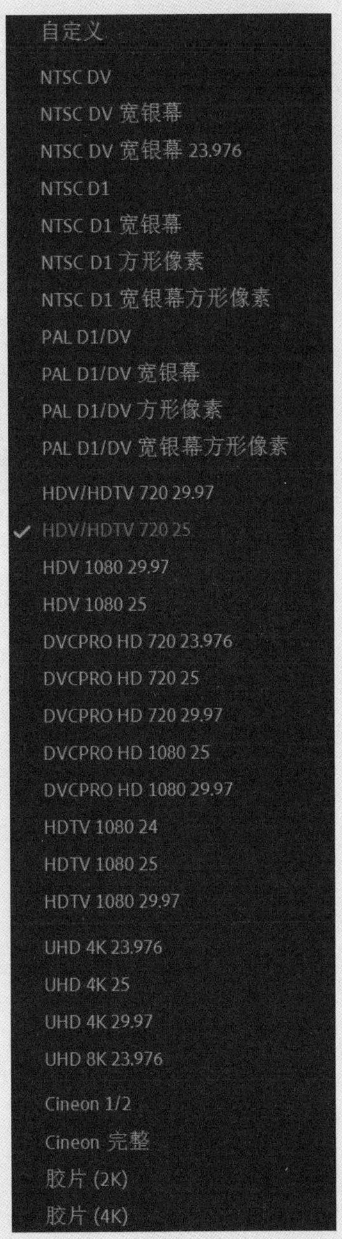

自定义
NTSC DV
NTSC DV 宽银幕
NTSC DV 宽银幕 23.976
NTSC D1
NTSC D1 宽银幕
NTSC D1 方形像素
NTSC D1 宽银幕方形像素
PAL D1/DV
PAL D1/DV 宽银幕
PAL D1/DV 方形像素
PAL D1/DV 宽银幕方形像素
HDV/HDTV 720 29.97
✓ HDV/HDTV 720 25
HDV 1080 29.97
HDV 1080 25
DVCPRO HD 720 23.976
DVCPRO HD 720 25
DVCPRO HD 720 29.97
DVCPRO HD 1080 25
DVCPRO HD 1080 29.97
HDTV 1080 24
HDTV 1080 25
HDTV 1080 29.97
UHD 4K 23.976
UHD 4K 25
UHD 4K 29.97
UHD 8K 23.976
Cineon 1/2
Cineon 完整
胶片 (2K)
胶片 (4K)

图6.1.2

6.1.2 常用视频格式

熟悉常见的视频格式是后期制作的基础，下面我们介绍一下After Effects相关的视频格式。

AVI格式

英文全称为（Audio Video Interleaved），即音频视频交错格式。它于1992年被Microsoft公司推出，随Windows 3.1一起被人们所认识和熟知。所谓“音频视频交错”，就是可以将视频和音频交织在一起进行同步播放。这种视频格式的优点是图像质量好，可以跨多个平台使用，但是其缺点是体积过于庞大，而且压缩标准不统一。这是一种After Effects常见的输出格式。

MPEG格式

英文全称为（Moving Picture Expert Group），即运动图像专家组格式。MPEG文件格式是运动图像压缩算法的国际标准，它采用了有损压缩方法从而减少运动图像中的冗余信息。MPEG的压缩方法说的更加深入一点就是保留相邻两幅画面绝大多数相同的部分，而把后续图像中和前面图像有冗余的部分去除，从而达到压缩的目的。目前常见的MPEG格式有三个压缩标准，分别是MPEG-1、MPEG-2

和MPEG-4。

MPEG-1：制定于1992年，它是针对1.5Mbps以下数据传输率的数字存储媒体运动图像及其伴音编码而设计的国际标准。也就是我们通常所见到的VCD制作格式。这种视频格式的文件扩展名包括.mpg、.mlv、.mpe、.mpeg及VCD光盘中的.dat文件等。

MPEG-2：制定于1994年，设计目标为高级工业标准的图像质量以及更高的传输率。这种格式主要应用在DVD/SVCD的制作（压缩）方面，在一些HDTV（高清晰电视广播）和一些高标准视频编辑、处理上面也有应用。这种视频格式的文件扩展名包括.mpg、.mpe、.mpeg、.m2v及DVD光盘上的.vob文件等。

MPEG-4：制定于1998年，MPEG-4是为了播放流式媒体的高质量视频而专门设计的，它可利用很窄的带度，通过帧重建技术压缩和传输数据，以求使用最少的数据获得最佳的图像质量。MPEG-4最有吸引力的地方在于它能够保存接近于DVD画质的小体积视频文件。这种视频格式的文件扩展名包括.asf、.mov和DivX 、AVI等。

现在比较流行的H.264数字视频压缩格式正是MPEG-4的第十部分，是由ITU-T视频编码专家组（VCEG）和ISO/IEC动态图像专家组（MPEG）联合组成的联合视频组（JVT，Joint Video Team）提出的高度压缩数字视频编解码器标准。这个标准通常被称之为H.264/AVC（也称之为AVC/H.264/H.264/MPEG-4 AVC/MPEG-4/H.264 AVC）。

MOV格式

美国Apple公司开发的一种视频格式，默认的播放器是苹果的QuickTime Player。具有较高的压缩比率和较完美的视频清晰度等特点，但是其最大的特点还是跨平台性，即不仅能支持MAC，同样也能支持Windows系列。这是一种After Effects常见的输出格式。可以得到文件很小，但画面质量很高的影片。

ASF格式

英文全称为（Advanced Streaming format），即高级流格式。它是微软为了和现在的Real Player竞争而推出的一种视频格式，用户可以直接使用Windows自带的Windows Media Player对其进行播放。由于它使用了MPEG-4的压缩算法，所以压缩率和图像的质量都很不错。

提示

After Effects除了支持WAV的音频格式，也支持常见的MP3格式，可以将该格式的音乐素材导入使用。在选择影片储存格式时，如果影片要播出使用，一定要保存为无压缩的格式。

6.1.3 其他相关概念

■ 帧速率

影片在播放时每秒钟扫描的帧数就是【帧速率】（Frame Rate）。如我国使用的PAL制式电视系统，帧速率为25fps，也就是每一秒播放25帧画面。我们在三维软件中制作动画时就要注意影片的帧速率，After Effects中如果导入素材与项目的帧速率不同会导致素材的时间长度变化。

■ 像素比

像素比（Pixel Aspect Ratio）就是像素的长宽比。不同制式的像素比是不一样的，在电脑显示器上播放的像素比是1 : 1，而在电视上，以PAL制式为例，像素比是1 : 1.07，这样才能保持良好的画面效果。如果用户在After Effects中导入的素材是由Photoshop等其他软件制作的，一定要保证像素比的一致。在建立PhotoShop文件时，可以对像素比进行设置。

6.2 After Effects与其他软件

6.2.1 After Effects与Photoshop

After Effects可以任意的导入PSD文件。执行菜单【文件】→【导入】→【文件】命令，弹出【导入种类】对话框，导入PSD文件时，在【导入种类】下拉菜单中可以选择PSD文件以什么形式导入项目，如图6.2.1所示。

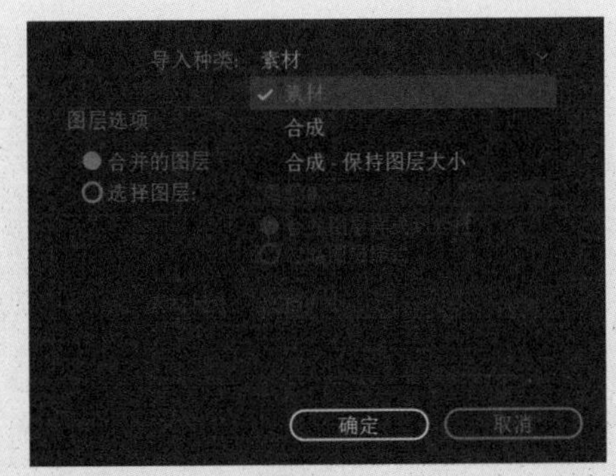

图6.2.1

【合并的图层】选项就是将所有的层合并，再导入项目。这种导入方式可以读取PSD文件所最终呈现出的效果，但不能编辑其中的图层。【选择图层】选项可以让用户单独导入某一个层，但这样也会使PSD文件中所含有的一些效果失去作用。

如果文件以【合成】的形式导入，整个文件将被作为一个【合成】导入项目，文件将保持原有的图层顺序和大部分效果，如图6.2.2所示。

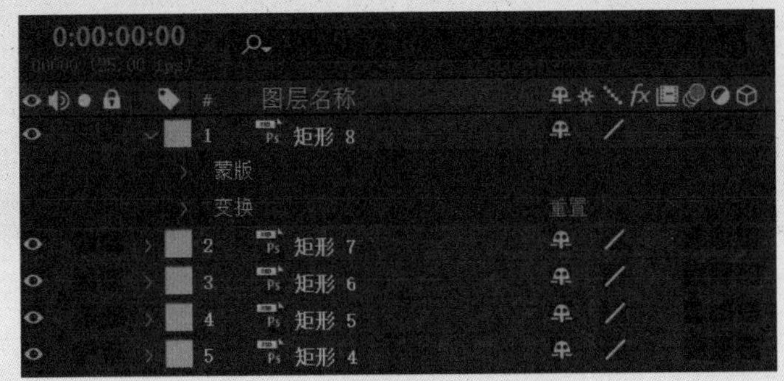

图6.2.2

同样的，After Effects也可以将某一帧画面输出成PSD文件格式，而项目中的每一个图层都将转换成为PSD文件中的一个图层。执行菜单【合成】→【帧另存为】→【Photoshop图层】命令可以将画面以PSD文件形式输出。

6.2.2 After Effects与Illustrator

Adobe Illustrator是Adobe公司出品的矢量图形编辑软件，在出版印刷、插图绘制等多种行业被作为标准，其输出文件为AI格式，许多软件都支持这一文件格式的导入，Maya就可以完全读取AI格式的路径文件。After Effects可以随意的导入AI的路径文件，强大的矢量图形处理能力可以弥补After Effects中【遮罩】功能的不足。

6.3 渲染列队

在After Effects中，【渲染队列】面板是完成影片需要设置的最后一个面板，主要用来设置输出影片的格式，这也决定了影片的播放模式。当制作好影片以后，执行菜单【合成】→【添加到渲染队列】命令，或者按下快捷键Ctrl＋M，就会弹出【渲染队列】面板，如图6.3.1所示。

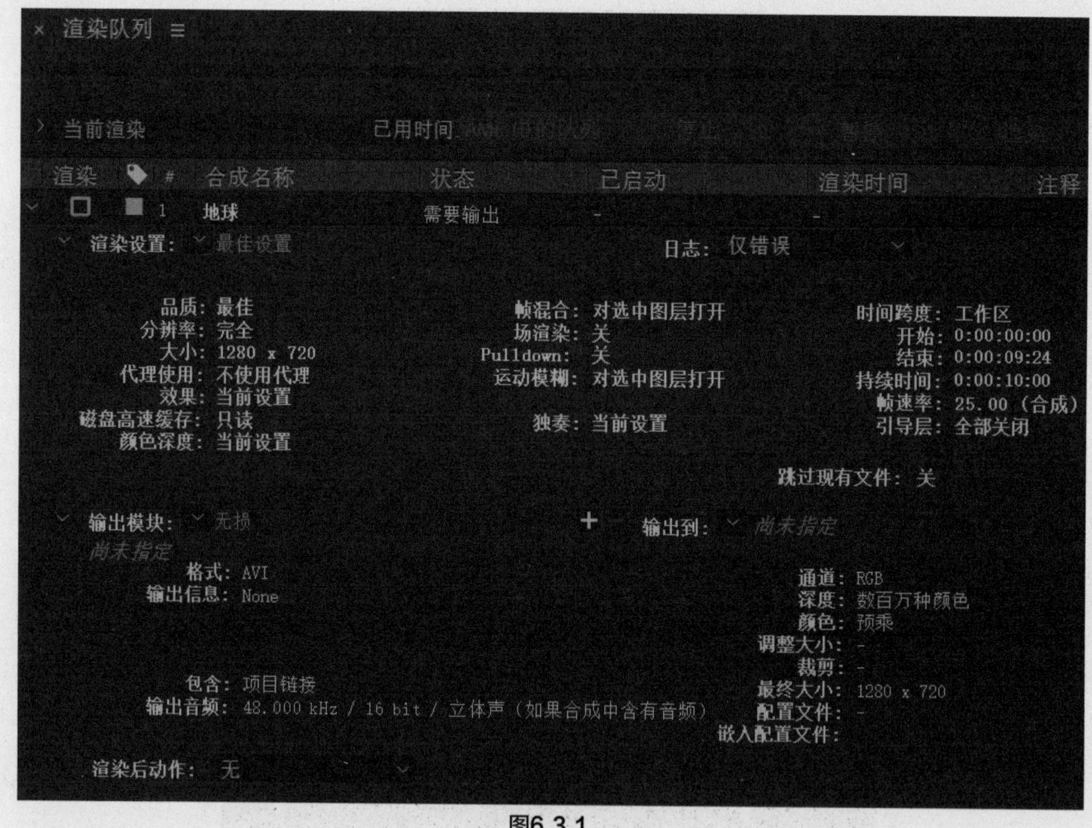

图6.3.1

6.3.1 输出到

首先设置【输出到】文件的位置，单击【渲染列队】面板中【输出到】右侧的蓝色文字，这里显示的是需要渲染的合成文件，设置渲染文件的位置。如果用户需要改变这些数据的设置，单击【输出到】右侧的▶三角图标，可以选择渲染影片的输出位置，如图6.3.2所示。

图6.3.2

6.3.2　渲染设置模式

单击【渲染设置】左侧的三角图标，展开渲染设置的数据细节，如图6.3.3所示。

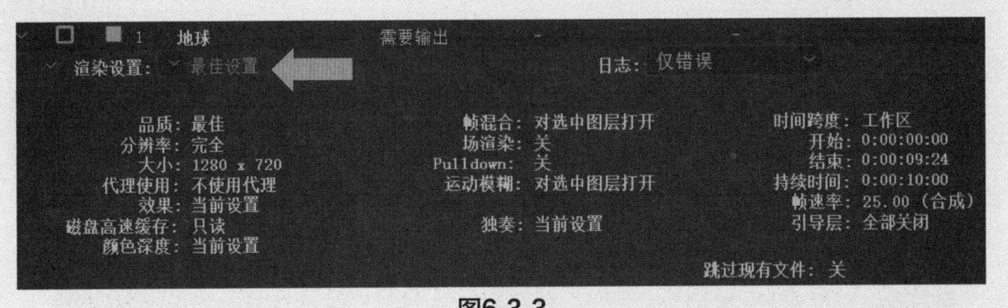

图6.3.3

如果改变这些数据的设置，可以单击【渲染设置】右侧的三角图标，弹出菜单可以改变这些原始设置。

6.3.3　渲染设置对话框

如果改变这些渲染设置，可以执行【自定义】命令或直接在设置类型的名称上单击，将弹出【渲染设置】对话框，如图6.3.4所示。

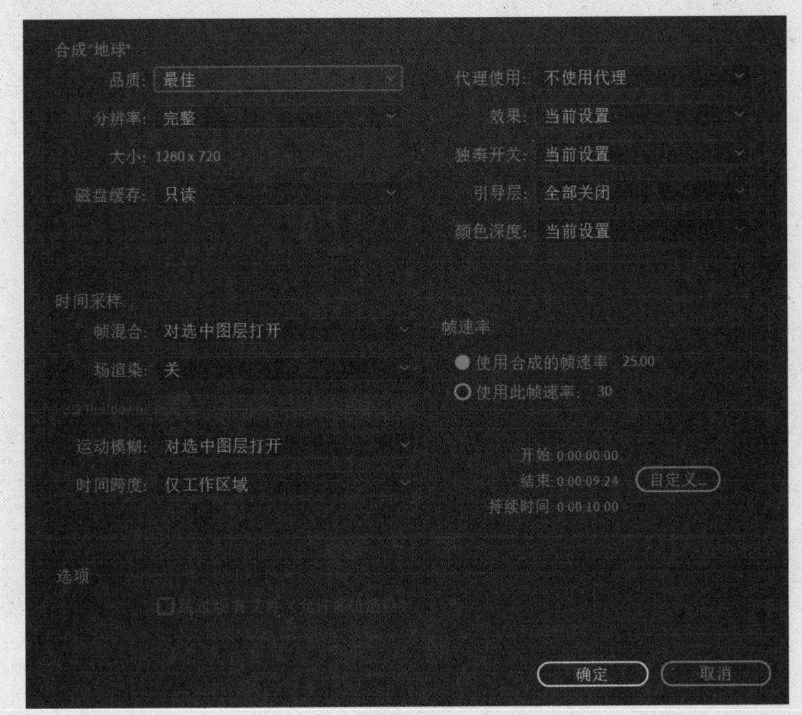

图6.3.4

下面详细介绍一下【渲染设置】对话框的设置。

【品质】共有三种模式：分别为【最佳】【草图】【线框】，一般情况下选择【最佳】。

【分辨率】：共有四种模式，一般情况下选择【完整】。

其他选项其实都是在制作时直接设置的，输出时确保【品质】和【分辨率】两项没有错误就可以了。

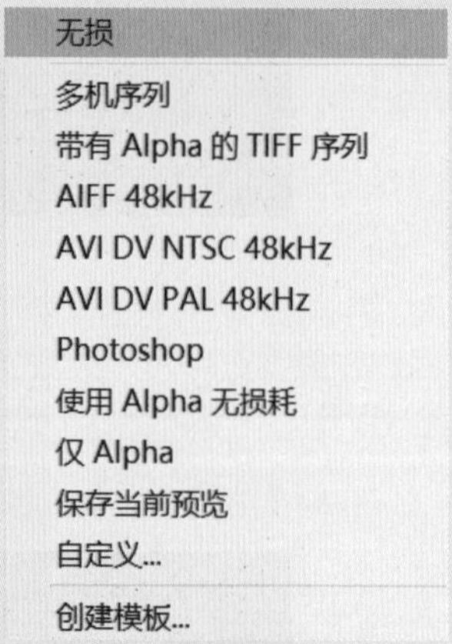

无损
多机序列
带有 Alpha 的 TIFF 序列
AIFF 48kHz
AVI DV NTSC 48kHz
AVI DV PAL 48kHz
Photoshop
使用 Alpha 无损耗
仅 Alpha
保存当前预览
自定义...
创建模板...

图6.3.5

6.3.4 输出模块

单击【输出模块】右侧的三角图标，在弹出的菜单可以改变这些原始设置，如图6.3.5所示。

用户如果要改变这些渲染设置，可以执行【自定义】命令或直接在设置类型的名称上单击，弹出【输出模块设置】对话框，如图6.3.6所示。

输出模块设置
主要选项
色彩管理
格式: QuickTime
包括项目链接
渲染后动作: 无
包括源 XMP 元数据
视频输出
通道: RGB
格式选项...
深度: 数百万种颜色
动画
颜色: 预乘（遮罩）
调整大小
裁剪
自动音频输出
只有当合成中含有音频时，才会输出音频。
48.000 kHz
16 位
立体声
格式选项...
确定
取消

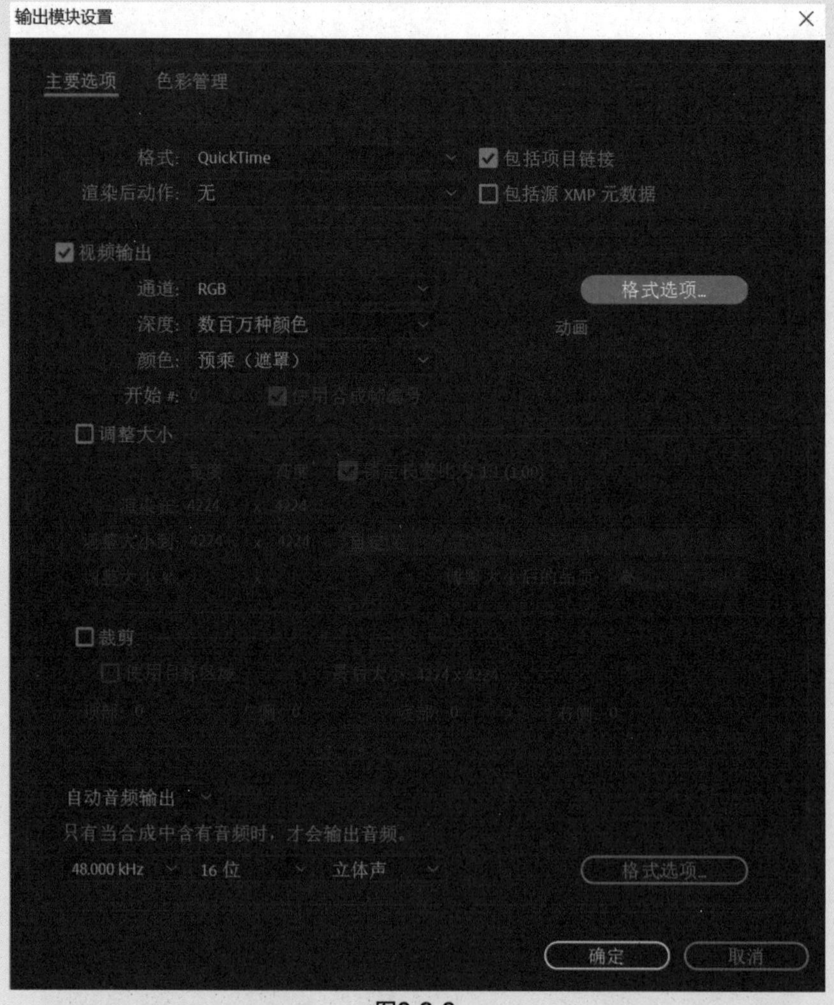

图6.3.6

下面详细介绍一下【输出模块设置】对话框的设置。

■ 格式：选择不同的文件格式，系统会显示相应文件格式的设置。单击右侧的下三角按钮会弹出对

应的下拉菜单，如图6.3.7所示。下面详细介绍一下这些文件格式

AIFF是音频交换文件格式（Audio Interchange File Format）的英文缩写，是一种文件格式存储的数字音频（波形）的数据，AIFF应用于个人电脑及其他电子音响设备以存储音乐数据。AIFF支持ACE2、ACE8、MAC3和MAC6压缩，支持16位44.1kHz立体声。

AVI是经常使用的输出格式，无损的AVI格式是通用的输出格式，缺点是文件有些大。AVI英文全称为Audio Video Interleaved，即音频视频交错格式。是将语音和影像同步组合在一起的文件格式。它对视频文件采用了一种有损压缩方式，但压缩比较高，因此尽管画面质量不是太好，但其应用范围仍然非常广泛。AVI支持256色和RLE压缩。AVI格式主要应用在多媒体光盘上，用来保存电视、电影等各种影像信息，如图6.3.8所示。

图6.3.7

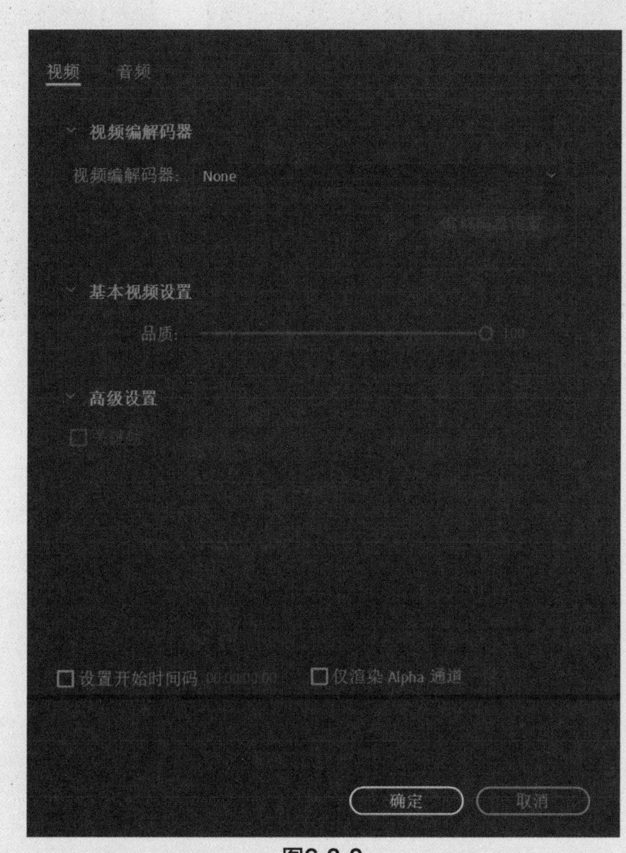

图6.3.8

【序列】类型的格式主要是针对不同的图片类型输出序列帧图片，经常用于三维软件与其他后期合成软件。不同的图片类型带有不同的数字信息，例如TGA序列会带有【通道】信息。

Quick Time是跨平台的标准文件格式，可以包含各种类型的音频、电影、Web链接和其他数据。这是一种在After Effects中最为常用的文件格式，如图6.3.9所示。

Quick Time格式可用于低端Web，多媒体演示以及电影级别的播放，其多功能性和分辨率方面有很大优势。系统提供了许多Quick Time视频编解码器类型，可以在【格式选项】里进行切换，默认的

【动画】模式是一种无压缩的输出模式，如图6.3.10所示。

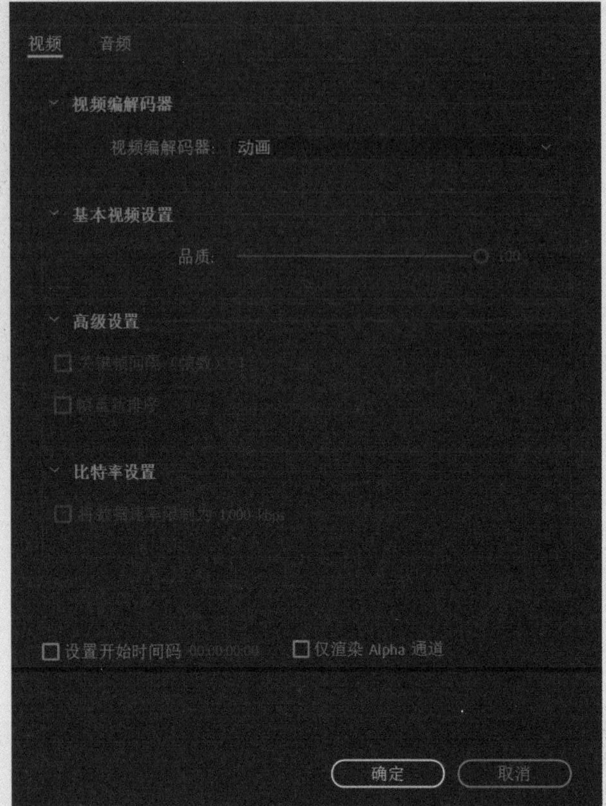

图6.3.9

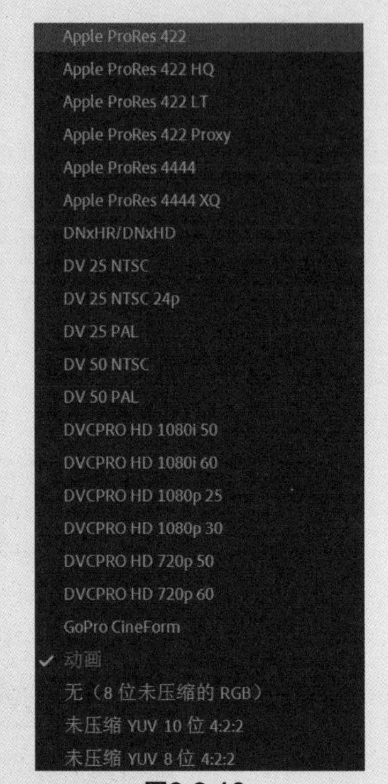

图6.3.10

由于每台主机所安装的视频编解码器不同，在格式设置中会出现不同的解码器类型。在选择输出模式后，不要轻易改变输出格式的设置，除非你非常熟悉该格式的设置，必须修改设置才能满足播放的需要，否则细节上的修改也会影响到播出时的画面质量。

每种格式都对应相应的播出设备，各种参数的设定也都是为了满足播出的需要。不同的操作平台和不同的素材都对应不同的编码解码器，在实际的应用中选择不同的压缩输出方式，将会直接影响到整部影片的画面效果。所以选择解码器一定要注意不同的解码器对应不同的播放设备，在共享素材时一定要确认对方可以正常播放。最彻底的解决方法就是连同解码器一起传送过去，可以避免因解码器不同而造成的麻烦。

如果After Effects中制作的内容还需要导入到其他软件中进行编辑，一般会选用【AVI】无压缩、【TGA】序列、【Quick Time】的【动画】模式。

第7章

应用与拓展

在这个章节中将通过实例操作来综合应用前面章节所讲到一些【效果】命令，命令间的随机组合可以创造出不同的画面效果，这也是软件编写人员所不能预见到的，我们在得到一个效果时需要将其融合进我们的作品中。该章节中前5个实例较为简单，如果是初学者，请务必学习完这几个实例再开始后面的学习。后面的实例因操作复杂，一些简单的操作就会直接调取工具，简单而基础的操作，如创建【合成】和【纯色】层、设置动画关键帧等将不再复述。

7.1 基础实例

7.1.1 调色实例

在After Effects中有许多重要的效果都是针对色彩的调整，但单一地使用一个工具调整画面的颜色，并不能对画面效果带来质的改变，需要综合应用手中的工具，进行色彩调整。我们可以使用菜单【效果】→【颜色校正】下的效果进行调色，也可以使用特殊的方法改变画面颜色。

01 执行菜单【合成】→【新建合成】命令，弹出【合成设置】对话框，创建一个新的合成面板，并命名为“调色实例”，参数设置如图7.1.1所示。

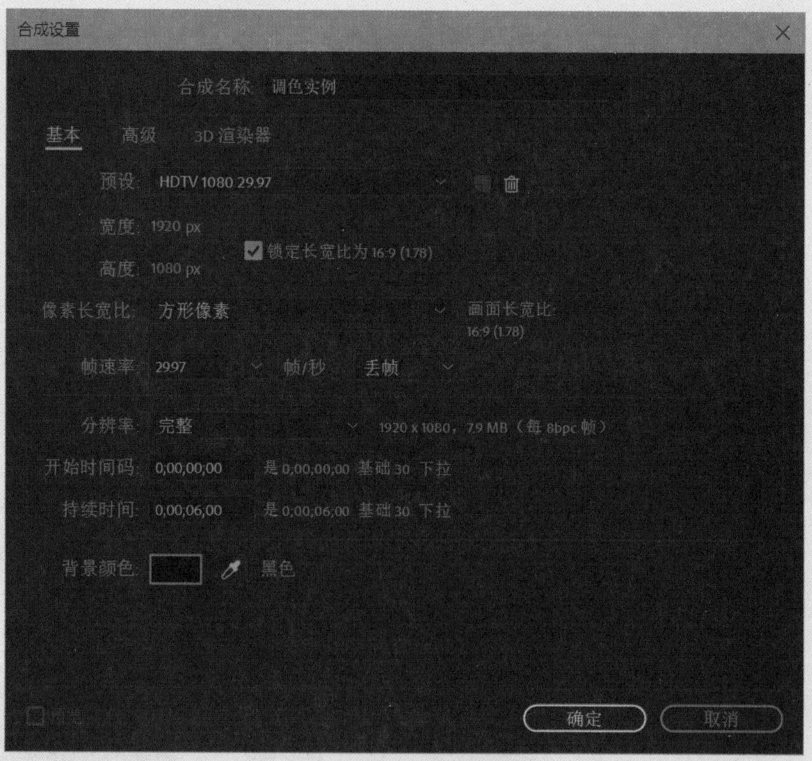

图7.1.1

02 执行菜单【文件】→【导入】→【文件…】命令，导入配套素材“工程文件”相关章节的“调色”素材，在【项目】面板选中导入的素材文件，将其拖入【时间轴】面板，图像将被添加到合成影片中，显示效果如图7.1.2所示。

图7.1.2

03 按下快捷键Ctrl+Y在【时间轴】面板中创建一个【纯色】图层，弹出【纯色层设置】对话框，创建一个品蓝色的纯色层，颜色尽量饱和一些。在【时间轴】面板中将品蓝色的纯色层放在素材的上方，如图7.1.3所示。

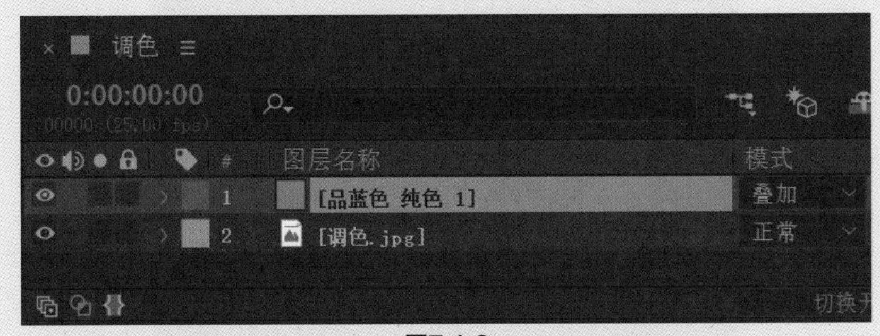

图7.1.3

04 将品蓝色纯色层的融合模式改为【叠加】模式，注意观察素材金属的颜色已经变成蓝色，这是为了下一步更好的叠加调色，如图7.1.4所示。

图7.1.4

05 选中建立的纯色层，可以通过为品蓝色纯色层添加【色相/饱和度】效果修改纯色层的色相，如图7.1.5所示，从而改变树叶的颜色。

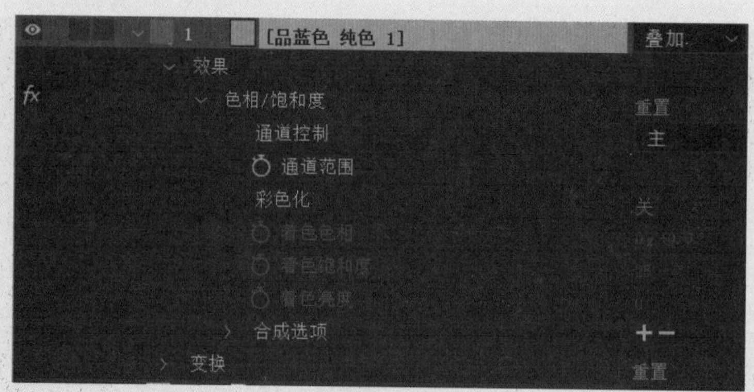

图7.1.5

06 在【效果控件】面板中，将【色相/饱和度】效果下的【主色相】旋转，从而调整颜色，如图7.1.6和图7.1.7所示。

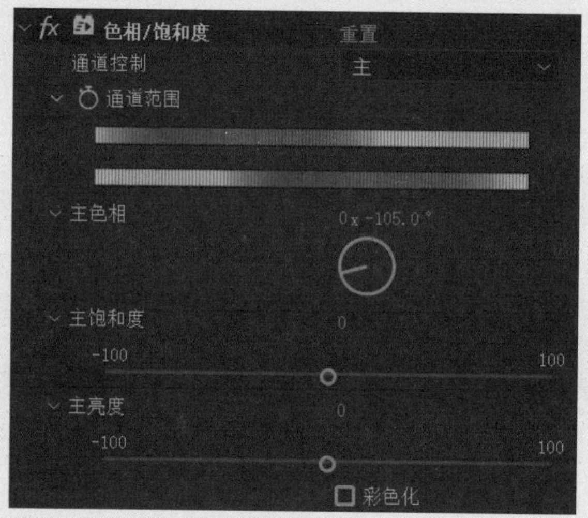

图7.1.6

图7.1.7

07 除了可以对黑白图像用图层模式改变色调，【色相/饱和度】效果还可以针对某一个颜色进行调整。使用同样的方式可以把另一张调色素材调进来，并为其添加【色相/饱和度】效果，如图7.1.8所示。

图7.1.8

⑧ 在【效果控件】面板中，将【通道控制】选项调整为【红色】，如图7.1.9所示，我们需要做的是将需要调整的颜色选出，如果调整背景的绿色，就选择【绿色】通道。

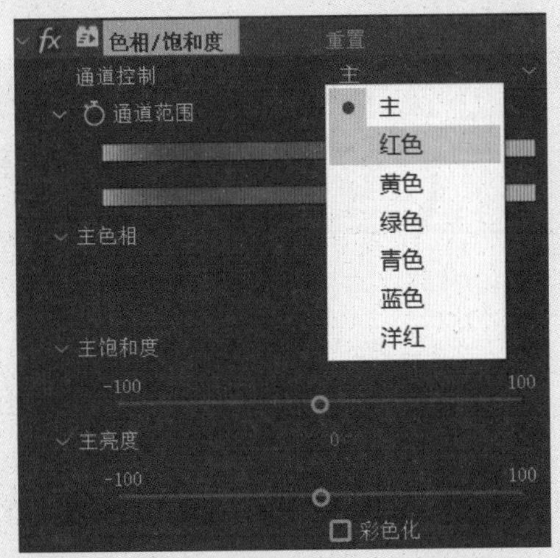

图7.1.9

⑨ 选中了红色通道，图标选中的范围为正红色，如图7.1.10所示。

⑩ 可以调整三角图标，也可以调整【通道范围】，将玫红色部分的颜色也选取出来。移动左侧的三角图标，将玫红色部分也选取进来，如图7.1.11所示。

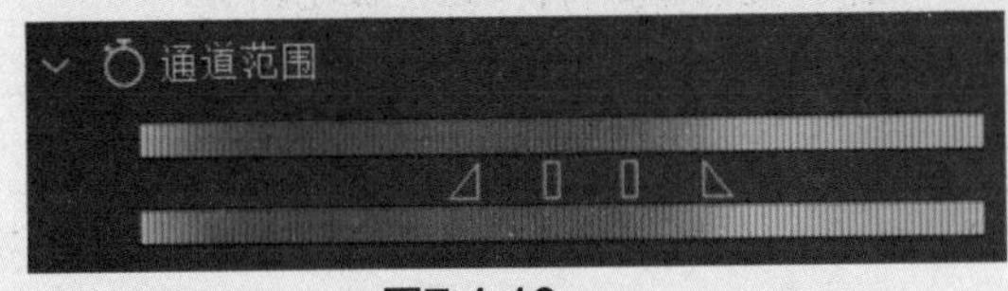

图7.1.10

图7.1.11

⑪ 调整【主色调】的转轮，可以看到只有文字的颜色变化，背景中的绿色没有改变，如图7.1.12所示。

图7.1.12

7.1.2 画面颗粒

01 执行菜单【合成】→【新建合成】命令，弹出【合成设置】对话框，创建一个新的合成面板，并命名为“画面颗粒”，参数设置如图7.1.13所示。

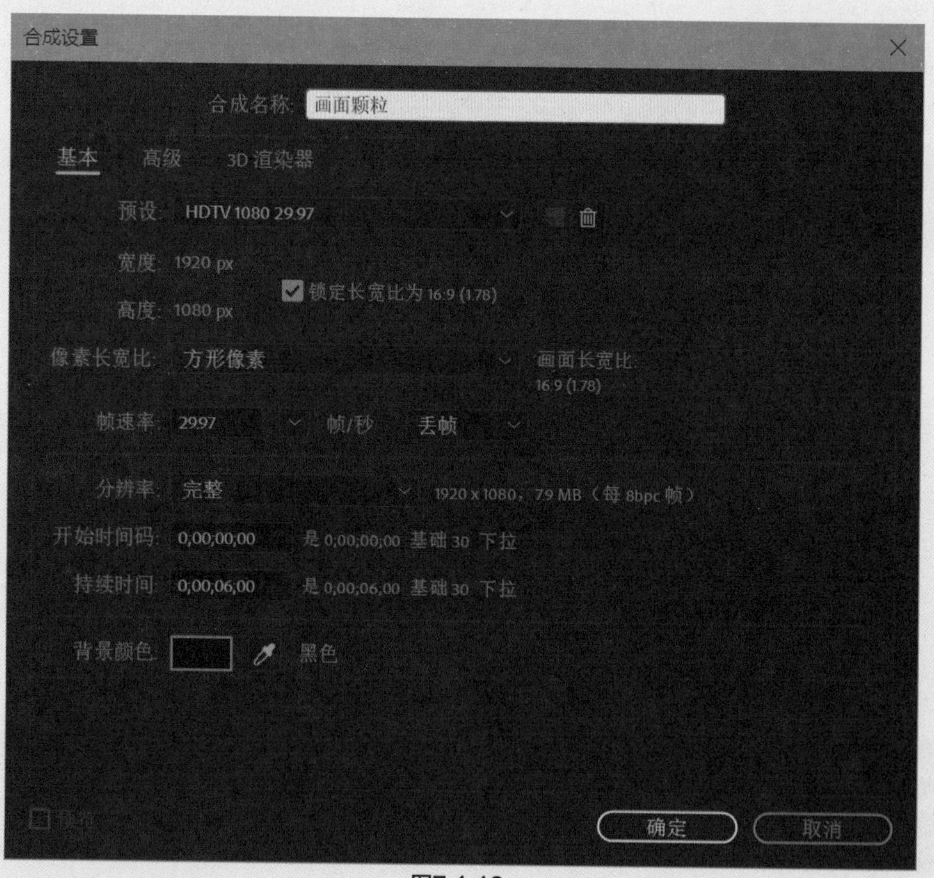

图7.1.13

02 执行菜单【文件】→【导入】→【文件】命令，导入配套素材“工程文件”相关章节的“画面颗粒”素材，在【项目】面板选中导入的素材文件，将其拖入【时间轴】面板，图像将被添加到合成影片中，显示效果如图7.1.14所示。

图7.1.14

03 这是一段电影的素材，而老电影应为当时的技术手段的限制，拍摄的画面都是黑白的，并且很粗糙，下面就来模拟这些效果。在【时间轴】面板中，选中素材，执行菜单【效果】→【杂色与颗粒】→【添加颗粒】命令，调整【查看模式】为【最终输出】，展开【微调】属性，修改【强度】为3，【大小】为0.5，如图7.1.15所示。

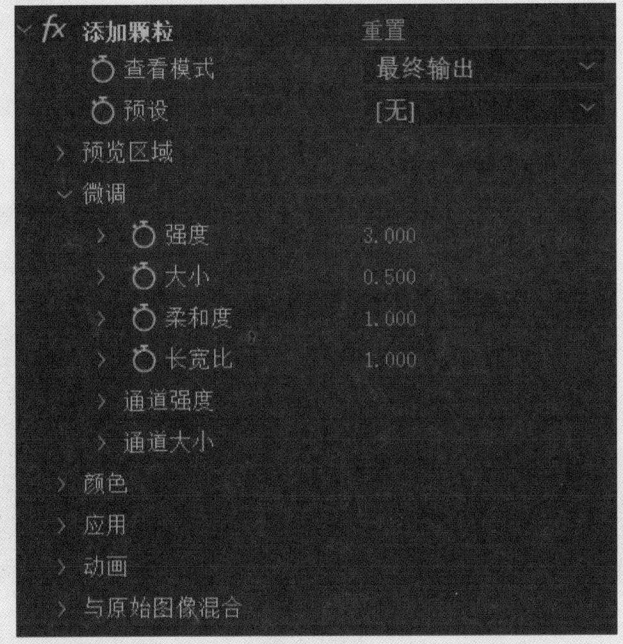

图7.1.15

04 观察画面可以看到明显的颗粒，如图7.1.16所示。After Effects还提供了很多预设的模式，用于模拟某些胶片的效果。

图7.1.16

05 在【时间轴】面板中，选中素材，执行菜单【效果】→【颜色校正】→【色相/饱和度】命令，选择【彩色化】命令，将画面变成单色，调整【着色色相】的参数为0x＋35.0。我们经常使用这种方法调整图像的单色效果，如图7.1.17所示。

图7.1.17

7.1.3 云层模拟

01 执行菜单【合成】→【新建合成】命令，弹出【合成设置】对话框，创建一个新的合成面板，并命名为“云层”，参数设置如图7.1.18所示。

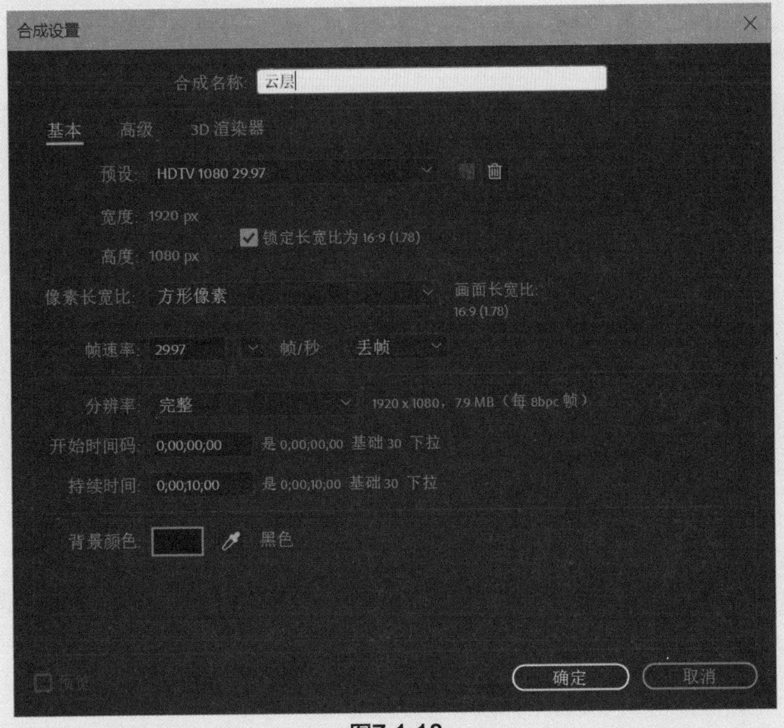

图7.1.18

02 按下快捷键Ctrl+Y在【时间轴】面板中创建一个【纯色】图层，弹出【纯色设置】对话框，如图7.1.19所示，颜色可以任意设置，此处设置为黑色。

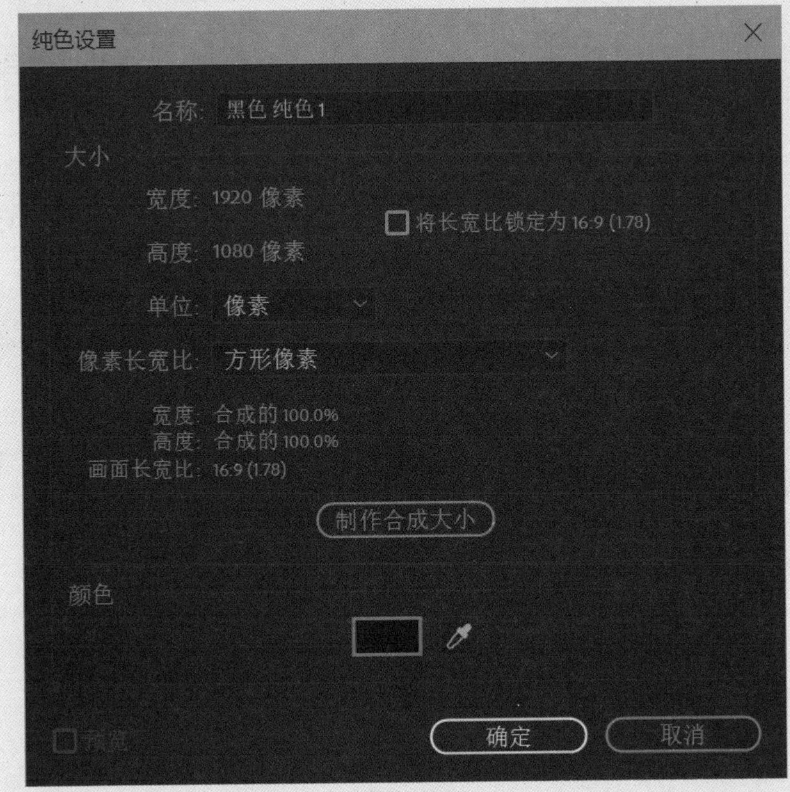

图7.1.19

03 在【时间轴】面板选中该层，执行菜单【效果】→【杂色和颗粒】→【分形杂色】命令，可以看到【纯色】层被变为黑白的杂色，如图7.1.20所示。

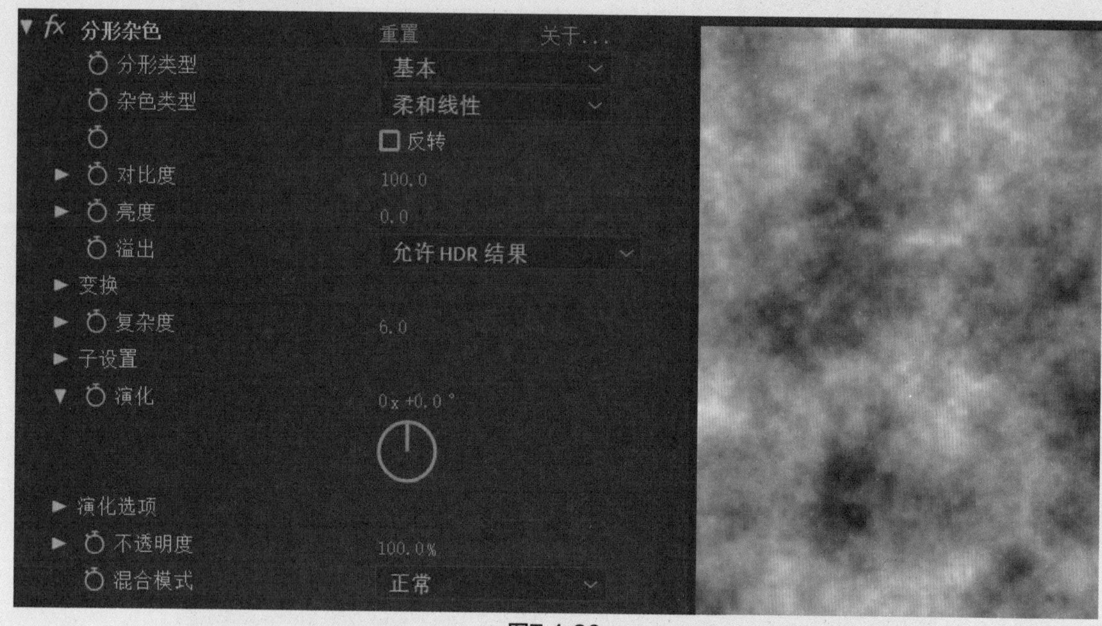

图7.1.20

04 修改【分形杂色】效果的参数。设置【分形类型】为【动态】模式，【杂色类型】为【柔和线性】模式，加强【对比度】为200，降低【亮度】为-25，如图7.1.21所示。

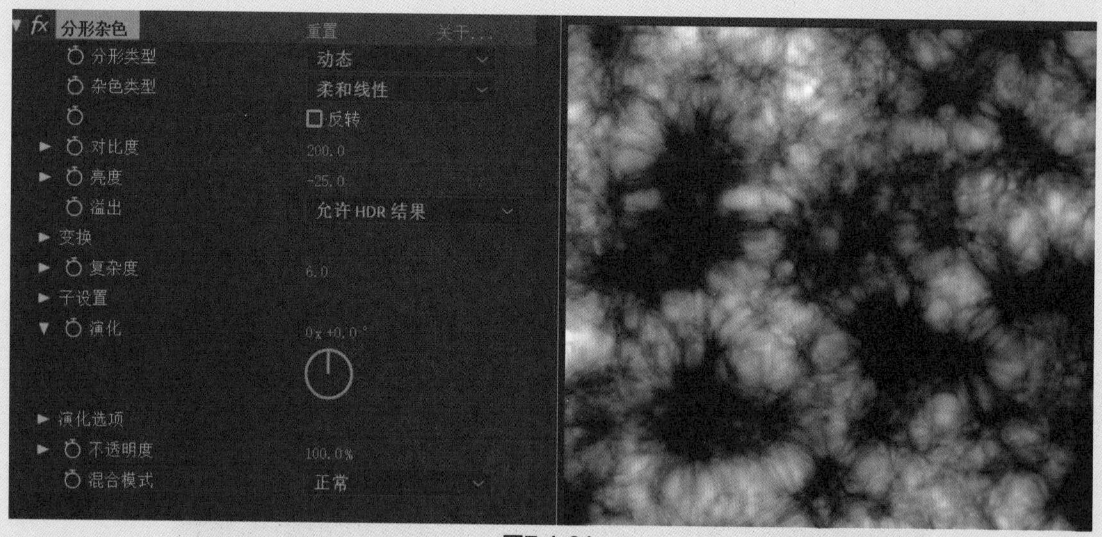

图7.1.21

05 在【时间轴】面板中，展开【分形杂色】下的【变换】属性，为云层制作动画。打开【透视位移】选项，分别在时间起始处和结束处设置【偏移（湍流）】值的关键帧，使云层横向运动，值越大运动速度越快。同时设置【子设置】→【演化】属性，分别在时间起始处和结束处设置关键帧，其值为5x+0.0，如图7.1.22所示。按下【空格键】播放动画，可以看到云层在不断地滚动。

06 在工具栏选中■【矩形工具】，在【时间轴】面板选中云层，在【合成】面板中创建一个矩形【蒙版】，并调整【蒙版羽化】值，执行【反转】命令，使云层的下半部分消失，如图7.1.23所示。

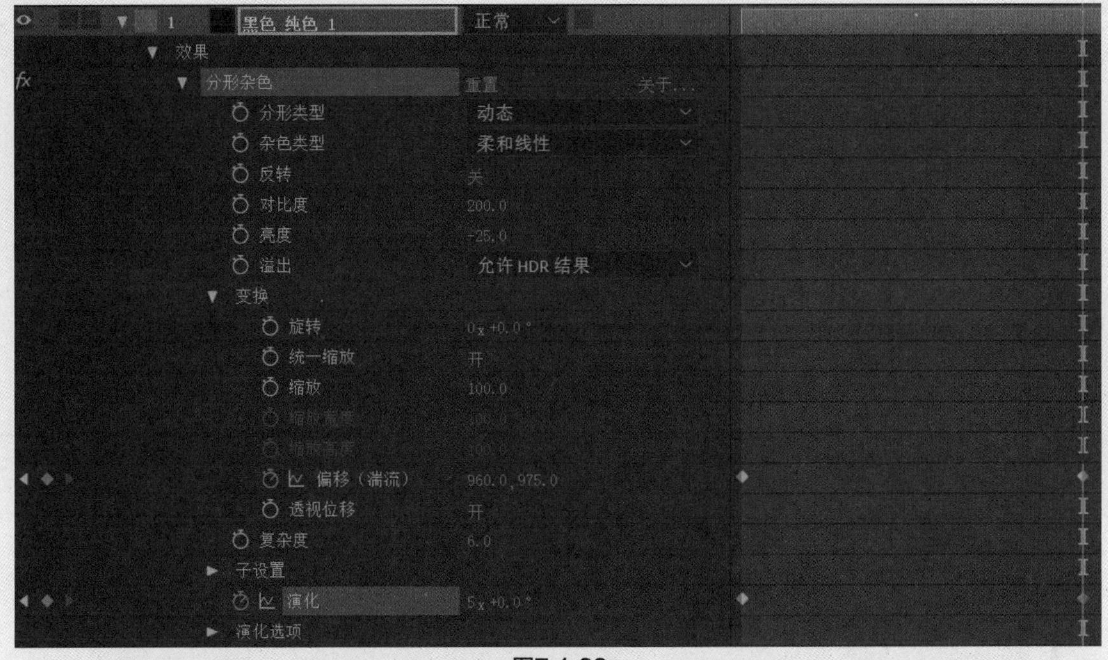

图7.1.22

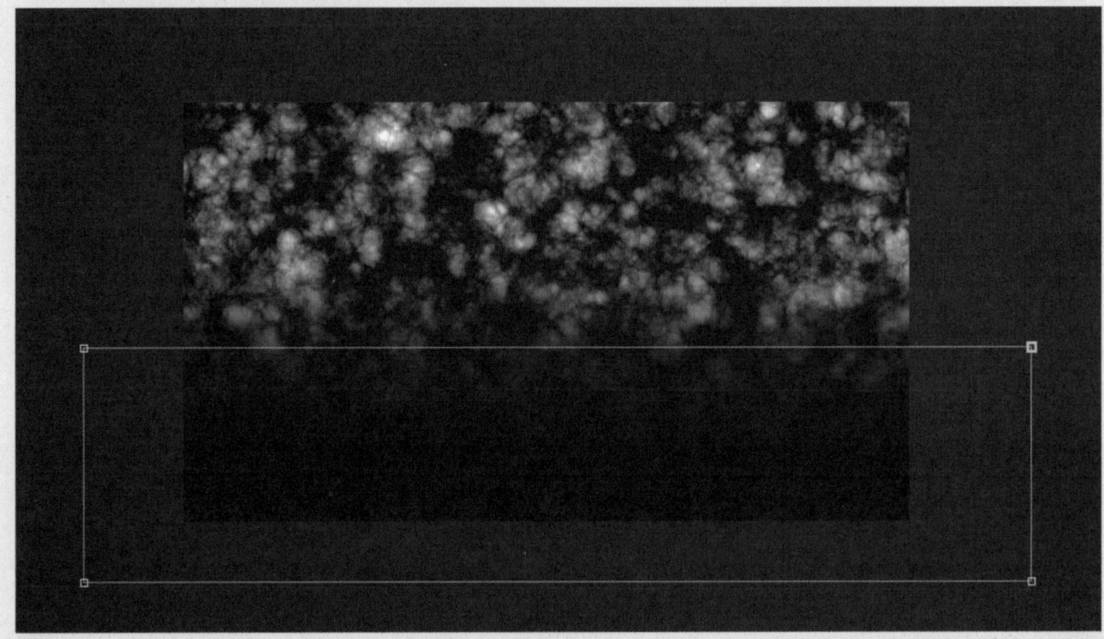

图7.1.23

07 执行菜单【效果】→【扭曲】→【边角定位】命令，【边角定位】效果使平面变为带有透视的效果，在【合成】面板中调整云层四角的圆圈十字图标的位置，使云层渐隐的部分缩小，产生空间的透视效果，如图7.1.24所示。

08 执行菜单【效果】→【色彩调整】→【色相/饱和度】命令，为云层添加颜色。在【效果控件】面板【色相/饱和度】效果下，执行【彩色化】命令，使画面产生单色的效果，修改【着色色相】的值，调整云层为淡蓝色，如图7.1.25所示。

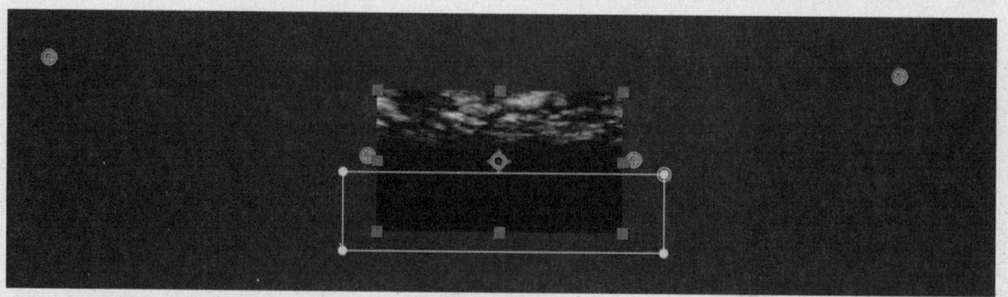

图7.1.24

图7.1.25

09 执行菜单【效果】→【色彩校正】→【色阶】命令，为云层添加闪动效果。【色阶】效果主要用来调整画面亮度，为了得到云层中电子碰撞的效果，可以设置【色阶】效果的【直方图】值的参数（移动最右侧的白色三角图标），通过提高画面亮度模拟这一效果。为了得到闪动的效果，画面加亮后要再调回原始画面，回到原始画面的关键帧的间隔要小一些，才能模拟出闪动的效果，如图7.1.26所示。

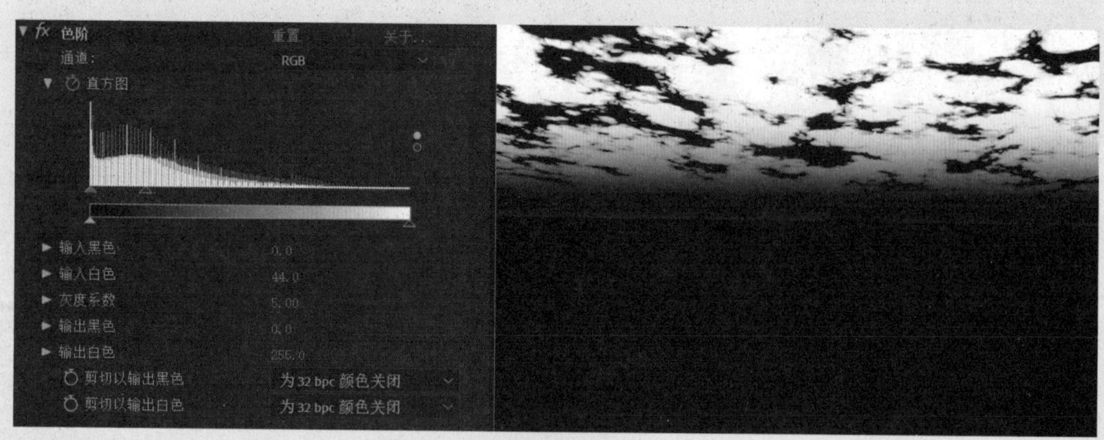

图7.1.26

10 最后创建一个新的黑色【纯色】层，执行菜单【效果】→【模拟】→ CCRainfall效果，将黑色的【纯色】层的层融合模式改为【相加】模式，可以看到雨被添加到了画面里，如图7.1.27所示。

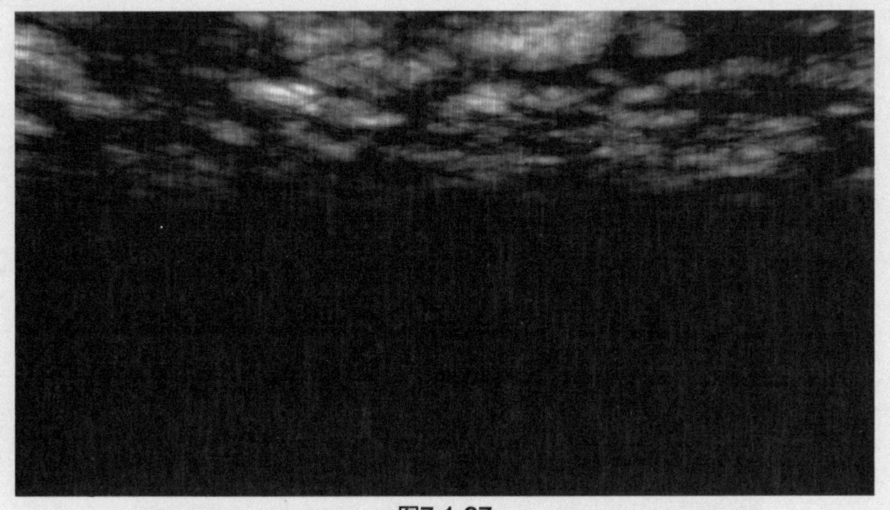

图7.1.27

7.1.4 发光背景

01 执行菜单【合成】→【新建合成】命令，弹出【合成设置】对话框，创建一个新的合成面板，并命名为“背景”，参数设置如图7.1.28所示。

图7.1.28

02 按下快捷键Ctrl+Y在【时间轴】面板中创建一个【纯色】图层，弹出【纯色设置】对话框，命名为“光效”，如图7.1.29所示。

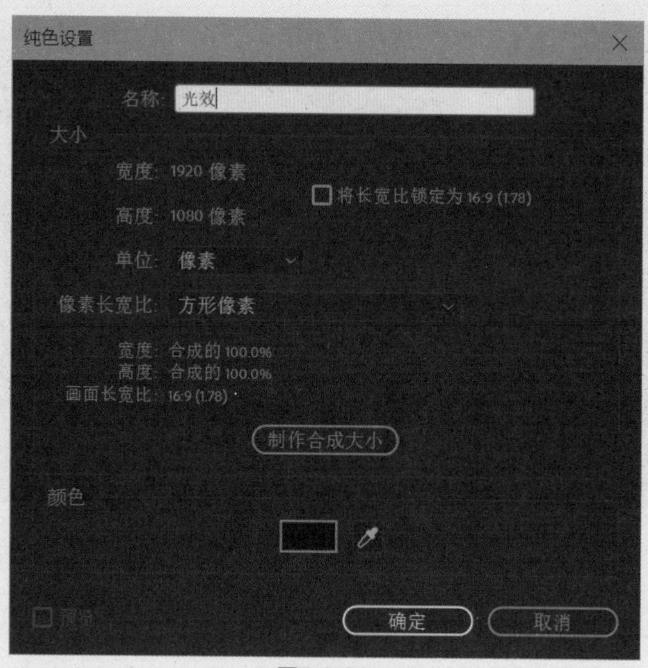

图7.1.29

03 在【时间轴】面板选中“光效”层，执行菜单【效果】→【杂色和颗粒】→【湍流杂色】命令，设置【湍流杂色】效果的相关参数，如图7.1.30和图7.1.31所示。

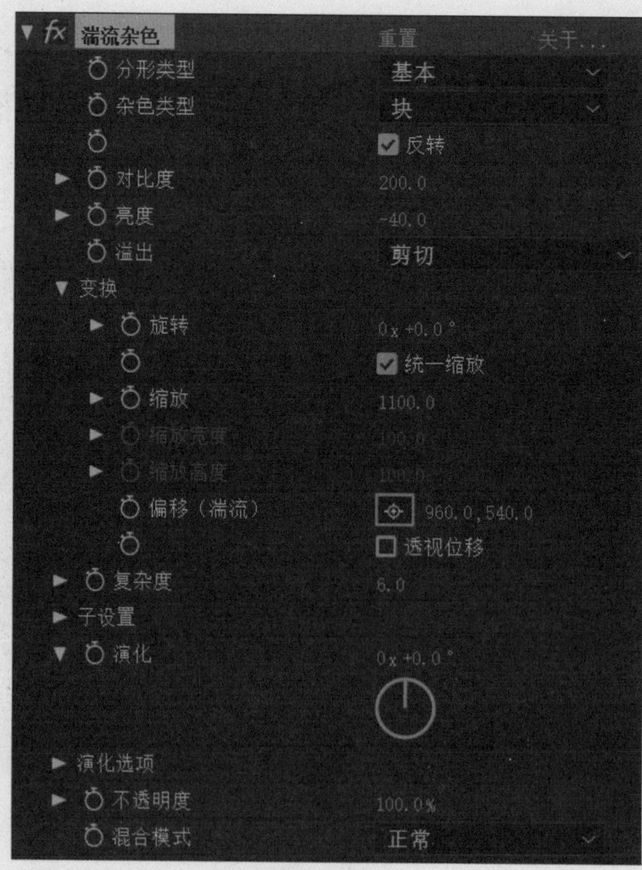

图7.1.30

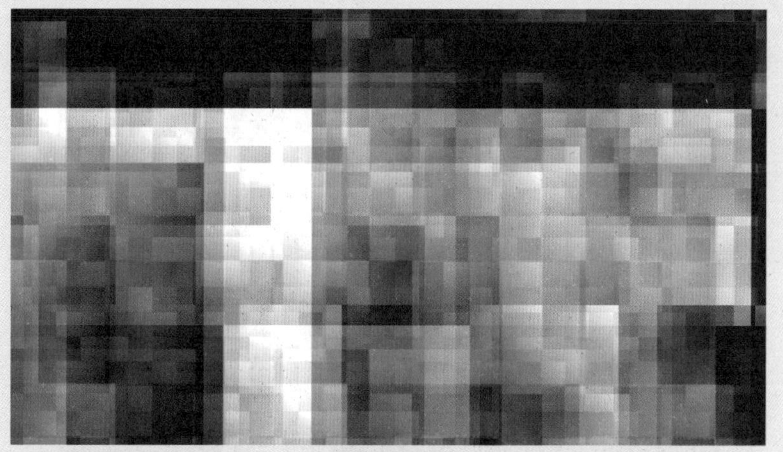

图7.1.31

04 执行菜单【效果】→【模糊和锐化】→【方向模糊】命令，将【模糊长度】的值调整成为100，对画面实施方向性模糊，使画面产生线型的光效，如图7.1.32所示。

图7.1.32

05 调整一下画面的颜色。执行菜单【效果】→【颜色校正】→【色相饱和度】命令，我们需要的画面是单色的，所以在出现的面板中勾选【彩色化】复选框，调整【着色色相】的值为260，画面呈现出蓝紫色，如图7.1.33所示。

图7.1.33

06 执行菜单【效果】→【风格化】→【发光】命令，为画面添加发光效果。为了得到丰富的高光变化，【发光颜色】设置为【A和B颜色】类型，并调整其他相关的参数，如图7.1.34和图7.1.35所示。

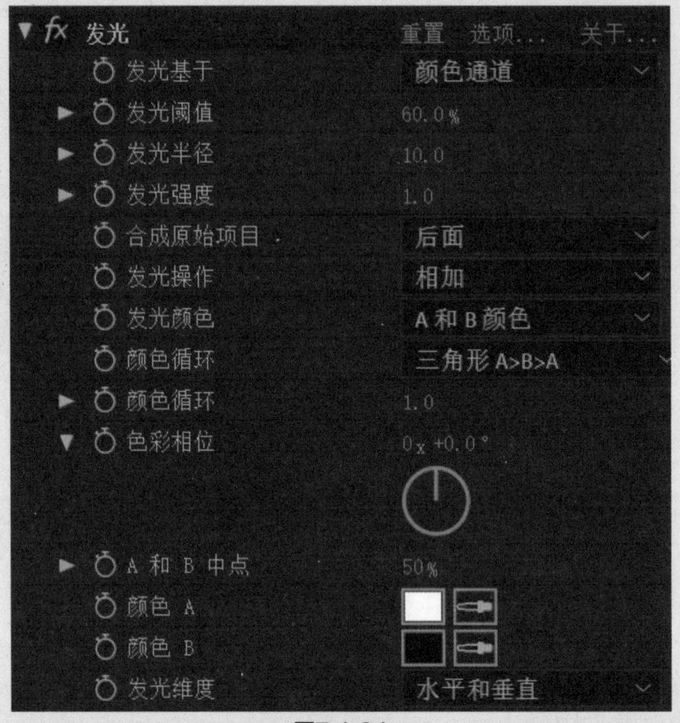

图7.1.34

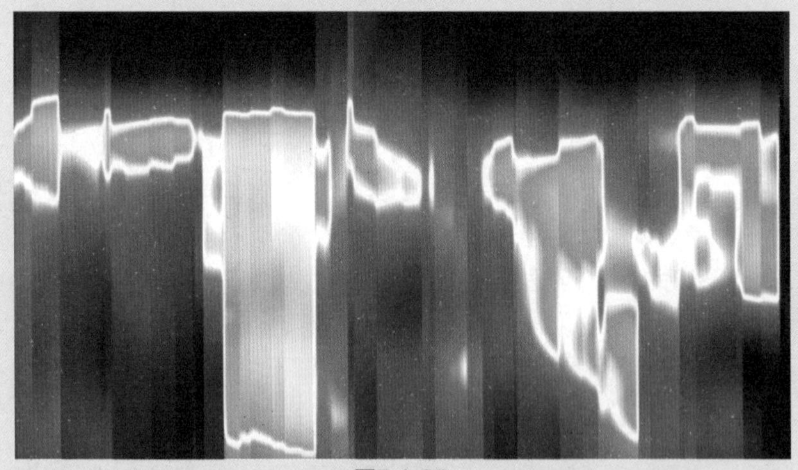

图7.1.35

07 执行菜单【效果】→【扭曲】→【极坐标】命令，使画面产生极坐标变形，设置【插值】为100%，【转换类型】为【矩形到极线】，如图7.1.36和图7.1.37所示。

图7.1.36

图7.1.37

08 为光效设置动画。找到【湍流杂色】效果的【演化】属性，单击属性左边的码表图标，在时间起始处和结束处分别设置关键帧，如图7.1.38所示，然后按下空格键，播放动画并观察效果。

图7.1.38

根据不同的画面要求，可以使用不同的效果，最终所呈现的效果是不一样的。用户还可以通过【色相/饱和度】的【着色色相】属性设置光效颜色变化的动画。

7.1.5 粒子光线

01 执行菜单【合成】→【新建合成】命令，弹出【合成设置】对话框，创建一个新的合成面板，并命名为“粒子光线”，参数设置如图7.1.39所示。

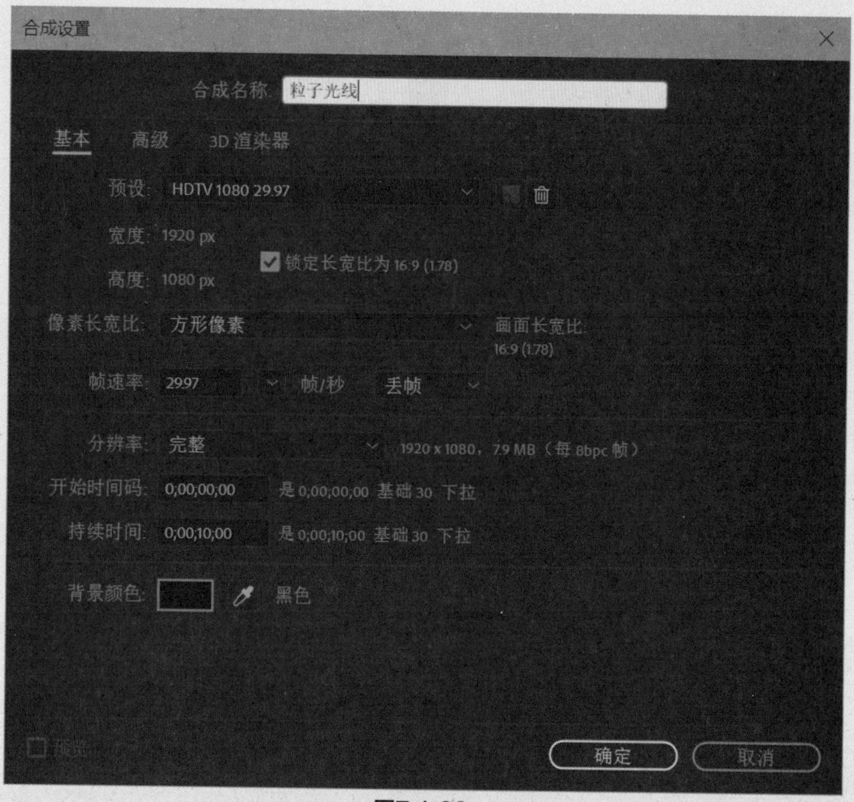

合成设置
合成名称：粒子光线
基本　高级　3D 渲染器
预设：HDTV 1080 29.97
宽度：1920 px
高度：1080 px
锁定长宽比为 16:9 (1.78)
像素长宽比：方形像素
画面长宽比：16:9 (1.78)
帧速率：29.97 帧/秒 丢帧
分辨率：完整 1920 x 1080，7.9 MB（每 8bpc 帧）
开始时间码：0;00;00;00 是 0;00;00;00 基础 30 下拉
持续时间：0;00;10;00 是 0;00;10;00 基础 30 下拉
背景颜色：黑色
预览　确定　取消

图7.1.39

02 在【时间轴】面板中，执行菜单【新建】→【纯色】命令（或执行菜单【图层】→【新建】→【纯色】命令），创建一个【纯色】层并命名为“白色纯色1”，将【宽度】设置为2，【高度】设置为1080，【颜色】设置为白色，如图7.1.40所示。

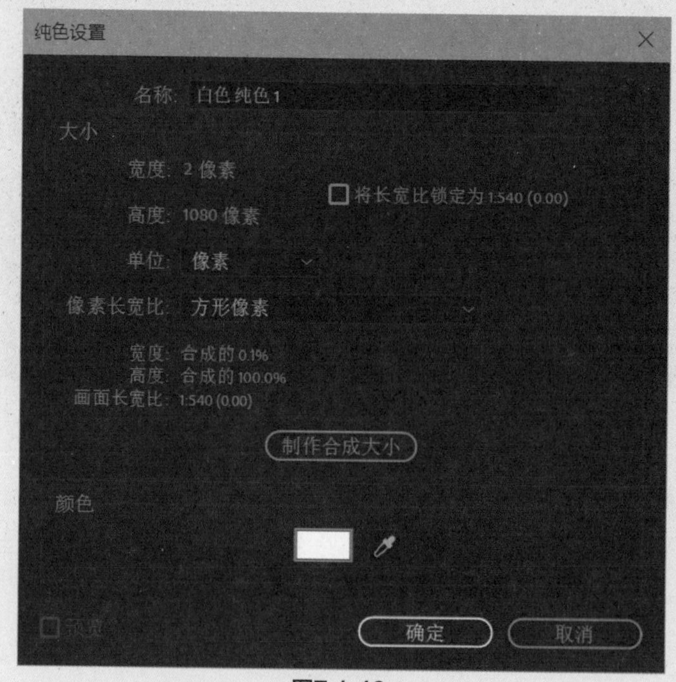

图7.1.40

03 在【时间轴】面板中，执行菜单【图层】→【新建】→【纯色】命令，创建一个纯色层，并命名为“发射器”，如图7.1.41所示。

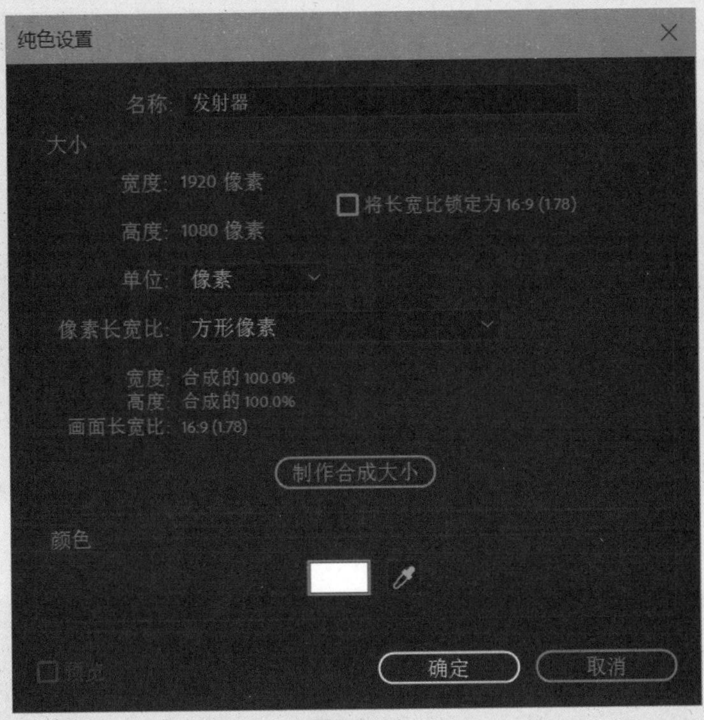

图7.1.41

04 在【时间轴】面板中选中“发射器”层，执行菜单【效果】→【模拟】→【粒子运动场】命令。按下空格键，预览动画效果，如图7.1.42所示。

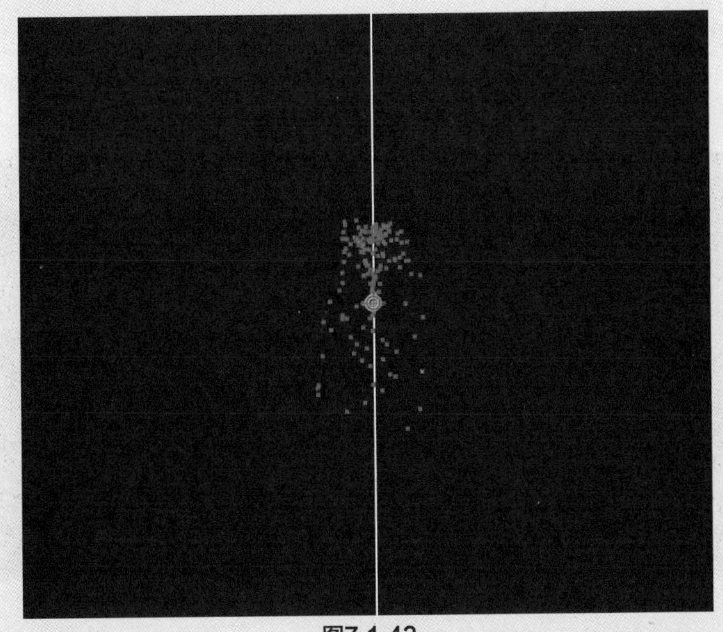

图7.1.42

05 在【效果控件】面板中设置参数，展开【发射】属性，将【圆筒半径】设置为900；【每秒粒子数】设置为60；【随机扩散方向】改为20；【速率】设置为130，如图7.1.43所示。

06 将【图层映射】属性展开，将【使用图层】设置为“白色线条”（界面中“条”字被隐藏了）。按下空格键，预览动画效果。再将【重力】属性展开，将【力】设置为0，如图7.1.44所示。

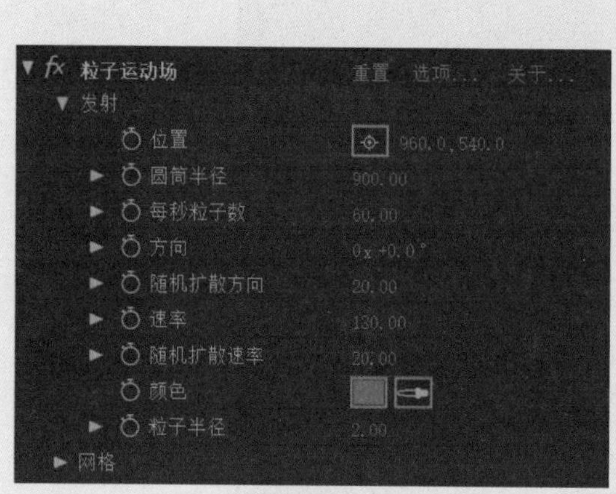

图7.1.43

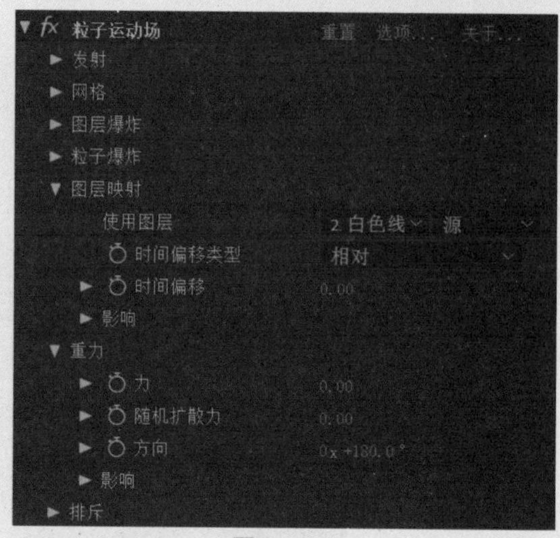

图7.1.44

07 在【时间轴】面板中选中“发射器”层，按下快捷键Ctrl+D复制该层，如图7.1.45所示。

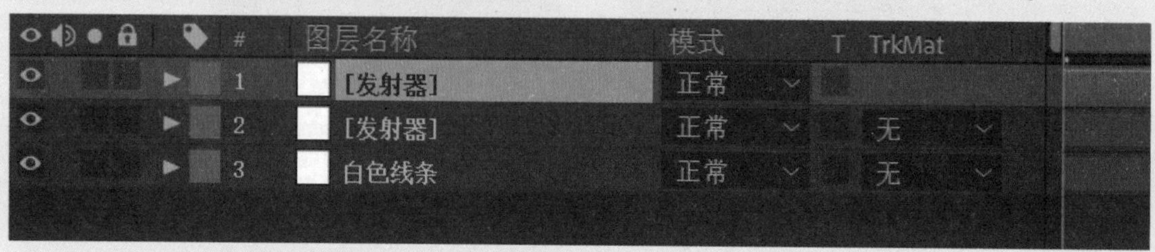

图7.1.45

08 使用工具箱中的【旋转工具】，选中复制出来的“白色线条”层，在【合成】面板中将其旋转180度。在【时间轴】面板中将“白色线条”层右侧的眼睛图标单击取消。按下空格键，预览动画效果，如图7.1.46所示。

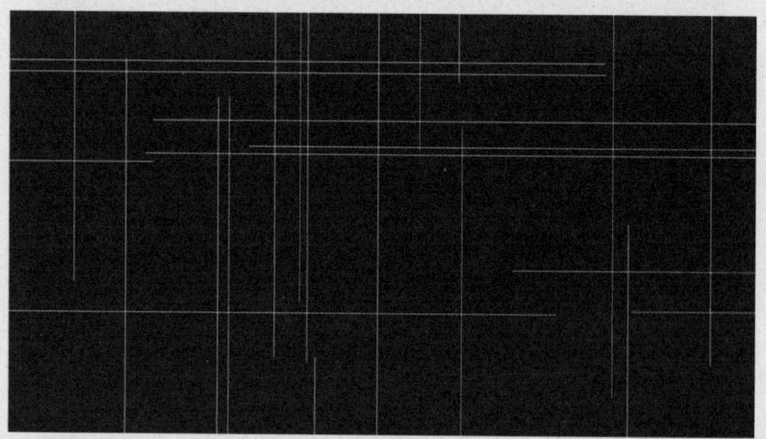

图7.1.46

09 执行菜单【图层】→【新建】→【调整图层】命令，将新建的调整层放置在【时间轴】面板中最上层的位置，该层并没有实际的图像存在，只是对位于该层以下的层进行相关的调整，如图7.1.47所示。

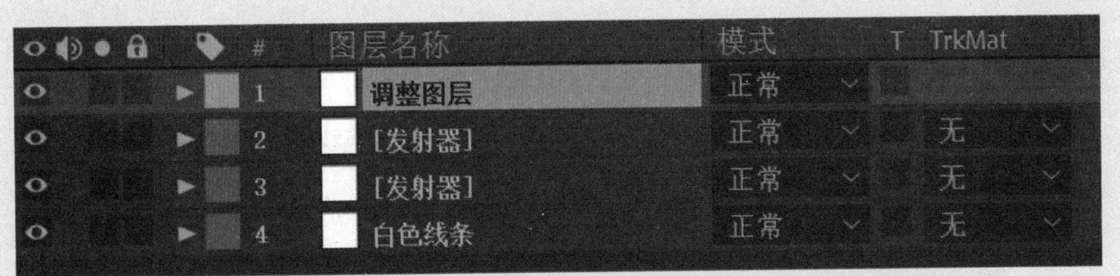

图7.1.47

⑩ 在【时间轴】面板中选中【调整图层】调节层，执行【效果】→Trapcode→Statglow命令，在【效果控件】面板中，将Preset改为White Star内置效果，如图7.1.48所示。

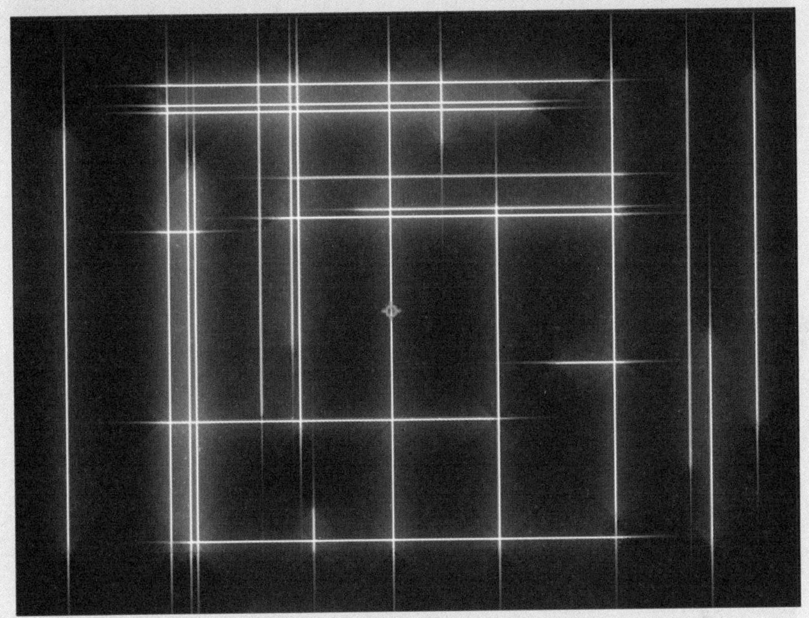
图7.1.48

> 提示
>
> 下面的几个实例都需要运用较多的效果，操作相对复杂，一些简单的操作就不再复述了。如果读者不知道如何创建一个合成层和纯色层，如何设置动画关键帧之类的操作，请认真学习前面的几个实例，再开始这几个案例的学习。

7.2 进阶实例

在这个小节中我们要创建一条沿路径滑动的水流效果。我们会对【形状图层】【路径动画】以及可以被运用到路径动画的效果进行详细的讲解。

01 创建一个合成，【预设】设置为【HDTV 1080 29.97】，【持续时间】设置为3秒。使用【钢笔工具】绘制一段曲线，如图7.2.1所示。

02 在【时间轴】面板展开【形状图层1】左侧三角符号，在【形状1】属性下有四个默认属性。展开

【描边1】，调整【描边宽度】为50，【颜色】设置为白色。将【线段端点】切换为【圆头端点】，如图7.2.2和图7.2.3所示。

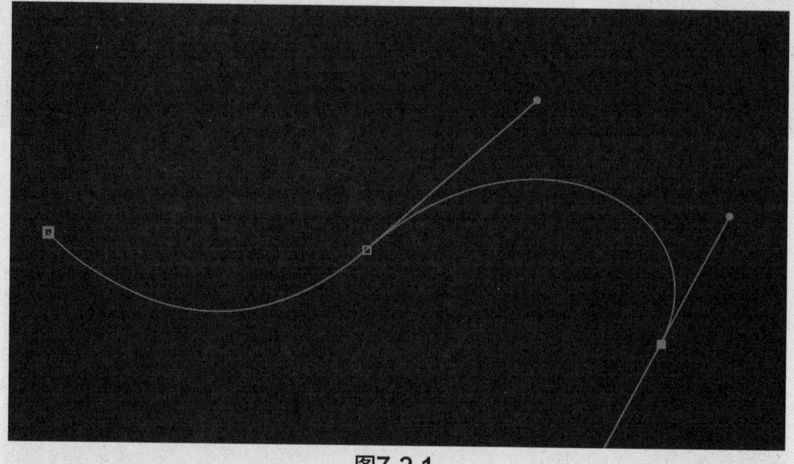

图7.2.1

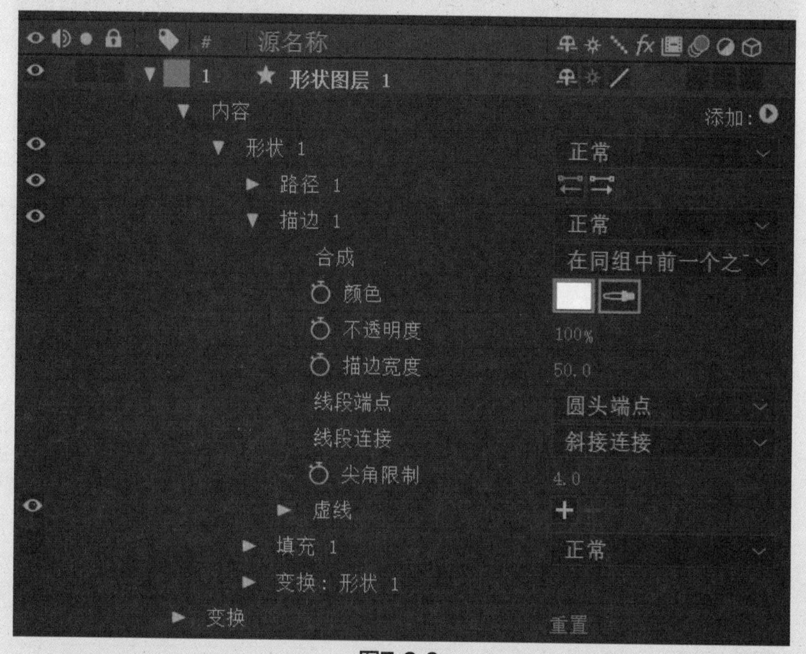

图7.2.2

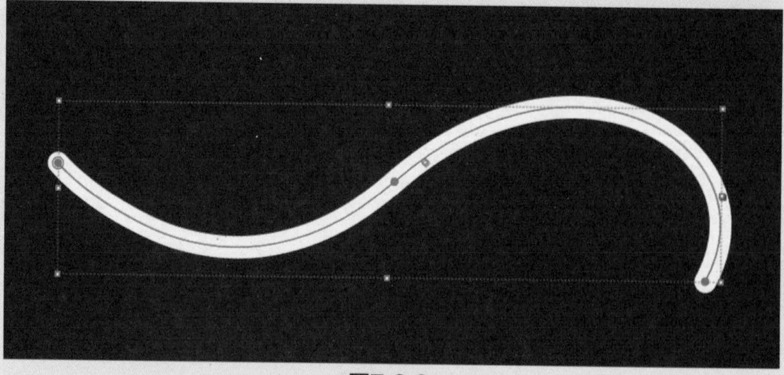

图7.2.3

03 在【时间轴】面板单击右上角的【添加】旁边的符号，在弹出菜单中执行【修剪路径】命令，为路径添加【修剪路径1】属性，如图7.2.4所示。

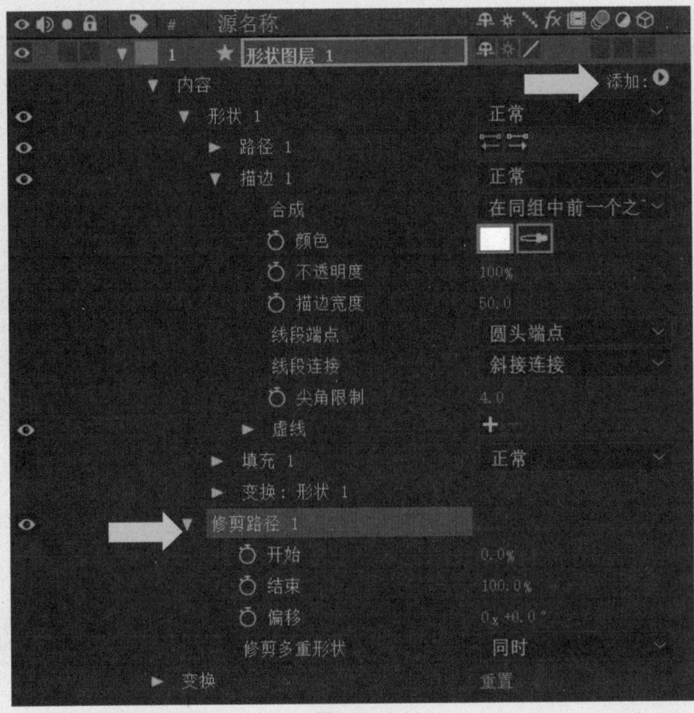

图7.2.4

04 展开【修剪路径1】属性，设置【开始】和【结束】的关键帧，【开始】调整为0%至100%，时长为0.5 s，【结束】调整为0%至100%，时长为1 s。播放动画可以看到线段随着曲线出现、划过、消失。【开始】属性后面的关键帧控制了线段的长度，如图7.2.5所示。

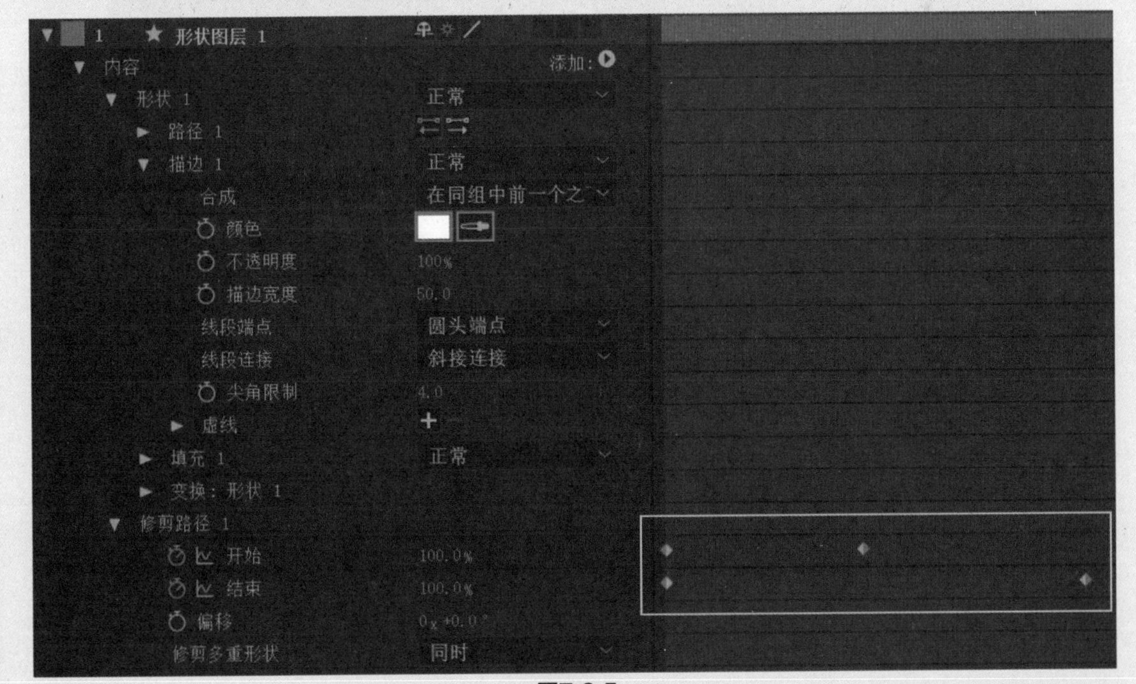

图7.2.5

05 这时我们再设置【描边1】属性下的【描边宽度】的关键帧。设置四个关键帧分别为：0%、100%、100%、0%。这样就会形成曲线从细变粗，从粗又变细的过程，如图7.2.6～图7.2.8所示。

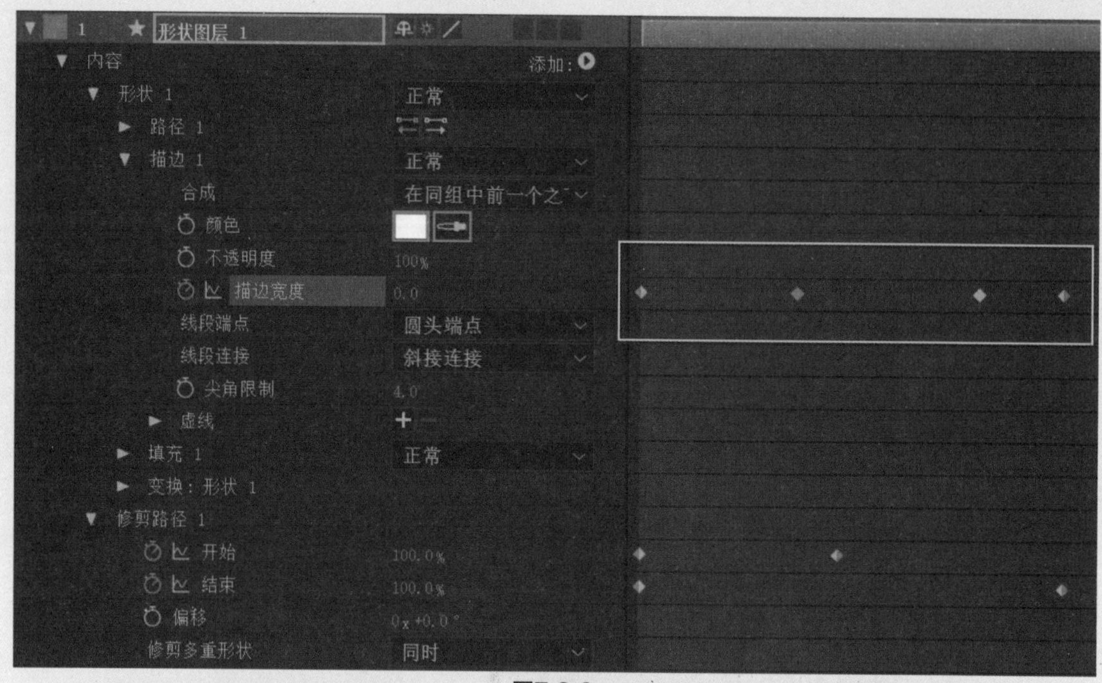

图7.2.6

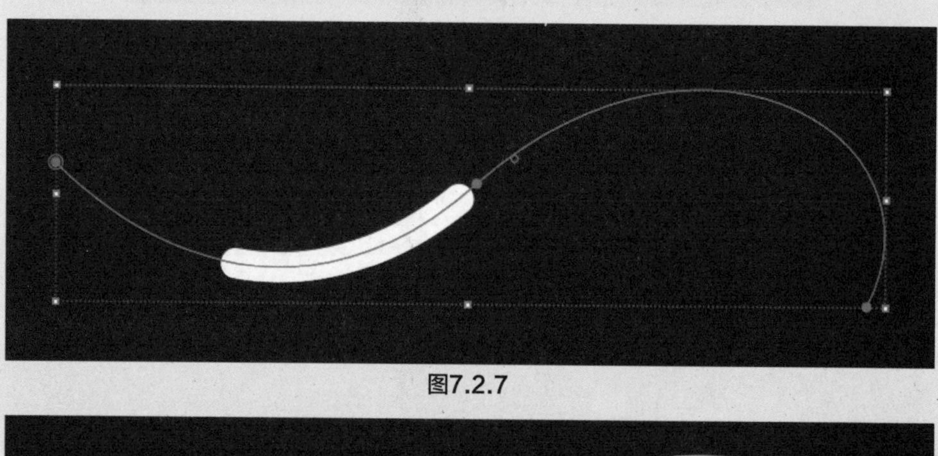

图7.2.7

图7.2.8

06 在【时间轴】面板选中【开始】和【结束】属性最右侧关键帧，右击，在弹出的快捷菜单中执行【关键帧辅助】→【缓入】命令，需要注意一定要把鼠标悬停在关键帧上右击，才会弹出关键帧菜单。可以看到加入【缓入】动画后，关键帧图标也有所变化。【缓入】命令只改变了动画的曲线，动画大致的运动方向并没有改变，如图7.2.9～图7.2.11所示。

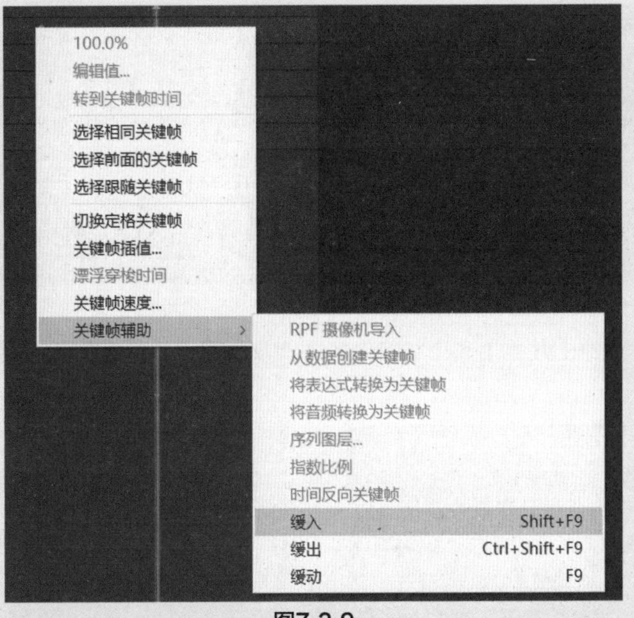

图7.2.9

图7.2.10

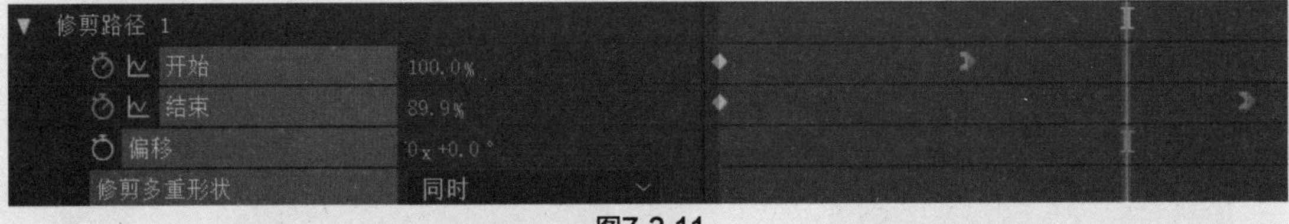

图7.2.11

07 在【时间轴】面板单击右上角的【添加】旁边的符号，在弹出菜单中执行【摆动路径】命令，为路径添加【摆动路径】属性。调整【大小】和【详细信息】的参数，效果如图7.2.12所示。

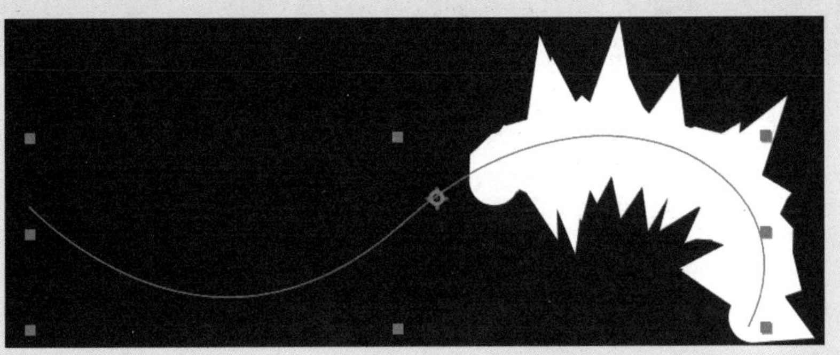

图7.2.12

08 在【时间轴】面板选中【形状图层1】，按下快捷键Ctrl+D，复制一个图形层放置在图层下方。选中两个层，按下快捷键U，只显示带有关键帧的属性，如图7.2.13所示。

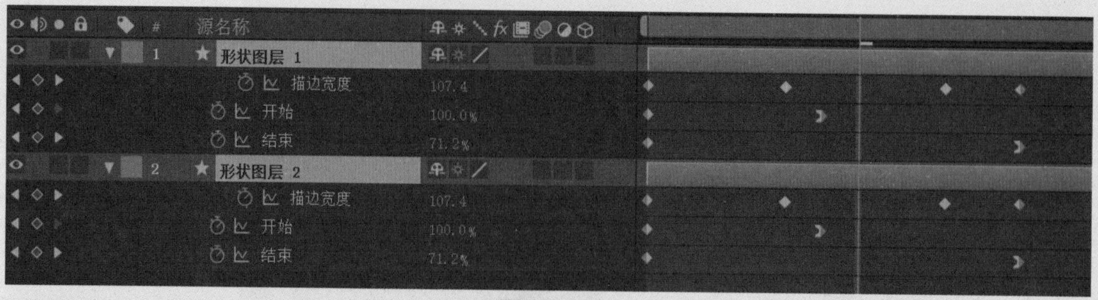

图7.2.13

09 调整【形状图层1】的【开始】和【结束】的关键帧位置，让动画变为前后两段线段的动画，如图7.2.14和图7.2.15所示。

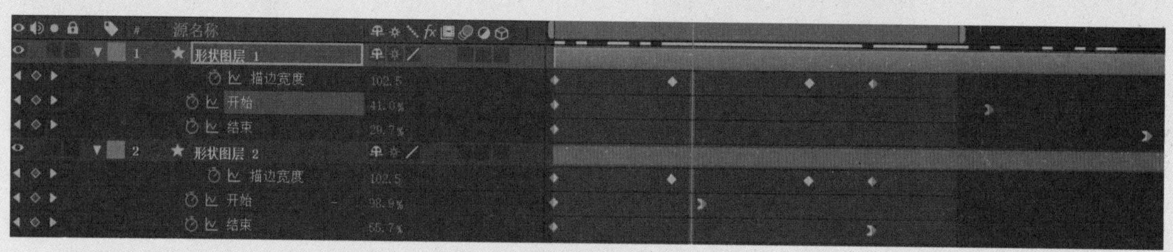

图7.2.14

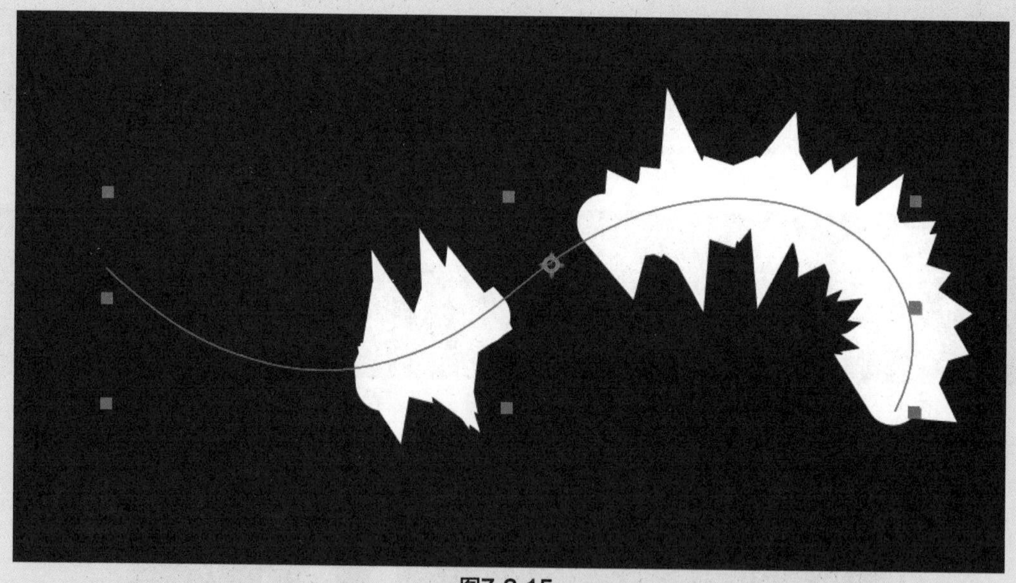

图7.2.15

10 在【时间轴】面板选中【形状图层2】，按下快捷键Ctrl+D，复制一个图形层放置在图层下方。选中【形状图层3】的【摆动路径】属性，按下Delete键，删除该属性。关闭【形状图层1】和【形状图层2】的显示。方便我们观察【形状图层3】的情况，如图7.2.16所示。

11 按下【虚线】属性右侧的+号图标，为其添加【虚线】，再次按下+号图标，添加【间隙】属性，如图7.2.17所示。

12 调整【虚线】的参数为0，调大【间隙】的参数值，直至出现圆形的点。播放动画可以看到，虚线的点也是由小到大的变化，如图7.2.18所示。

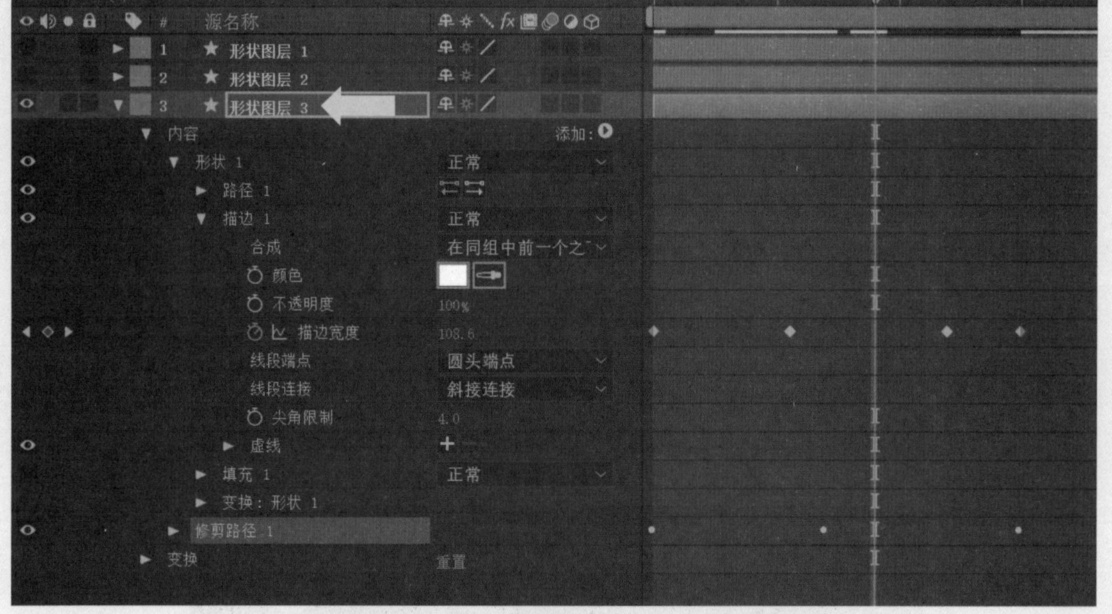

图7.2.16

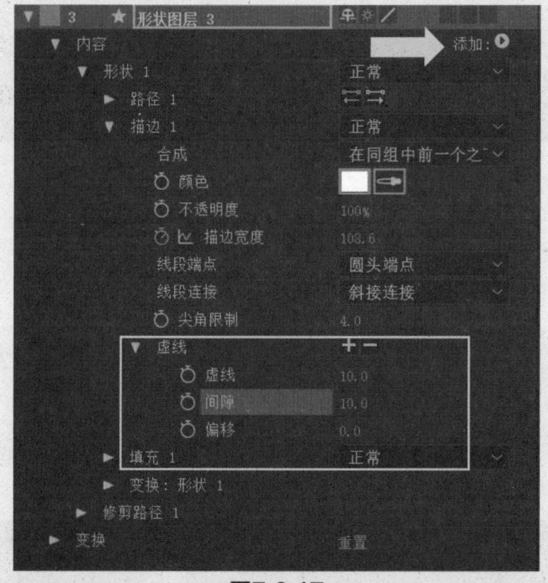

图7.2.17

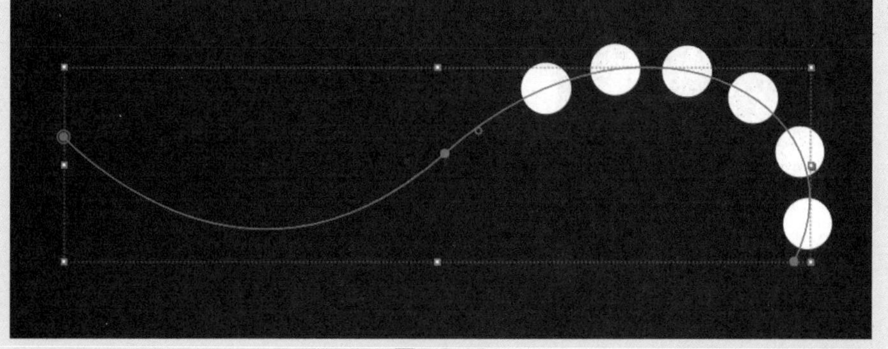

图7.2.18

⑬ 在【时间轴】面板单击右上角的【添加】旁边的符号，在弹出菜单中执行【扭转】命令，为路径添加【扭转】属性。调整【角度】和【中心】的参数，让虚线运动的更加随意，如图7.2.19和图7.2.20所示。

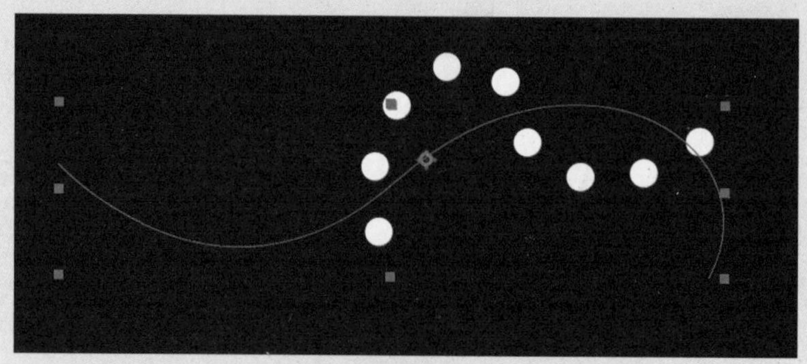

图7.2.19

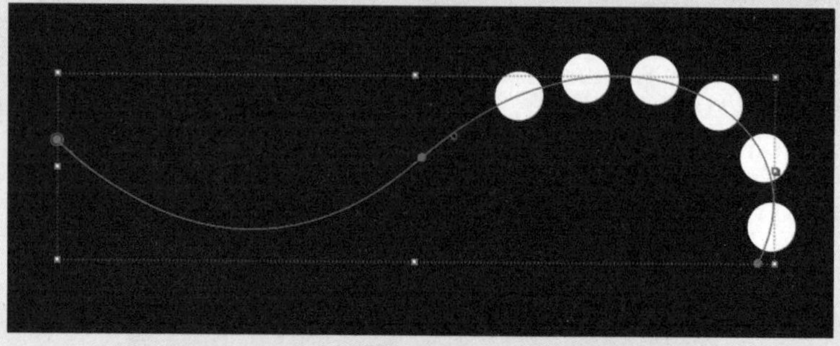

图7.2.20

⑭ 打开【形状图层1】和【形状图层2】的显示，再次调整【形状图层3】，也就是虚线的【修剪路径】的【开始】和【结束】的关键帧位置，让路径动画每个画面的三个层不相互重叠。我们也可以调整三个层的前后位置来调整路径动画的时间，如图7.2.21和图7.2.22所示。

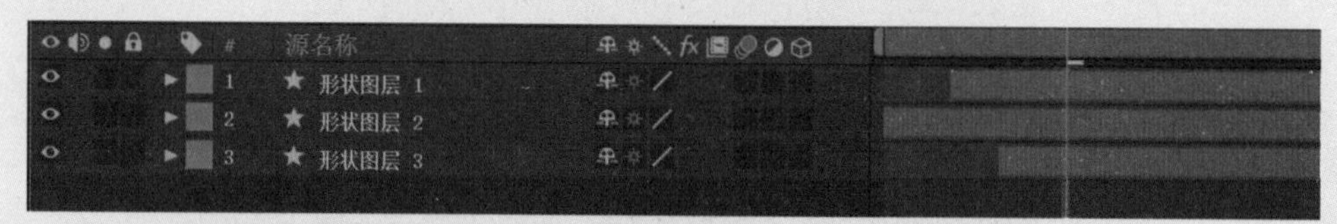

图7.2.21

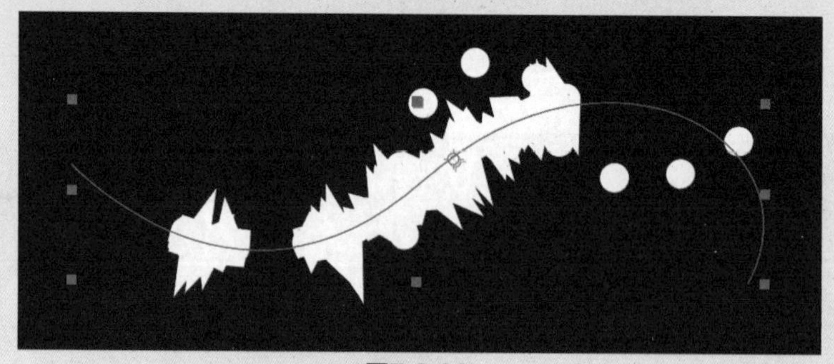

图7.2.22

⑮ 执行菜单【合成】→【新建】→【调整图层】命令，创建一个调整层，放置在三个图层上方，选中该【调整层】，执行菜单【效果】→【风格化】→【毛边】命令，调整【边界】和【边缘锐度】的参数，让几层线条融合在一起，如图7.2.23和图7.2.24所示。

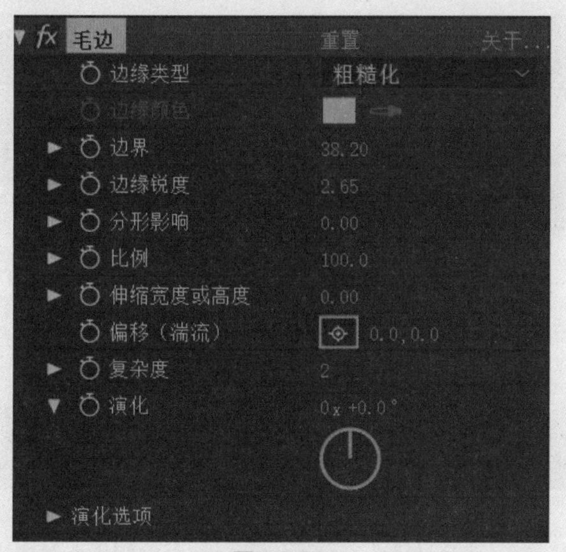

图7.2.23

图7.2.24

⑯ 选中【调整层】，执行菜单【效果】→【扭曲】→【湍流置换】命令，调整【数量】和【大小】的参数，可以看到圆形的点已经开始变形，并且融合到了路径中，如图7.2.25和图7.2.26所示。

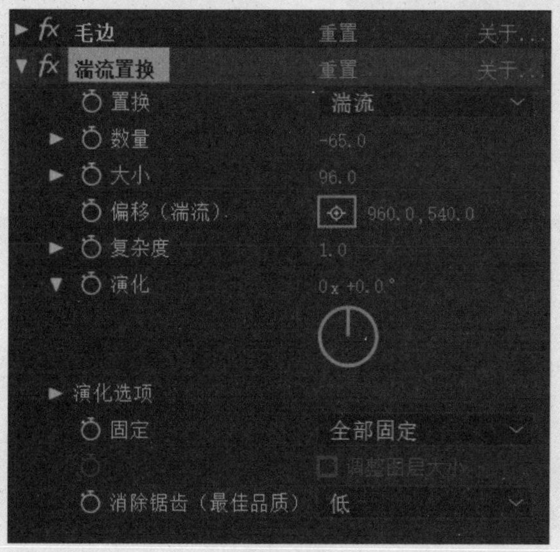

图7.2.25

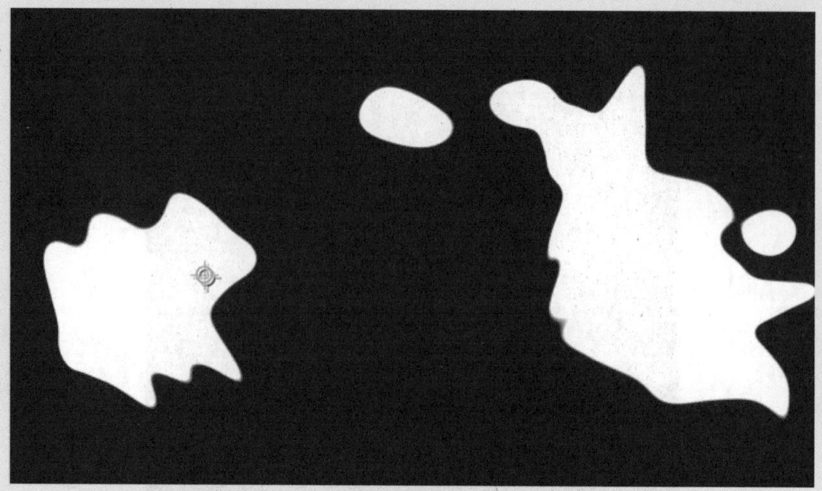

图7.2.26

⑰ 在【时间轴】面板中启用【运动模糊】。首先激活面板上的【运动模糊】选项，再在所有图层选择【运动模糊】图标。可以看到激活前后动画的差别，如图7.2.27～图7.2.30所示。

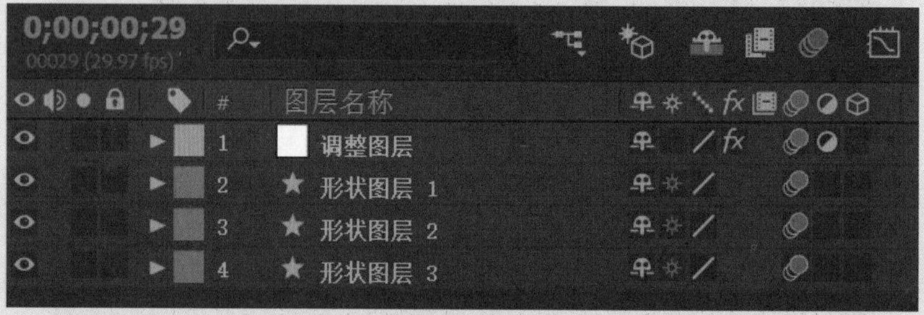

0;00;00;29
00029 (29.97 fps)

#	图层名称
1	调整图层
2	形状图层 1
3	形状图层 2
4	形状图层 3

图7.2.27

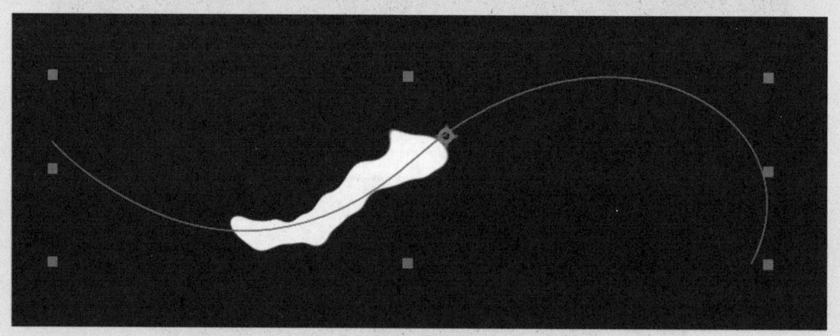

图7.2.28

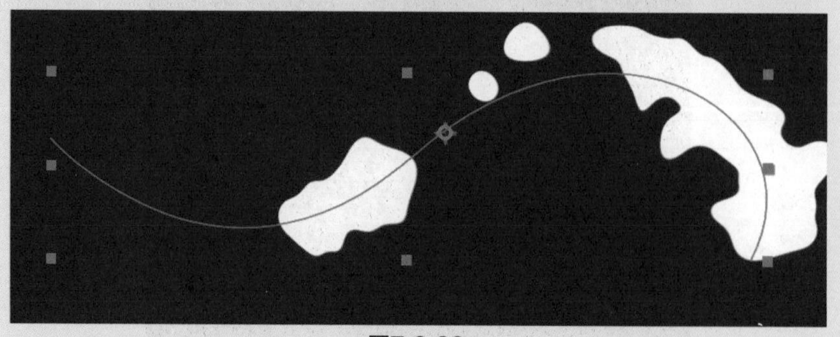

图7.2.29

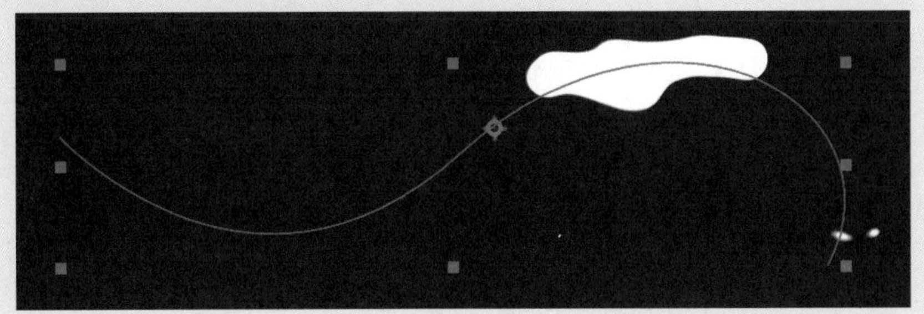

图7.2.30

7.3 插件拓展

7.3.1 Particular效果实例

我们将使用【Particular】制作一个粒子拖尾的效果

01 执行菜单【合成】→【新建合成】命令，弹出【合成设置】对话框，创建一个新的合成，并命名为“粒子拖尾”，【预设】设置为【HDV/HDTV 720 25】，【持续时间】设置为5 s，如图7.3.1所示。

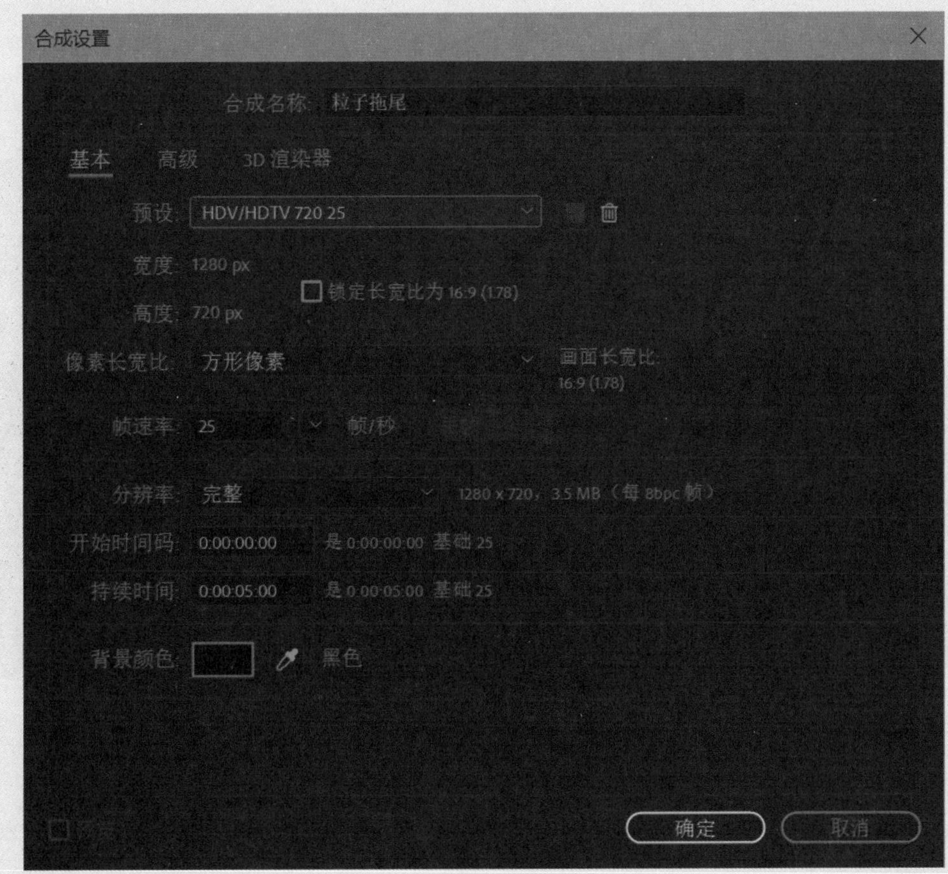

图7.3.1

02 建立一个新的纯色层，在【时间轴】面板选中【纯色】层，执行菜单【效果】→RG Trapcode→Particular命令，展开Emitter（Master）属性，将Emitter Behavior切换为Explode模式，播放动画，可以看到粒子爆炸出来就不再发射了。目前使用的是默认爆炸速度，如果觉得粒子的爆炸速度快或者慢，可以调整Emitter（Master）属性中Velocity的数值，调整粒子的速度，如图7.3.2所示。

03 展开Aux System属性，将Emit切换为Continuously模式，这样就可以不间断发射粒子，可以看到粒子添加了拖尾效果，如图7.3.3所示。

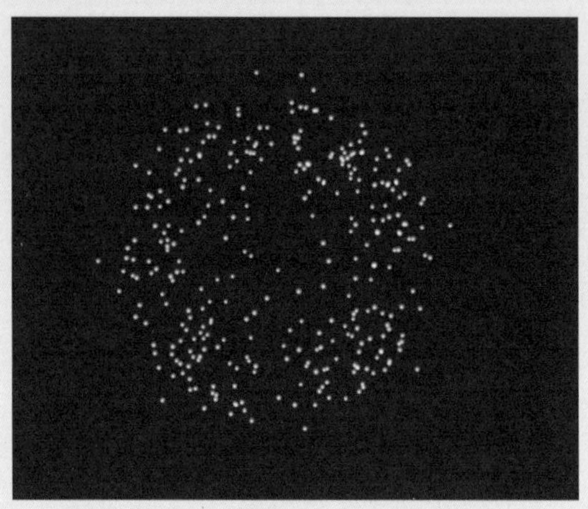

图7.3.2

图7.3.3

04 继续调整Aux System属性，将Particles/sec参数设置为50，展开Opacity over Life属性，在控制面板单击右侧的PRESETS选项选择逐渐下降的曲线模式。可以看到粒子的尾部逐渐变得透明，直至消失，如图7.3.4和图7.3.5所示。

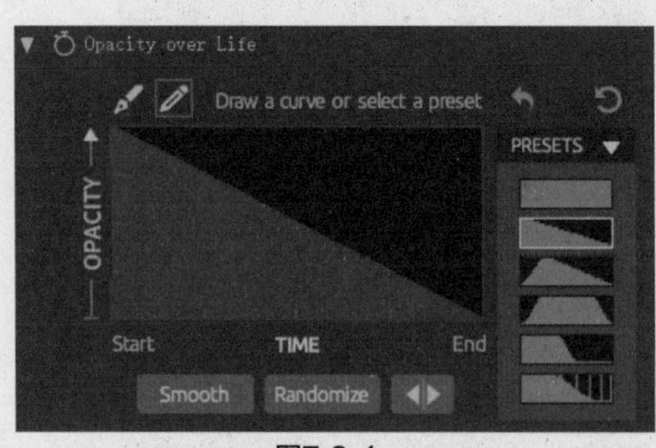

图7.3.4

图7.3.5

05 需要尾部逐渐消失的同时也逐渐变小。展开Size over Life属性，在控制面板单击右侧的PRESETS选项选择逐渐下降的曲线模式。粒子的拖尾变得越来越小，如图7.3.6和图7.3.7所示。

06 拖尾太短，可以通过调整Life[sec]的参数加长长度，也就是使粒子的寿命变长。将参数调整为2.5，同时调整Size为2，效果如图7.3.8所示。

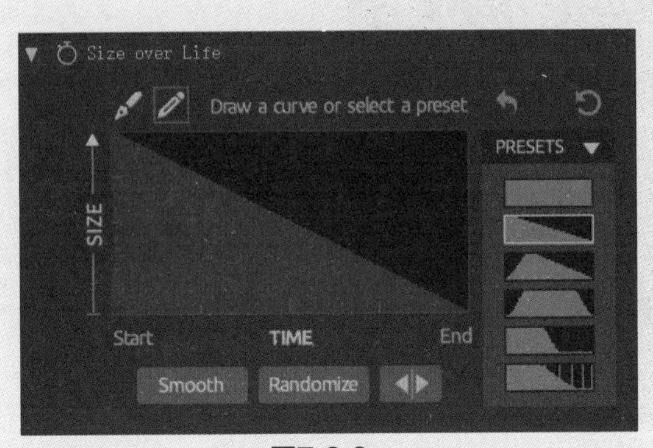

图7.3.6

图7.3.7

07 设置Physics Master属性下的Air→Turbulence Field→Affect Position参数为50，可以看到粒子的路径被扰动，如图7.3.9和图7.3.10所示。

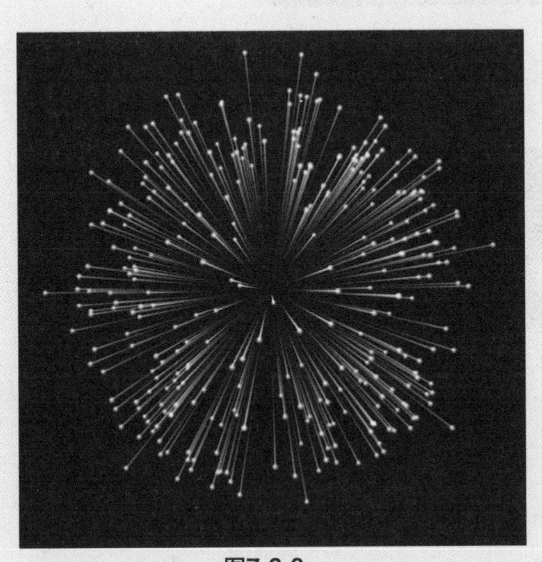

图7.3.8

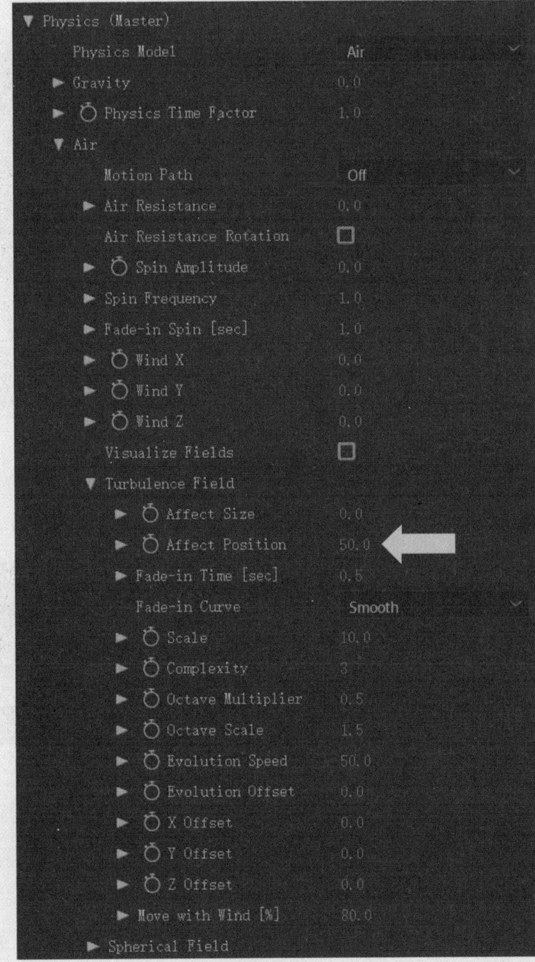

图7.3.9

图7.3.10

08 执行菜单【图层】→【新建】→【摄像机】命令，新建一个摄像机，然后执行菜单【图层】→【新建】→【空对象】命令创建【空1】层，空对象可以用来控制摄像机，在【时间轴】面板上方右击，在弹出的菜单中执行【列数】→【父级和链接】命令，激活该操作栏，如图7.3.11所示。

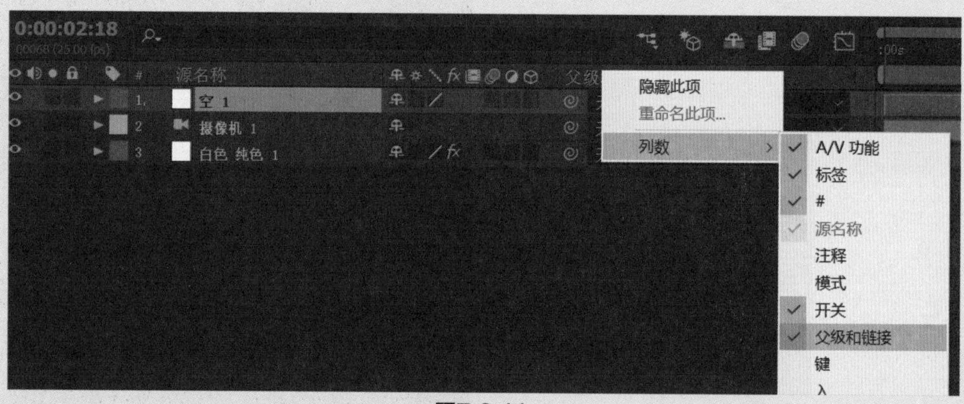

图7.3.11

09 选择摄像机层【父级和链接】的螺旋线图标，拖动到【空1】层，建立父子关系，如图7.3.12所示。

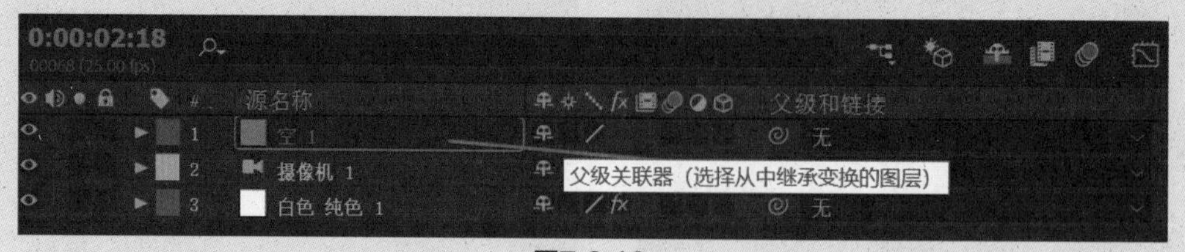

图7.3.12

10 单击空对象层的3D图层图标，设置【Y轴旋转】的关键帧动画，可以看到摄像机围绕粒子旋转的动画，如图7.3.13所示。

11 调整粒子颜色。可以直接修改粒子和拖尾的颜色，也可以执行菜单【效果】→Video Copilot→VC Color Vibrance命令添加效果，该插件为免费版，主要用来给带有灰度信息的画面添加色彩，如图7.3.14所示。

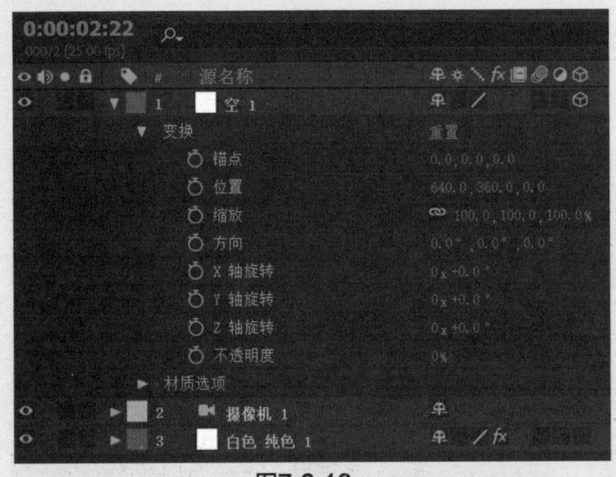

图7.3.13

图7.3.14

7.3.2 FORM效果实例

下面通过一个实例来学习使用Trapcode套件中的FORM效果模拟粒子效果。

01 执行菜单【合成】→【新建合成】命令，弹出【合成设置】对话框，创建一个新的合成，并命名为“FORM LOGO”，【预设】设置为【HDV/HDTV 720 25】，【持续时间】设置为5 s，如图7.3.15所示。

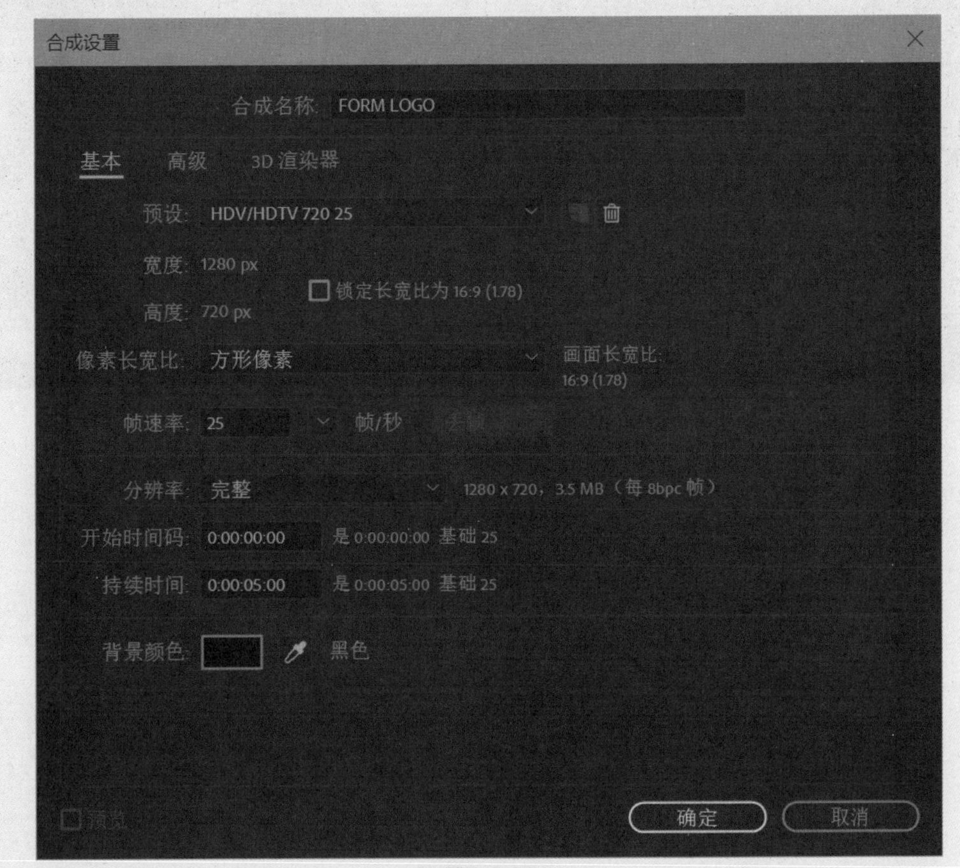

图7.3.15

02 导入配套素材“工程文件”中对应章节的“LOGO”文件，从【项目】面板拖动到【时间轴】面板，缩放50%，调整到合适的位置。选中LOGO层，执行【预合成】命令将LOGO层转化为一个合成层，如图7.3.16和图7.3.17所示。这一步很重要，会影响到最终LOGO 的尺寸比例。

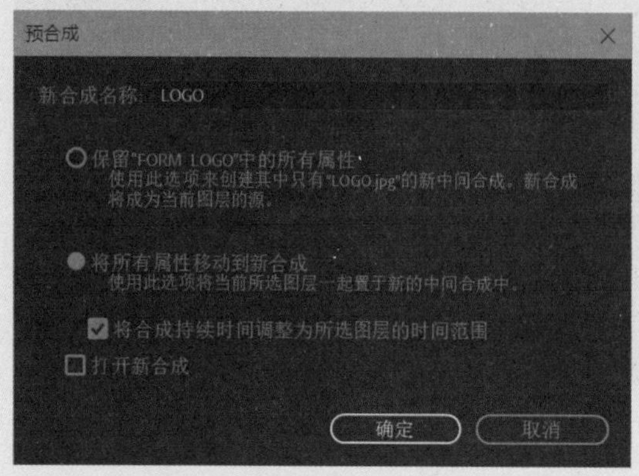

图7.3.16

图7.3.17

03 执行菜单【图层】→【新建】→【纯色】命令，或按快捷键Ctrl+Y，在弹出对话框中将纯色层重命名为“渐变”，设置颜色为白色。选中该层，执行菜单【效果】→【过渡】→【线性擦除】命令，设置【过渡完成】的动画关键帧为0%至100%，并将【羽化】值调整为50%，如图7.3.18和图7.3.19所示。

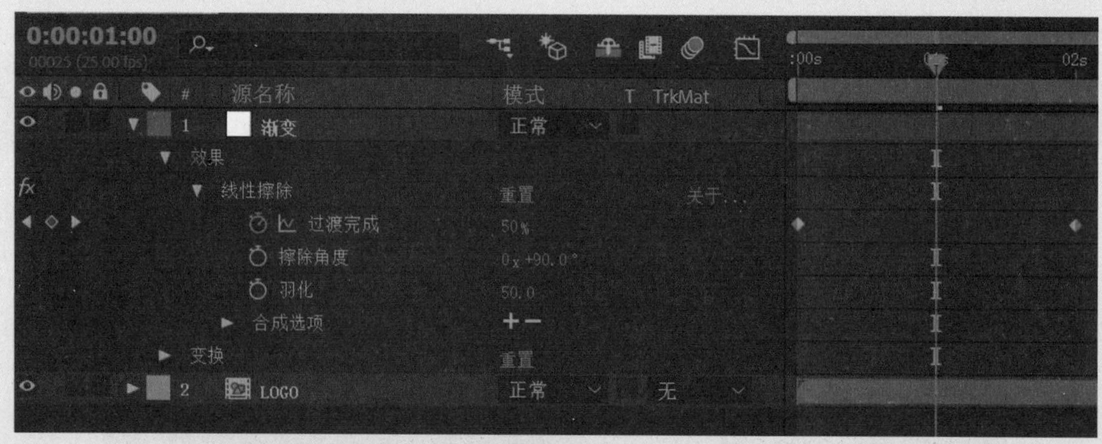

图7.3.18

图7.3.19

04 选中“渐变”层，执行【预合成】命令，将“渐变”层转化为一个合成层，命名为“渐变”，如图7.3.20所示。

图7.3.20

05 将“渐变”和“LOGO”层的眼睛图标关闭，取消显示。执行菜单【图层】→【新建】→【纯色】命令，或执行快捷键Ctrl+Y，在弹出对话框中将纯色层重命名为“FORM”。在【时间轴】面板选中“FORM”层，执行菜单【效果】→RG Trapcode→FORM命令，画面中出现FORM的网格，如图7.3.21所示。

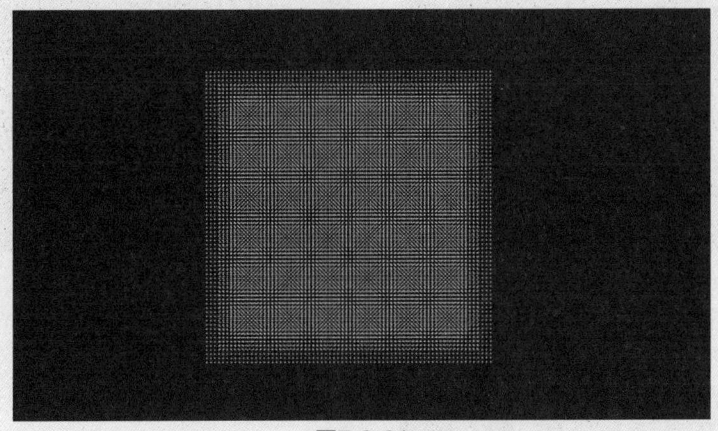

图7.3.21

06 调节FORM的参数。首先调节Base Form菜单栏下面的一些参数，主要是为了定义FORM在控件中的具体形态。将Base Form切换为Box-Grid模式，将Size切换为XYZ Individual，调整Size X为1280，Size Y为720，Particles in Z为1，也就是将粒子平均分散在画面，如图7.3.22和图7.3.23所示。

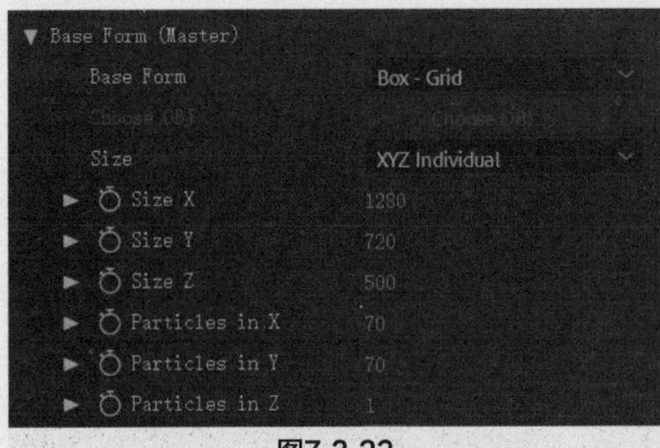

图7.3.22

图7.3.23

07 展开Layer Maps属性下的Color and Alpha，将Layer切换为3.LOGO，Functionality切换为RGB to RGB，Map Over切换为XY，可以看到粒子已经变成了LOGO的颜色，如图7.3.24和图7.3.25所示。

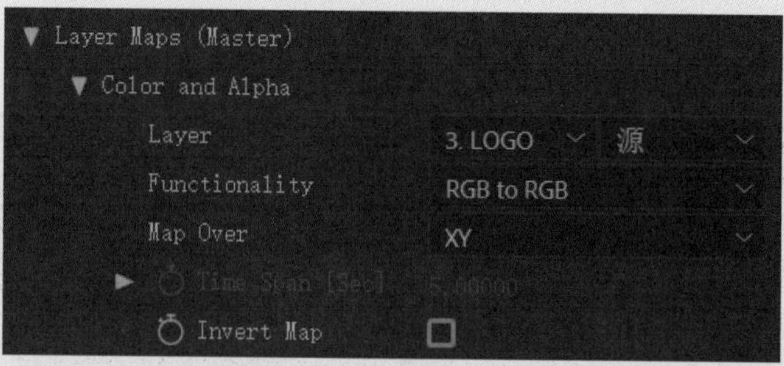

图7.3.24

08 LOGO的色彩还不是很明晰，这是因为粒子数量太少了，设置Base Form下的Particle in X参数为200，得到的效果如图7.3.26所示。

图7.3.25

图7.3.26

09 再展开Layer Maps属性，将Size、Fractal Strength、Disperse三个属性的Layer切换为“2.渐变”，Map Over切换为XY，如图7.3.27和图7.3.28所示。

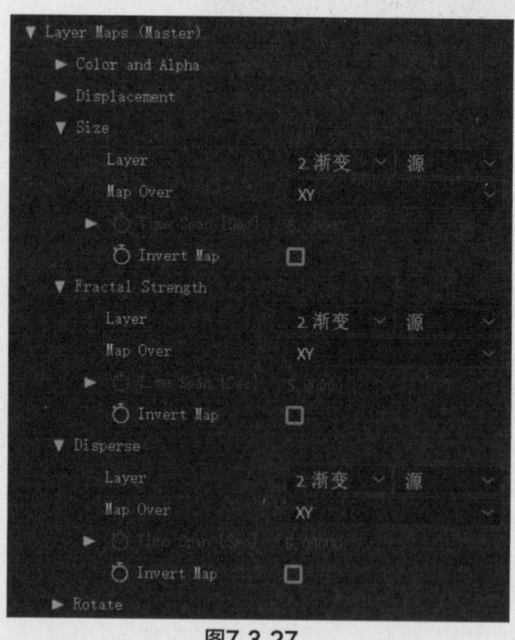

图7.3.27

图7.3.28

10 展开Disperse and Twist属性，调整Disperse的参数为60，看到粒子已经散开，如图7.3.29和

图7.3.30所示。

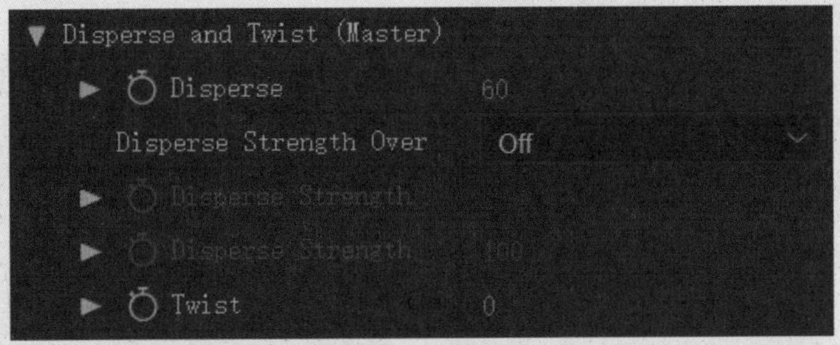

图7.3.29

图7.3.30

⑪ 为粒子增加一些立体感，设置Base Form→Particle in Z为3，效果如图7.3.31所示。

图7.3.31

⑫ 选中“FORM”层，按下快捷键Ctrl+D复制一个“FORM”层，放置在上方，展开Base Form，调整Particle in X为1280、Particle in Y为720、Particle in Z为1，展开Disperse and Twist属性，调整Disperse的参数为0，这样就有一个完整的LOGO在粒子的上方，如图7.3.32和图7.3.33所示。

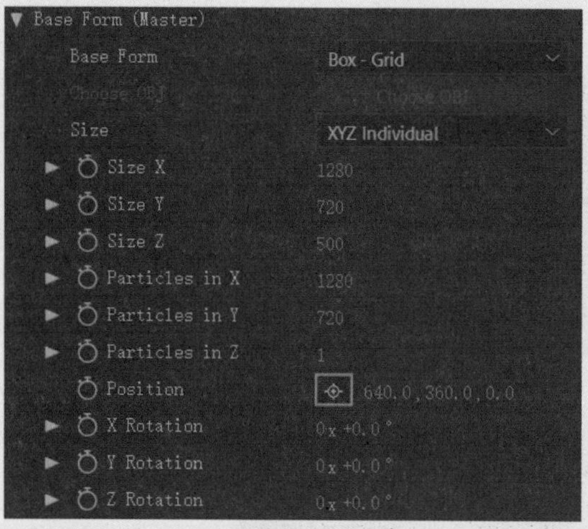

Base Form (Master)
Base Form
Box - Grid
Size
XYZ Individual
Size X
1280
Size Y
720
Size Z
500
Particles in X
1280
Particles in Y
720
Particles in Z
1
Position
640.0,360.0,0.0
X Rotation
0x +0.0°
Y Rotation
0x +0.0°
Z Rotation
0x +0.0°

图7.3.32

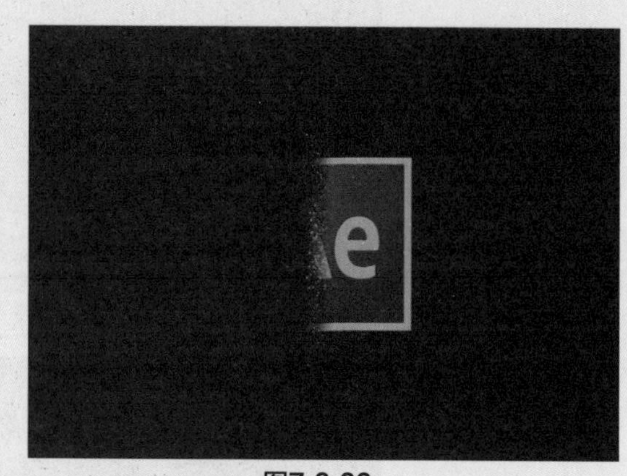

图7.3.33

⑬ 选中下方的“FORM”层调整粒子的变化，展开Fractal Field属性下X Displace等参数，扩大扰乱粒子的外形，如图7.3.34和图7.3.35所示。

Fractal Field (Master)
Affect Size
0
Affect Opacity
30
Displacement Mode
XYZ Linked
X Displace
200
Fractal Strength Over
Off
Flow X
20
Flow Y
20
Flow Z
0
Flow Evolution
50
Offset Evolution
0
Flow Loop

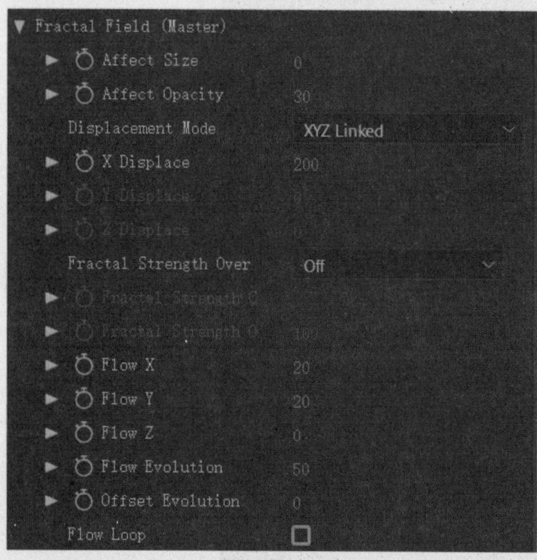

图7.3.34

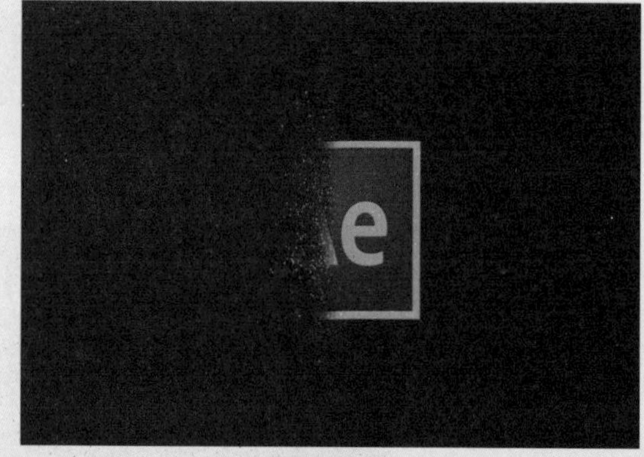

图7.3.35

⑭ 还可以为粒子添加更复杂的效果，单击蓝色图标【Designer...】，在面板左下角单击蓝色加号图标，执行Duplicate Form命令，复制一个Form2，这个层继承了FORM的所有粒子属性，单击Apply按钮，可以在【效果控件】面板看到所有属性后面都有了“Form2”的后缀，将Base Form F2切换为Box-Strings模式。可以看到粒子里多了一层线状的粒子层，如图7.3.36～图7.3.38所示。

Forms
Master Form
Form 2

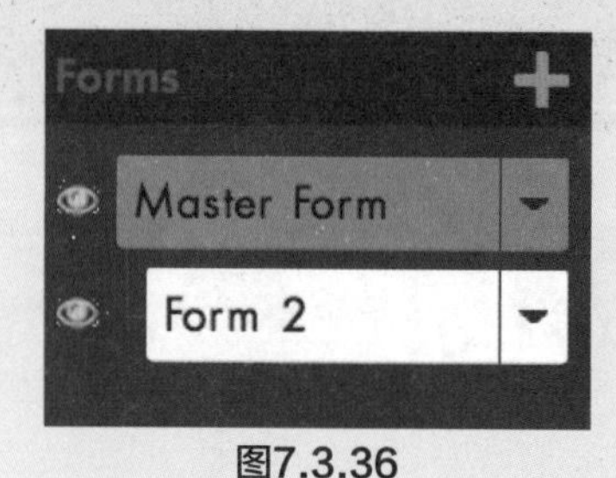

图7.3.36

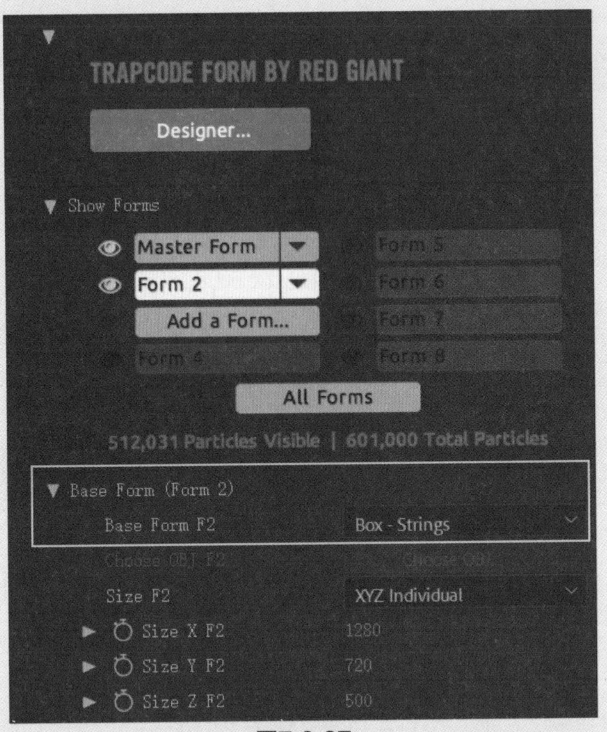
TRAPCODE FORM BY RED GIANT
Designer...
Show Forms
Master Form
Form 2
Add a Form...
Form 4
Form 5
Form 6
Form 7
Form 8
All Forms
512,031 Particles Visible | 601,000 Total Particles
Base Form (Form 2)
Base Form F2
Box - Strings
Choose OBJ F2
Size F2
XYZ Individual
Size X F2
1280
Size Y F2
720
Size Z F2
500
图7.3.37

e
图7.3.38